Python

深度强化学习入门：

强化学习和深度学习的搜索与控制

[日] 伊藤多一　今津义充　须藤广大　仁平将人
川崎悠介　酒井裕企　魏　崇　哲　著

王卫兵　杨秋香　等译

机械工业出版社
CHINA MACHINE PRESS

本书共7章。第1章介绍了机器学习的分类、强化学习的学习机制以及深度强化学习的概念；第2章通过强化学习的基本概念、马尔可夫决策过程和贝尔曼方程、贝尔曼方程的求解方法、无模型控制等介绍了强化学习的基本算法；第3章通过深度学习、卷积神经网络（CNN）、循环神经网络（RNN）介绍了强化学习中深度学习的特征提取方法；第4章通过行动价值函数的网络表示、策略函数的网络表示介绍了深度强化学习的实现；第5章通过策略梯度法的连续控制、学习算法和策略模型等，详细介绍了深度强化学习在连续控制问题中的应用及具体实现；第6章通过巡回推销员问题和魔方问题详细介绍了深度强化学习在组合优化中的应用及具体实现；第7章通过SeqGAN的文本生成和神经网络架构的搜索详细介绍了深度强化学习在时间序列数据生成的应用。在附录中还给出了Colaboratory和Docker等深度强化学习开发环境的构建。

现场で使える！Python深層強化学習入門

(Genba de Tsukaeru！Python Shinso Kyoka Gakushu Nyumon: 5992-8)

©2019 Taichi Itoh, Yoshimitsu Imazu, Kodai Sudo, Masato Ninohira, Yusuke Kawasaki, Yuki Sakai, Chungche Wei.

Original Japanese edition published by SHOEISHA Co.,Ltd.

Simplified Chinese Character translation rights arranged with SHOEISHA Co., Ltd. through Shanghai To-Asia Culture Co., Ltd.

Simplified Chinese Character translation copyright © 2022 by China Machine Press.

图书在版编目（CIP）数据

Python 深度强化学习入门：强化学习和深度学习的搜索与控制 /（日）伊藤多一等著；王卫兵等译 . —北京：机械工业出版社，2022.3

ISBN 978-7-111-70072-2

Ⅰ．① P⋯ Ⅱ．①伊⋯ ②王⋯ Ⅲ．①软件工具 – 程序设计 Ⅳ．① TP311.561

中国版本图书馆 CIP 数据核字（2022）第 010763 号

机械工业出版社（北京市百万庄大街 22 号 邮政编码 100037）
策划编辑：任 鑫 责任编辑：任 鑫 翟天睿
责任校对：樊钟英 李 婷 封面设计：马精明
责任印制：张 博
涿州市京南印刷厂印刷
2022 年 4 月第 1 版第 1 次印刷
184mm × 240mm · 15.75 印张 · 384 千字
标准书号：ISBN 978-7-111-70072-2
定价：89.00 元

电话服务 网络服务
客服电话：010-88361066 机 工 官 网：www.cmpbook.com
　　　　　010-88379833 机 工 官 博：weibo.com/cmp1952
　　　　　010-68326294 金 书 网：www.golden-book.com
封底无防伪标均为盗版 机工教育服务网：www.cmpedu.com

FOREWORD 译者序

以深度学习为核心的人工智能技术的发展给人类社会进步和文明发展带来了巨大的变革。真正的深度学习是发生于21世纪的一项科学技术革新，其概念源于人工神经网络的研究。深度学习结构含有多隐层的多层感知器，通过低层特征的组合形成更加抽象的高层，表示属性类别或特征，以发现数据的分布特征表示。由于其强大的功能，良好的适应性，以及结构的相对规整和易构性，目前在数据分析、图像及语音识别、趋势预测、机器翻译、机器博弈等众多领域得到了广泛应用，并获得了令人瞩目的表现。随着深度学习技术的发展，先后出现了CNN、RNN等深度神经网络架构以及强化学习、对抗学习等学习模式，对人工智能技术的发展和应用产生了深远的影响。

正如本书前言所介绍的，2016年，Google DeepMind的AlphaGo击败了围棋专业棋手的消息震惊了世界。这一事件表明即使是在围棋这样高度复杂的策略游戏中，基于机器学习的人工智能也能够超越人类，支撑AlphaGo的技术正是深度学习与强化学习相结合的深度强化学习。强化学习以其独特的学习机制，特别是与深度神经网络、对抗学习模型的结合，使其学习的性能得到了前所未有的提升，也使得其应用领域不再局限于传统强化学习的范畴，而迅速扩展到游戏训练、组合优化、机器人控制、机器视觉和自动驾驶等高自由度的领域，并且在传统的图像识别、自然语言处理，甚至深度神经网络架构优化搜索中均得到了独特的应用。

本书从基础开始对近年来已引起广泛关注的深度强化学习算法进行了介绍，并在给出具体应用示例的同时将其应用于特定的问题。本书内容大致分为基础篇和应用篇两个部分。基础篇主要进行深度强化学习概念和基础算法的介绍，应用篇则通过类人机器人的模拟行走控制、巡回推销员问题，以及魔方问题、序列数据生成等实际问题，详细介绍各类深度强化学习问题的实现。

本书共分为7章。其中，第1章介绍了机器学习的分类、强化学习的学习机制以及深度强化学习的概念；第2章通过强化学习的基本概念、马尔可夫决策过程和贝尔曼方程、贝尔曼方程的求解方法、无模型控制等介绍了强化学习的算法；第3章通过深度学习、卷积神经网络（CNN）、循环神经网络（RNN）介绍了强化学习中深度学习的特征提取方法；第4章通过深度强化学习的发展行动价值函数的网络表示、策略函数的网络表示介绍了深度强化学习的实现；第5章通过策略梯度法的连续控制、学习算法和策略模型等，详细介绍了深度强化学习在连续控制问题中的应用及具体实现；第6章通过巡回推销员问题和魔方问题详细介绍了深度强化学习在组合优化中的应用及具体实现；第7章通过SeqGAN的文本生成和神经网络架构的搜索详细介绍了深度强化学习在序列数据生成的应用。本书在附录中还给出了Colaboratory和Docker等深度强化学习开发环境的构建。

通过本书的学习，读者可以从基础开始学习深度强化学习的概念及算法，并且通过多个典型的实际问题，学习深度强化学习的具体实现方法，为日后的学习研究以及应用开发打下坚实的理论和实践基础。

　　本书由王卫兵、杨秋香等翻译，其中，前言、本书的结构本书示例的运行环境，以及第1~5章由王卫兵翻译，第6~7章以及附录A、附录B由杨秋香翻译。刘泊、吕洁华、贾丽娟、代德伟、徐倩、赵海霞、徐速、田皓元、张维波、张宏、孙宏参与了本书的翻译工作。全书由王卫兵统稿，并最终定稿。在本书的翻译过程中，全体翻译人员为了尽可能准确地翻译原书的内容，对书中的相关内容进行了大量的查证和分析，以求做到准确无误。由于时间仓促，加之译者水平有限，翻译中的不妥和失误之处在所难免，望广大读者予以批评指正。

译　者

2016年，Google DeepMind的AlphaGo击败了围棋专业棋手的消息震惊了世界。这一事件表明，即使是在围棋游戏中，基于机器学习的人工智能也能够超越人类，尽管此前的观点认为由于其大量的落子方式，人工智能将远远落后于人类。在此，支撑AlphaGo的技术正是深度强化学习。本书将从基础开始对近年来已引起广泛关注的深度强化学习算法进行介绍，并在给出具体应用示例的同时将其应用于特定的问题。

本书大致分为两个部分。首先，在第1部分的基础篇中介绍了作为深度强化学习的基础算法，并给出了用于倒立摆控制这种简单情况的应用示例和验证结果。在第2章中解释强化学习算法时，为了避免由于不使用数学公式而引起的歧义和不准确性，在介绍时还是引入了一些必要的数学公式。特别是对于在数学公式中尤为重要的贝尔曼方程，通过与备用树等图形对应关系的解释，详细介绍了该方程式，以便读者可以准确地理解其含义。

在第2部分的应用篇中，将第1部分中介绍的算法应用于特定任务。特别是采用了一种基于策略的方法，详细介绍了其在智能体学习以及预测控制的实现。可以预见的是，该方法将在许多强化学习问题解决方案中得到广泛的应用。作为连续控制问题的应用示例，第5章介绍了类人机器人的模拟行走控制。作为组合优化问题的应用示例，第6章介绍了巡回推销员问题的实现，以及魔方问题的解决方案。在第7章中，作为序列数据生成的尝试，将介绍通过SeqGAN生成模型进行的文本语句生成以及基于应用示例的神经网络的架构搜索。

本书中的相关实现均是通过Python和TensorFlow进行。物理模拟器使用的是OpenAI Gym和pybullet-gym，并且在第6章中还为Rubik's Cube实现了自己的模拟器。

本书适用于希望从基础开始学习深度强化学习算法的学生和研究人员，以及想要实施深度强化学习的工程师。对于那些仅想了解相关算法的读者，只需阅读本书第1部分的内容即可。另一方面，对于想立即开始进行强化学习实践的工程师，或者不擅长数学公式的读者，请阅读本书第1部分的第1章，以全面了解深度强化学习，然后可以跳过第2章和第3章的内容，直接进行第4章及以后内容的阅读。如果想更多地了解每一章中所使用算法的详细信息，则应该回顾一下第1部分的内容，并分别进行第2章和第3章的阅读。

最后，我们要感谢参与本书编写工作的所有人。BrainPad公司的太田满久先生和山崎裕一先生审读了本书的原稿，并对本书的内容和总体结构给予了宝贵的意见和建议。该公司的茂木亮祐先生和栗原理央先生分别从数据科学家和机器学习工程师的角度审读了本书的原稿，并对相关介绍中内容有跳跃和难以理解的部分提供了有益的建议。铃木政臣先生和平木悠太先生从软件工程师的角度对每章Python代码的不足和改进提供了宝贵的意见。在此，对他们表示衷心的感谢。

作　者
2019年7月

INTRODUCTION 阅读本书需要的知识基础

本书适用于希望从基础知识开始进行深度强化学习算法学习的理工科学生或研究人员，以及想要实施深度强化学习的工程师。尽管本书中使用了大学阶段的数学公式，但是也对其进行了详细的解释，以便读者可以理解它们的含义。因此，即使仅具有高中数学和统计学的基础知识，也能轻松读懂本书。

INTRODUCTION 本书的结构

在第1部分的基础篇中，在对深度强化学习进行概述的基础上，进行强化学习和深度学习基础知识的学习。在该篇中，还将学习使用Python进行动态规划的简单实现，以及使用TensorFlow和Keras进行神经网络的简单实现。除此之外，还将学习OpenAI Gym的使用方法以及如何使用它来实现深度强化学习。

在第2部分的应用篇中，作为强化学习的重要方法，将学习如何通过基于策略的方法实现强化学习智能体。具体来说，将通过三类实际问题进行详细的介绍。首先，将学习如何使用pybullet-gym实现对类人机器人的控制。其次，将学习如何实现一个智能体，以搜索组合优化问题的解空间。特别是在魔方问题的解搜索中，还将学习如何进行蒙特卡洛树搜索的实现。最后，将学习如何实现一个能生成文本和符号等字符串以及搜索神经网络架构的智能体。

INTRODUCTION 本书示例的运行环境

经过验证，本书各章中的示例均可在以下环境中正常运行。但是，第2部分的7.2节中的示例需要通过GPU来运行。此外，第5章中的示例需要花费12h以上才能完成学习。如果需要GPU，请使用Colaboratory环境。Colaboratory的连续使用时间限制为12h，如果学习时间超过12h，请在本地PC上构建一个Docker环境，并在该环境下运行。

> 注意，本书中描述为[代码单元]的命令，是在Colaboratory或Docker环境中启动的Jupyter Notebook文件（demo.ipynb）中进行的，需要在该环境下执行代码单元。

● 本地PC （用于Docker环境的构建）

项目	描述
OS	Windows10 Pro
CPU	Intel Core i5-7200U 2.50GHz 2.70GHz
内存	8GB
GPU	无
Python	3.6　※在Docker文件中指定
TensorFlow	1.13.1　※在Docker文件中指定

目 录

第1部分
基础篇

第 1 部分

基础篇

强化学习、深度学习以及深度强
化学习基础

强化学习的用途

本章将对机器学习的相关内容进行概述，并以此作为理解强化学习算法的基础。此外，还将对强化学习的用途进行介绍，同时阐明其与机器学习中其他学习方法的本质区别。最后一节还将介绍深度学习在强化学习中的作用。

1.1 机器学习的分类

近年来，人工智能理论和技术取得了显著的发展，支持人工智能发展的基础技术是机器学习，而机器学习中的代表性技术是深度学习和强化学习。本节将概述机器学习技术的三个不同的基本构成类型，即监督学习、无监督学习和强化学习。

近年来，人们经常会听到"人工智能"或者 AI（Artificial Intelligence）这个词。当说起这个名词时，大多数人都会联想到出现在科幻电影中并且对人类充满敌意的所谓"强大的 AI 机器人"。在斯坦利·库布里克（Stanley Kubrick）的经典科幻电影《2001：太空漫游》[⊖] 中，就出现了一个名为 HAL 9000 的 AI 机器人。这种 AI 机器人是一种通用的机器人，可以像人类一样做任何事情。在该影片中，HAL 9000 除了控制前往木星的宇宙飞船"发现者"号的航行、维持管理乘务员的健康状态、配备饮食以外，它还可以成为乘务员的谈话对象，甚至是国际象棋游戏的对手。

从 2001 年开始，到多年后的今天，像 HAL 9000 这样的通用型 AI 机器人的开发仍然处在不断发展之中，但是专门针对各种不同任务的任务型 AI 机器人的发展却是惊人的。目前，自动驾驶技术已经投入实际应用，通过深度学习的图像识别的准确度已经超过了人类。通过深度学习的应用，机器翻译和对话机器人的准确性也得到了显著的提高。虽然科幻电影中的 HAL 9000 可以陪同机组人员下棋，但是 Google DeepMind 的 AlphaGo 现在已经能够击败专业的人类围棋选手，已经成为了真切的现实。AlphaGo 之所以会变得如此强大，是因为它通过深度学习来进行围棋棋谱的理解和记忆，并且能在彼此对战时进行深度网络的强化学习和训练。

今天，可以将支持人工智能的基础技术统称为机器学习。机器学习是一种通过大量数据之间统计关系的学习，并基于数据之间统计关系的学习结果来解决诸如预测和分类之类问题的方法。在机器学习中，首先将数据之间的统计关系通过一系列描述其内在关系的公式转换为模型，然后通过训练数据对模型进行学习和训练，从而实现模型的参数估计。因此，机器学习需要大量的数据来保证模型的可靠性。近年来，随着计算机性能的显著提高，使得在短时间内进行大量数据处理成为可能，从而使得包括深度学习在内的机器学习性能也得到了显著改善。

机器学习的方法大致可以分为三种类型，即监督学习、无监督学习和强化学习。在进行本书的主题"强化学习"介绍之前，先对这三种机器学习技术进行简要的介绍。

⊖ 又名《2001：宇宙之旅》，原名为《2001：A Space Odyssey》。导演：斯坦利·库布里克（Stanley Kubrick）。编剧：斯坦利·库布里克（Stanley Kubrick），阿瑟·克拉克（Arthur C. Clarke）。上映年份：1968年。制作国：英国、美国。

📝 **备忘 1.1**

强AI和弱AI

　　强 AI 和弱 AI 这一概念是由美国哲学家约翰·罗杰斯·萨尔（John Rogers Searle ⊖）提出的。J.R. 萨尔提出了 AI 机器人是否能获得自我意识这一问题，并将像人类一样拥有自我和自我意识的人工智能称为强 AI（strong AI）；将能够与人类进行相同程度或更高程度的知识处理，但没有自我意识的人工智能称为弱 AI（weak AI），以此与强 AI 相区别。

　　近年来，随着深度学习的发展也带来了人工智能技术的巨大发展，例如无需人工设计就能从图像中进行图像的特征提取等，但这终究还是属于没有自我意识的弱 AI 的范畴。此外，虽然深度强化学习能够将深度学习的认知与强化学习的控制相结合，似乎再现了人类的自主智力活动，但是这种人工智能也仅仅是根据人类构思的算法进行的推断和控制，因此对强 AI 出现的担心可能还是为时尚早。

🔷 1.1.1　监督学习

　　监督学习这种方法将不同数据之间的关系描述为一种函数关系，并将其中的一个或多个数据作为函数的输入（说明变量），将另一个或多个数据作为函数的输出（目标变量），学习的目的是要使得函数对应于说明变量的输出更加接近于所观测到的数据（目标变量）。在这种情况下，当以某个说明变量作为输入时，观测数据（目标变量）则对函数所输出的答案（预测）起着正确答案（监督学习）的作用，因此称为监督学习。

　　在监督学习中，当目标变量是连续变量时，通过预测函数的学习进行目标变量的估计称为回归分析。另一方面，如果目标变量是离散变量（例如标签），则预测函数给出的目标变量是每个标签的概率，预测函数进行的学习需要使概率值最大的标签与正确的标签相匹配。将这种以给出正确标签为目标的预测学习称为判别分析，如图 1.1 所示。

　　无论哪种情况，进行监督学习时，必须预先将作为监督数据的目标变量与其对应的说明变量进行关联。例如，通过深度学习来进行图像识别神经网络学习的情况下，需要事先为猫的图像贴上"猫"的标签，同时也需要为狗的图像贴上"狗"的标签。如果要在监督学习中获得高准确度的学习结果，则需要大量的带有标签的数据。

回归分析

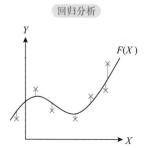

判别分析

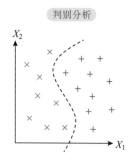

图1.1 监督学习

⊖　J. Searle. *Minds, Brains and Programs*. The Behavioral and Brain Sciences, vol. 3. (1980).

1.1.2 无监督学习

　　无监督学习是一种基于数据分布和变量之间的相关关系等数据自身的结构来学习不同数据之间关系的方法。如图 1.2 所示，通过聚类进行数据的分类，以及通过维度削减进行数据特征量的提取等，均属于无监督学习。在诸如 Ward 法的分层聚类分析方法中，通过对相互之间距离最小的两个数据点进行分层聚类，从而将一组数据点划分为几个内在关系较紧密的聚类。在这个过程中是不需要监督数据的，因为仅通过数据之间的距离即可实现。在主成分分析这一典型的维度削减方法中，主要是通过对描述数据空间的变量轴进行旋转，并按照数据分布的大小顺序，提取旋转后的变量轴作为数据的主成分（特征量）。在这种情况下，只需要对数据进行相应的线性变换，因而也不需要监督数据。

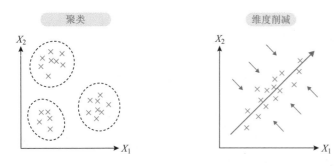

图 1.2 无监督学习

　　此外，作为深度学习模型之一的 Auto Encoder，通过神经网络将图像等输入数据压缩到神经网络的中间层，然后通过类似的神经网络对图像等输入数据进行复原。通过神经网络的学习，可以实现网络中间层对图像等输入数据的非线性特征提取，从而使得复原后的图像或数据接近原来的输入数据，如图 1.3 所示。

　　由此也可以看出，在 Auto Encoder 模型中，图像等输入数据本身也被用作监督数据，起到学习监督的作用。但是，从模型不需要输入数据以外的监督数据的意义上来说，可以将其看作是无监督学习。需要指出的是，对于那些未包含在学习中所使用的图像组中的图像输入数据，Auto Encoder 不能对其进行复原，并将其检测为异常。基于这一点，可以将该模型用作图像异常的检测方法。

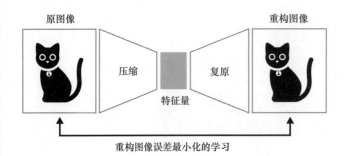

图 1.3 Auto Encoder

1.1.3　强化学习

　　监督学习和无监督学习都是关于通过给定的数据来学习数据之间关系和数据内部构造的方法，其目的是分析和理解观测数据，相当于人类智慧行动过程中的认知过程。但是，如果想用机器学习来代替像汽车驾驶那样高度的智能操作，那么光靠认知是不够的。从驾驶执照培训学校技术实习生的培训中可以了解到，通过教练进行的有人指导的汽车驾驶，一般可以包括三个部分，即认知、判断和行动。同样地，在机器学习中，除了认知以外，还需要进行判断和行动的学习。

　　简单来说，可以将强化学习概括为学习控制的一种方法，即在认知的情况下判断出最适合的行动，如图 1.4 所示。这里所说的判断是指在给定的情况下（例如接近前面的车时），判断出需要采取的最佳行动（制动和减速）是什么。在图 1.4 所示的例子中，就是在汽车接近前车的情况下，判断出需要采取制动和减速的最佳行动。但是，要想知道所采取的行动是否是最佳的行动，就必须知道在这种情况下行动自身的价值。行动的价值并不是预先定量给予的，所以只能通过试错的方式来进行获取。因此，在像这样的强化学习中，反复试错的过程是不可缺少的。

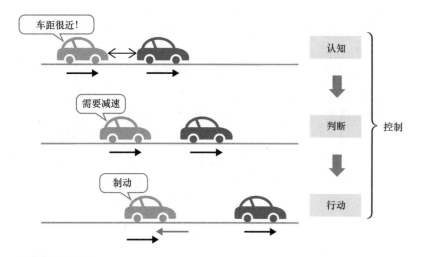

图1.4 控制机制

　　通过上述示例的分析也许会想到，如果将图 1.4 所示控制机制中的最佳行动视为监督数据的话，那么强化学习也就类似于监督学习时的情形。然而，这样的考虑存在着许多问题，即使在学习目的很明确的情况下也很难进行正确答案的定义，因此难以将监督学习应用于强化学习中。在此，可以以汽车驾驶操作学习的情况为例，来看看此时监督学习的表现。在十字路口前信号灯变为黄色时，进行制动停车是否是一个最佳的行动呢？此时如果后面没有车辆，且车速也不高的话，则进行制动的行动是正确的。可是，如果后面的车速度很快的话，进行制动会导致后面的车辆发生碰撞，那么这时进行制动就不是一个正确的行动了。也就是说，这种情况下的学习，采取的行动是否正确，取决于周边状况和行驶状态。

　　在上述例子中，虽然很难直接为某个行动（例如进行制动）定义一个正确的答案，但是可以根据行动结果返回的"报酬"来对其进行间接的评价。在前面提到的汽车驾驶的示例中，如果车辆由于采取了制动而能够平稳地停车，则对该行动给出一个 +1 的正值报酬；反之，如果由于进行制动使得后面跟随的车辆发生了碰撞或车辆不能平稳停车，则对该行动给出一个 −1 的负值报酬，作为惩罚。通过这样的报酬与惩罚的给予，来对进行制动的行动进行评价。像这个例子中进行的那样，强化学习就是一种一边接受作为行动反馈的报酬，一边进行最佳行动选择的学习方法。下一节将详细介绍强化学习和其他学习方法之间的不同之处。

1.2 强化学习的学习机制

本节将介绍机器学习中的强化学习和其他学习方法之间的不同之处，并理解强化学习是一边进行反复探索，一边学习和运用环境控制的方法。

首先，对强化学习中的相关概念进行概括和定义。在强化学习中，执行认知、判断和行动的主体或机制被称为代理或智能体。如果用汽车驾驶来比喻的话，则智能体就对应于汽车驾驶员。另一方面，智能体想要控制的对象在强化学习中被称为环境。在汽车驾驶的情况中，环境不仅包括汽车本身，还包括其周边环境所构成的整个系统。

在驾驶汽车的过程中，驾驶员可以通过汽车的速度表来掌握行驶的速度，同时通过目视前方和后视镜所映出的景象来把握周边的情况。在强化学习中也是一样，这一过程相当于智能体对环境的认知。通过对环境的认知，当智能体判断自己与前方行驶的车辆之间的距离较近时，就会产生减速的行动。如果这个行动可以避免和前面车辆碰撞的发生，则环境会将一个正值的报酬返回给智能体。反之，如果不能有效避免碰撞的话，则会以惩罚的形式将一个负值的报酬返回给智能体。智能体会根据这个环境反馈的报酬值来进行自身行动基准的修正，以提高自己对环境判断的准确度，从而实现环境控制方法的学习，如图 1.4 所示。

综上所述，可以将强化学习概括为智能体通过与环境的相互作用来进行相关信息的收集，同时学习控制环境的方法。在此，智能体也被称为控制器，其目标在于基于所处环境的状态进行行动的选择，同时实现环境的控制。另一方面，这里所说的环境是指自身的状态按照一定的内在规律进行变化的系统。例如，在进行机器人的控制时，环境即为机器人各部分的位置和速度、各关节的角度及其旋转速度等的描述；智能体则是一个实现该机器人行动和姿态控制的程序，该程序能够根据当前的环境信息，通过某些特定的算法选择适当的操作，进而完成相应的行动和姿势控制任务，如图 1.5 所示。

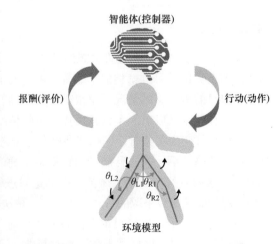

智能体(控制器)

报酬(评价)　　　　行动(动作)

θ_{L2}　θ_{L1} θ_{R1}
θ_{R2}

环境模型

图 1.5 强化学习的结构

事实上，即使是通过监督学习也可以进行上述控制机制的学习，在此还是以汽车驾驶为例进行介绍。在驾校进行驾驶学习时，教练会为学员做汽车驾驶的示范，学员通过模仿进行驾驶方法的学习，并以相同的方式进行驾驶操作。实际上，即使是在机器学习中，也正在积极研究通过人类专家操作方法的模仿来进行控制方法的学习，即所谓的模仿学习。

尽管在监督学习中的确可以实现控制方法的学习，但是在一些情况下，由于学习结果是专门针对特定监督数据的，所以一旦出现监督数据中没有出现过的噪声干扰时，就无法给出适当的操作反馈。之所以会出现这样的情况，是因为监督学习的目的是对监督数据的模仿，而没有对行动效果的评价，所以无法根据当前的情况给出适当的行动选择。

在这一点上，强化学习能够克服监督学习存在的缺陷，在即使像监督学习那样没有预先准备好正确答案的情况下，也可以作为报酬从环境中获得对智能体行动的评价，由此智能体可以改进自己的行动选择规则。在强化学习中，将智能体的行动选择规则称为策略，如图1.6所示。强化学习的目标是进行最佳策略的学习，从而让智能体能够基于这个最佳策略实现对环境的控制。

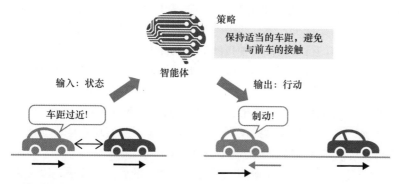

图1.6 根据策略决定行动

下面通过一些具体的实例，仔细研究一下强化学习究竟适合哪些类型的应用问题。由于强化学习在没有正确答案的情况下也能进行学习，因此即使在不知道正确答案或者无法直接对其进行定义的情况下，也能够进行行动策略的学习。例如，在进行双足步行机器人的控制时，要想使得机器人在不跌倒的情况下进行长距离行走，那么对机器人腿部移动的控制方法将是很复杂的。通常情况下，根据行走时状况的不同，每一步具体的行走行动都可能会存在无限个正确的解。即使是在这种复杂的情况下，强化学习也能够通过诸如以连续行走距离（不跌倒情况下行走的距离）作为报酬的给予，从而在反复不断地试错之后，学习到正确的行走方法，如图1.7所示。

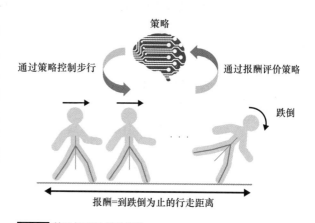

图1.7 基于报酬的策略评价

在诸如巡回推销员⊖的组合优化问题中，随着问题规模的增加，可能的路径数量也会随着所访问城市数量的增加而呈指数增长，从而使得最优路径的寻找变得非常困难。这样的困难也同样存在于诸如围棋之类的游戏中。在这种情况下，即使可以通过以游戏记录作为正确答案的有监督学习来进行围棋游戏过程的学习，也必须根据实际情况采取最佳的行动才能赢得比赛。在汽车驾驶时的情况也是如此，没有一种一成不变的处理方法，所有行动的选择都需要根据具体情况来进行处理。因此，在那些诸如此类存在着解空间太大而无法实际知道正确答案的情况下，强化学习也可以根据所观测到的报酬序列来评估行动的未来价值，从而实现自身策略的改进。

此外，强化学习的另一个特点是能够在均衡地进行信息搜索的同时，一边通过信息收集来进行学习，一边通过信息的综合实现搜索的优化。也就是说，即使在没有任何关于环境知识的情况下，也可以通过反复地探索和运用来进行最佳策略和方法的学习。像这样不以环境模型知识为前提的学习方法被称为无模型学习。

图 1.8 所示为一个关于无模型学习的形象化描述。在此，由于环境模型是未知的，因此可以将其表示为一个内容未知的盒子（黑盒子）。智能体试图通过锤子对该黑盒子的敲打，来从未知的环境模型中获取到一些信息。在这里，敲打的结果是从箱子里掉出了几枚硬币，这意味着环境模型也会根据外界对其施加的行动进行某种报酬的反馈。通过这样的方式，智能体用锤子对箱子各个部分进行敲打，同时观测箱子的反应，并如此反复地探索，最终学习到在哪些地方进行敲打可以得到最大的回报。

在这样的强化学习中，即使在无模型学习的情况下，也会一边通过各种不同行动的尝试，一边观测行动尝试的结果，并通过这种尝试探索的反复进行，最终学习到实现最佳行动选择的策略。因此，通过强化学习也可以实现无模型的控制（参见 2.3 节）。

作为优化算法，除了强化学习之外，还存在着诸如遗传算法之类的启发式算法，以及诸如整数规划问题（例如分支定界法）等的精确解法。一般来说，在启发式算法中，因为需要进行大量候选近似解的生成和评估，所以算法的计算量非常庞大。另一方面，在适用于精确解法的情况下，由于该方法需要不断地进行解范围的逐步缩小，因此在得到精确解之前也同样需要花费很多的时间来进行精确解的搜索。在这一点上，强化学习不仅可以通过行动和报酬的方式来进行最佳策略的探索，从而有效进行算法计算量的抑制，还可以在反复探索和运用的同时稳步地缩小解范围（参见 2.4 节）。也就是说，强化学习是一种能够很好地利用启发式算法和精确解法两者优点的学习方法。

环境模型(未知)

行动

报酬

图 1.8 无模型探索

⊖ 关于巡回推销员问题的强化学习解决方法将在本书的第6章进行介绍。

1.3 深度强化学习

> 通过深度学习的特征提取与强化学习的预测控制相结合，可以实现诸如 AI 游戏和机器人控制之类的复杂系统控制。本节将介绍深度学习在强化学习中所起的作用。

在强化学习中，关于环境的知识有时是未知的，例如在无模型学习的情况下便是如此，因此有必要通过不断地主动探索来进行环境信息的了解和收集。例如，当人们在进行围棋和视频游戏等学习时，就有必要掌握游戏当前的进展情况，并根据围棋棋盘上棋子的布局，或者根据视频游戏屏幕中角色的位置关系等来决定下一步将要采取的行动。在这样的情况下，强化学习需要从诸如棋盘表面和游戏屏幕之类的二维图像中进行游戏高阶特征信息的提取，以了解游戏的当前状况。即使是在汽车自动驾驶中，也必须从传感器获取的图像信息中掌握行人和障碍物的情况和特征，从而才能采取适当的操作行动。

除此之外，在围棋游戏的情况下，虽然通过棋盘布局特征的提取可以了解到棋盘上博弈双方当前的情况，但是在采取下一步着子行动之前，有必要预先考虑后续的对弈策略，如此才能选择下一步最佳的棋步。在这种情况下，就需要预先模拟出一系列的环境状态序列、行动序列以及相应的结果报酬序列，从而进行后续棋步的推演。换句话说，需要一种机制来进行状态、行动和报酬时间序列数据的顺序生成。

如上所述，强化学习的应用不仅需要从观测数据中进行复杂特征的提取，同时还需要能够进行后续行动效果预测的模拟序列数据的生成，深度学习正好提供了满足这两个方面要求的重要机制。深度学习构建了具有大量神经网络层的深度神经网络（Deep Neural Network，DNN），形成了进行序列数据学习的技术体系。

众所周知，卷积神经网络（Convolutional Neural Network，CNN）作为观测数据的特征检测器是行之有效的[⊖]。该神经网络通过一种被称为卷积计算的运算操作，反复将特定范围内的空间信息进行汇集，并将汇集的结果传递给神经网络的下一层。通过不断重复进行这种卷积计算的处理和汇集信息的逐层传递，最终实现空间信息特征的提取。

通过这种卷积方式，CNN 获得了图像等空间数据特征提取的功能，并将这种特征提取功能应用于各种不同的任务。例如，当应用于图像分类问题时，首先需要进行一个模型的训练学习，该模型使用图像数据集从具体图像中预测出其对应的分类标签。在该图像数据集中，对象的分类标签（猫、狗、人）与图像一一关联，来作为训练数据，如图 1.9 所示。其中，通过将 CNN 输出的特征量传递给由全相连神经网络构成标签预测模型，经过学习的模型可以达到超越人类的分类准确度。

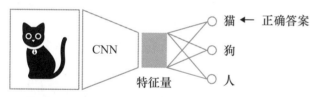

图 1.9 基于 CNN 的图像分类

⊖ 当图像数据或时间序列数据等观测数据具有局部相似性时，意味着卷积运算的特征提取将是有效的。

作为序列数据生成器，循环神经网络（Recurrent Neural Network，RNN）被认为是一个有效的模型。该模型通过信息沿着时间方向在神经网络各层的传播，使得时间序列数据的学习成为可能。具体来说，模型的 RNN 层在接收当前时刻输入产生相应输出的同时，将当前层内部状态信息传递给下一个 RNN 层，同时还将自己的输出作为下一个 RNN 层的输入，以此来把握时间序列数据的特征。因此，可以通过使用经过训练学习的 RNN 模型，依次逐个地进行时间序列数据的预测和生成，如图 1.10 所示。该技术被广泛应用于自然语言的自动翻译，并且已经实现了高准确度的机器翻译。

基于这样的深度学习，可以实现复杂数据特征量的提取和时间序列数据的生成，并将深度学习的结果应用于强化学习，以尝试进行迄今为止仍然很难控制和探索的任务，这就是深度强化学习。本书将在详细介绍强化学习和深度学习算法的基础上（第 1 部分），作为深度强化学习的应用实例，以连续变量的控制、组合优化问题、时间序列数据的生成等有趣任务的实际操作为对象，介绍深度强化学习的基本应用（第 2 部分）。

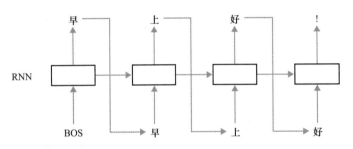

图 1.10 基于 RNN 的序列数据生成

需要说明的是，本书所列举的应用示例的共通之处是，由于表示行动的变量是一个连续变量，并且行动具有很大的可选择性（较高维度）等原因，因此很难使用强化学习中经常使用的 Q 学习，尽管其经常被应用于强化学习中。要处理这种基于高维度的连续行动变量的控制，相比于给定状态下行动价值的估计，通过行动概率分布描述进行的策略学习则显得更加有效。

因此，本书将详细介绍强化学习算法中基于策略的方法，例如策略梯度方法和 Actor-Critic 方法（见 2.4 节）。此外，在深度学习方面，将详细介绍 RNN 和长短时记忆（Long Short Term Memory，LSTM）的扩展，这对于时间序列数据的生成非常重要（见第 3 章）。

强化学习的算法

本章将介绍强化学习的算法。 首先介绍如何将强化学习问题作为马尔可夫决策过程中行动选择的优化问题， 并进行公式化。 在此基础上，阐明优化问题是表示状态或行动价值的状态价值函数及行动价值函数（Q函数） 最大化的问题， 并导出这些价值函数所遵循的递归方程， 即贝尔曼方程。

进行贝尔曼方程求解的方法有两种： 一种是以环境模型为前提的动态规划法； 另一种是通过环境模型中的信息搜索和收集进行求解的强化学习法。本章将介绍强化学习方法中的蒙特卡洛法和TD学习法。

除此之外， 本章还将介绍利用这种方式得到的状态价值函数或Q函数讲解环境控制的算法， 其中包括基于价值函数的SARSA和Q学习法，以及基于策略的策略梯度法和Actor-Critic法。

2.1 强化学习的基本概念

本节将回顾强化学习的问题设定和相关概念，为学习强化学习算法做准备。在此将给出用于状态、行动和报酬等变量表示的符号定义，并利用这些符号归纳总结出强化学习算法的一般步骤。最后将介绍本章各节的学习内容，以及与其他章节内容的联系。

2.1.1 强化学习的问题设定

首先来回顾一下强化学习的问题设定。如第 1 章所述，在强化学习中，智能体通过行动的选择来对环境施加影响，如图 1.5 所示。在类人机器人控制的例子中，智能体对应的是作为机器人大脑中枢的控制程序。另一方面，环境由负责机器人运动的机器人本体及机器人附近的周边环境等构成。

在这种机器人控制的例子中，智能体要实现的目标是控制机器人的行动，使其能够执行给定的任务。例如，当机器人的给定任务为双足行走时，智能体的目标就是要通过一系列相应的行动决策来对机器人进行操纵，从而使得机器人能够行走一定的距离而不至于摔倒。在这一过程中，智能体需要根据某些策略来决定其行动，以便实现预定的行走任务。在这些策略中，包括诸如"左右足交替移动""前足落地时，重心前移，后足再向前迈出"等有关行走运动的策略。在这种情况下，对应于强化学习的问题设定，智能体向机器人本体发出的"右足向前移动"或"重心向前移动"等指令（操作），即为智能体做出的行动。

与此同时，作为环境的机器人本体也会对智能体给出的操作指令做出响应，并进行相应的行走运动。例如，机器人本体响应智能体给出的"右足向前移动"的指令时，就会通过驱动装置的运转，使其右足向前移动。相应地，机器人本体各个部分（例如右足等）的位置坐标也会发生一些改变。这样的结果就是，智能体的行动（操作指令）使得以机器人各个部分的位置坐标和速度所表示的环境状态得到了更新。

为了让智能体进行策略的学习和优化，需要来自环境的反馈信息。例如，机器人本体因遵循智能体的指令而摔倒，则认为智能体给出的指令有问题，因此对智能体做出进行惩罚的反馈。相反，如果机器人本体能够顺利向前行走而不摔倒，机器人本体则会给予智能体一个很高的评价。所以，根据智能体给出的行动决策给环境带来影响的不同（摔倒或前行），环境会向智能体支付不同的报酬，如图 1.7 所示。同时，智能体根据环境所反馈的报酬来进行策略的改进，并希望在一系列的行动中获得更高的累积报酬。

因此，强化学习的目的是让智能体通过与环境的不断交互来进行策略的改进，并最终学习到最佳的策略。

2.1.2 强化学习的机制

为了将强化学习的机制表达为一种公式化的算法，需要引入进行状态、行动以及报酬变量描述的符号化表示。在强化学习中，通过反复进行智能体的行动选择和环境状态的更新来进行策略的学习，因此还需要引入一个表示该重复过程中各个步骤的变量，即时间点 t。

如 2.2 节将要介绍的那样，可以将强化学习中的这种状态转换描述为一个随机过程，这个随机过程也称为马尔可夫决策过程。如此一来，诸如状态、行动、报酬等的各个变量也将分别是一个被定义为时间 t 的随机变量。在此，通常分别采用与各个变量相对应的英文名称的首字母来作为其符号。例如，可以将时间点 t 的状态、行动和报酬等各个变量分别表示为添加了时间点 t 的随机变量 S_t、A_t、R_t。

图 2.1 给出了强化学习算法的概念图。其中，智能体将时间点 t 的状态 S_t 作为其输入，并通过相应的策略选择行动 A_t。与此相应的是环境将自身的状态 A_t 进行更新，将更新的结果 A_{t+1} 作为下一个时间点的新状态，并将其输入给智能体。与此同时，环境也将根据行动产生的结果给出一个新的报酬值 R_{t+1}，并将其返回给智能体，作为智能体进行行动选择的反馈。上述过程可以总结为如下所示的步骤：

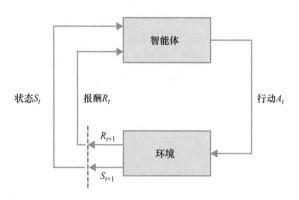

图2.1 强化学习算法的概念图

步骤 1 通过环境信息的汇总得到一系列的状态数据 S_t，智能体根据这些状态数据，依据相应的策略选择行动 A_t。

步骤 2 将智能体选择的行动 A_t 施加到环境，环境对由此产生的影响和结果进行评估，返回相应的报酬 R_{t+1} 给智能体，并将状态 S_t 更新为新的状态 S_{t+1}。

步骤 3 通过以上两个步骤，智能体进行了环境的探索和观测，并基于目前为止所观测到的结果进行自身策略的改进。

步骤 4 重复上述步骤 1~3，智能体通过依据环境信息和策略做出的行动对环境施加影响，并根据影响的结果对其做出的行动进行评估，直到智能体的策略收敛到最佳策略为止。

要想知道上述步骤 3 中的某个策略是否为最佳策略，就必须对该策略在任意状态下所选择的行动价值进行量化。此外，还需要一种机制来进行步骤 1~4 中量化值的更新。

2.1.3 关于本章的内容

在随后的各节中，将详细介绍强化学习过程中的步骤 1~4。首先，2.2 节将介绍如何采用数学的方法来描述在步骤 1~4 中观测到的状态、行动和报酬序列。此外，还将介绍如何通过价值函数来表示任意状态下的行动价值，以实现行动价值的函数化量化，并将行动价值函数的更新方程式表达为贝尔曼（Bellman）方程。

2.3 节将介绍贝尔曼方程的求解方法。当环境模型信息已知时，贝尔曼方程可以通过动态规划来进行精确求解，这是一种基于模型的方法⊖。另一方面，如果环境信息未知，则必须采用探索性的近似求解方法，这是一种无模型的方法。在此，对这两种方法都将依次进行讲解。

最后，2.4 节将介绍智能体如何通过无模型的方法进行环境控制的学习。学习控制的方法一般有两种，一种是通过行动价值函数间接进行策略优化的方法，这是一种基于价值的方法；另一种是直接进行策略优化的方法，这是一种基于策略的方法。此外，还将介绍这两种方法的综合——Actor-Critic 法。

在第 2 章中所介绍的内容是理解第 4 章及后续章节内容的基础，在那里将介绍深度强化学习的实例。2.4 节将 SARSA 和 Q 学习描述为基于价值的学习方法，其中 Q 学习是 4.2 节中 DQN 倒立摆控制的基本算法。策略梯度法作为基于策略的学习方法，与其扩展出的 Actor-Critic 法将在 4.3 节中进行介绍，这些学习方法也是 4.3 节中所介绍的倒立摆控制和第 2 部分应用篇中介绍的控制算法的基础。不过，由于介绍过程中涉及很多有关数学的详细内容，包含了一些数学公式，因此对于诸如工程师和其他对算法细节不感兴趣的读者，不妨直接从第 4 章开始阅读，必要时可再回到第 2 章进行参考阅读。

ⓘ **注意 2.1**

关于随机变量的表示

　　强化学习中使用的状态、行动和报酬变量被定义为随机变量。本书采用大写字母来表示随机变量，采用小写字母来表示其观测值。

　　例 1　S_t，A_t，R_t 分别表示时间点 t 时的状态、行动和报酬变量。

　　例 2　$S_t = s$ 表示时间点 t 时，状态变量 S 的观测值为 s。

⊖　基于模型的方法不仅限于环境模型已知的情况，也包含环境模型未知时，通过观测数据进行未知模型的学习，从而使用基于学习到的环境模型的方法（参见"备忘 2.2"）。

2.2 马尔可夫决策过程和贝尔曼方程

本节首先将阐明环境中智能体的状态转移和报酬分布的数学模型，通过马尔可夫决策过程来描述，并将基于马尔可夫决策过程的模型作为强化学习的前提条件。在此基础上，将状态价值函数定义为智能体在给定状态下所获得的预期收益。此外，还将阐明状态价值函数的动态行为遵循一个递归方程，该递归方程被称为贝尔曼方程。除此之外，本节还将以公司职员的行动决策作为一个具体的示例，采用具有三个状态、两个行动的马尔可夫决策过程模型来对公司职员的行动进行建模。

2.2.1 马尔可夫决策过程

本节将介绍马尔可夫决策过程，这是一个通用的数学模型，在此将其用于强化学习中的环境表示。在图 2.1 中，状态为 S_t 的环境接收到智能体的行动 A_t。通过行动的实施，环境的状态转移到下一个状态 S_{t+1}，并将报酬 R_{t+1} 返回给智能体。考虑到这一系列步骤遵循的是一个随机过程，对于当前状态 S_t 和行动 A_t 给定的情况下，环境模型需要同时描述向下一个状态 S_{t+1} 的转移概率和报酬 R_{t+1} 的概率分布。这样的随机过程可以用以下的条件概率来描述，也被称为马尔可夫决策过程（Markov Decision Process，MDP）[⊖]，见式（2.1）。

$$p(s',r\,|\,s,a) = \Pr\{S_{t+1} = s', R_{t+1} = r\,|\,S_t = s, A_t = a\} \qquad (2.1)$$

1. 状态转移概率和期望报酬

为了进行马尔可夫决策过程MDP的描述，已经采用了上述的条件概率 $p(s',r\,|\,s,a)$，但仅限于这样的描述还是不够的。为了将 MDP 可视化为一个状态转移图，或者描述为后续将要介绍的贝尔曼方程，则需要将上述的条件概率 $p(s',r\,|\,s,a)$ 对一些变量进行取和或者取其期望值，这比变量的条件概率本身更有意义，见式（2.2）。

$$p(s'\,|\,s,a) = \Pr\{S_{t+1} = s'\,|\,S_t = s, A_t = a\} \equiv \sum_r p(s',r\,|\,s,a) \qquad (2.2)$$

例如，在描述状态转移时，重点关注的是环境状态转移前后的状态 s、s' 以及智能体当前所采取的行动 a。尽管报酬的具体值 r 并不是感兴趣的关注点，但是在 $p(s',r\,|\,s,a)$ 中添加报酬 r 的条件概率会给某些计算带来更多方便。

在此，时间点 $t+1$ 的状态 s' 只取决于其前一个时间点 t 的状态和行动 (s,a)，而与时间点 t 之前的信息无关。随机过程的这种特性也被称为马尔可夫性质。

另一方面，对于报酬 r，比起根据条件概率 $p(s',r\,|\,s,a)$ 随机生成的报酬，更感兴趣的是智能体在状态转移和行动 (s,a,s') 的组合中所获得的报酬的期望值。这种期望值可以用式（2.3）来定义。

$$r(s,a,s') = \mathbb{E}[R_{t+1}\,|\,S_t = s, A_t = a, S_{t+1} = s'] \equiv \sum_r r \sum_{s'} \frac{p(s',r\,|\,s,a)}{p(s'\,|\,s,a)} \qquad (2.3)$$

⊖ 关于随机变量的表示，请参见 2.1 节中的"注意 2.1"。

2. 公司职员的 MDP

下面，以一个具体的示例来说明马尔可夫决策过程 MDP 的状态转移。在此，采用一个 MDP 模型来表示一个公司职员一天的行动。其中，MDP 模型的状态数为 3，行动数为 2。公司职员对应于智能体，根据 MDP 模型进行的公司职员状态转移决定和报酬支付则对应于环境。

s_0、s_1、s_2 三种状态分别代表公司职员在家中、办公室、酒吧的停留状态，两个行动 a_0、a_1 分别表示移动和停留的两个行动。由此可以画出一个公司职员的状态转移图，如图 2.2 所示。其中，状态用白色圆圈节点表示，行动用灰色圆圈节点表示，由于行动选择而发生的状态转移用箭头表示。图中箭头上方的括号内还有两个数值，分别代表箭头起始节点处选择某项行动的概率（策略概率）和通过该选择所得到的报酬。

如果将公司职员早上在家里醒来时的状态定义为 s_0，那么当天早上的心情将决定是否会进行出门的行动。如果选择外出，则有 80% 的概率会去上班，余下 20% 的概率会去酒吧。即使是选择上班的行动，但由于人的意志力通常比较薄弱，所以也会在下班后休息一下，去酒吧消遣。其中，如果选择上班，则会因为工作获得 +1 的报酬；如果选择去酒吧，虽然会花钱但是很开心，所以也会得到 +2 的报酬；如果选择不出门，则有 100% 的机会待在家里，既不工作，也没有任何支出，因此所得到的报酬为 0。

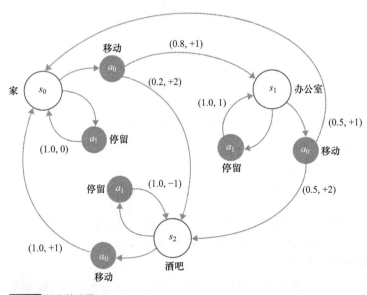

图2.2 状态转移图

如果通过外出的行动并选择上班的话，状态则由 s_0 转移到 s_1。在该状态下，需要做出的决定是继续坐下来努力工作还是提前下班出去。如果选择继续坐下来努力工作，则有 100% 的概率在办公桌前工作，因此可以获得 +1 的报酬。另一方面，如果选择提前下班外出，则会有 50% 的概率去酒吧，另外 50% 的概率是回家。如果选择去酒吧消遣的话，由于会得到一个超过支出的快乐，因此可以获得 +2 的报酬。如果是后一种情况，因为可以回家休息，不必留在这里，因此也可以获得 +1 的报酬。

当离开办公室去酒吧时，状态则由 s_1 转移到 s_2。在该状态下，需要决定的是在喝醉之前离开酒吧，还是留下来继续喝酒。如果选择离开酒吧，因为不可能回公司工作，因此回家的概率为100%，并且由于回家可以得到充分的休息，因此可以获得+1的报酬。另一方面，如果继续留在酒吧，不仅会花更多的钱，而且还将喝醉，所以收到的报酬为 −1。

表 2.1 总结了上述 MDP 中的状态转移概率和报酬期望值。

表2.1 公司职员 MDP 中的状态转移概率和报酬期望值

s	a	s'	$p(s'|s, a)$	$r(s, a, s')$
家		办公室	0.8	+1
	移动	酒吧	0.2	+2
	停留	家	1.0	0
办公室		酒吧	0.5	+2
	移动	家	0.5	+1
	停留	办公室	1.0	+1
酒吧	移动	家	1.0	+1
	停留	酒吧	1.0	−1

3. 状态价值函数的引入

像这样，马尔可夫决策过程 MDP 一边根据状态进行行动的选择，一边通过行动转移到另一个新的状态，同时获得相应的报酬。以上述公司职员的行动模型为例，公司职员在一定期间内根据状态转移图反复进行行动的选择，同时获得报酬的积累。在这种情况下，职员的最佳行动则是指能够使得报酬总额（即收益）最大化的行动。那么，如何才能找到最佳行动呢？

下面还是以公司职员的例子来进行思考。由公司职员的马尔可夫决策过程 MDP 可以看出，如果总是选择"停留"作为行动，则不会发生状态之间的转移，公司职员也一直会维持当前的状态。如果初期状态是在家，则仍然会继续待在家里，收益就保持为 0。如果初期状态是在办公室，则会一直不停地工作，可以稳定地得到报酬。但此时如果有选择在家里休息或者在酒吧享受的行动，则好像能得到更多的收益。如果初期状态是在酒吧，则因为一直留在酒吧，支出消耗的增加使得总收益会减少。显然，总是选择"停留"的方法明显不是一个最优的行动。

所以，智能体为了使得获得收益的最大化，需要在特定的环境中进行行动选择的优化。在强化学习中，智能体进行的这种行动选择的优化方法叫作策略（Policy）。具体来说，它被定义为在状态 s 下选择行动 a 的条件概率 $\pi(a|s)$。

因此，环境模型被描述为状态转移概率 $p(s', r | s, a)$，智能体行动选择的标准被描述为策略 $\pi(a|s)$。强化学习的目的就是要在给定的环境中找到智能体最佳行动选择的标准（策略）。为了在机器学习的框架下做到这一点，必须要进行一个目标函数的定义。

另外，因为目标函数是一个关于行动价值的函数，所以也可以通过报酬来进行目标函数的定义。强化学习中的报酬指的是在采取某项行动后，环境立即返回的报酬，也就是实时报酬。但是，作为目标函数，最好是能够评价根据某项措施所获得的一系列行动报酬的总和，而不是单一行动的实时报酬。因为在 MDP 下，随着状态和行动时间序列的产生，也会产生相应的实时报酬的时间序列，所以采用这些实时报酬的累加和作为目标函数似乎更为合适。

因此，可以采用考虑折损率的累计报酬总和 G_t 作为目标函数，见式（2.4）。

$$G_t = R_{t+1} + \gamma R_{t+2} + \gamma^2 R_{t+3} + \cdots = \sum_{k=1}^{\infty} \gamma^{k-1} R_{t+k} \tag{2.4}$$

其中，γ 为折损率，是一个被定义为小于 1 的正数。在强化学习中，像这样定义考虑折损的报酬累加和被称为收益。如果能考虑折损率，则意味着将未来的报酬进行折损后作为当前报酬进行评价。显然，γ 越接近于 1，折损衰减越缓慢，未来的报酬也越值得期待。

现在再回到正题，来进行目标函数的考虑。对于前述的折损报酬累加和，可以理解为遵循某个策略的预期收益。因此，在强化学习中进行最大化的目标函数应该可以定义为：在某个状态 s 下，根据策略 $\pi(a|s)$ 和 MDP 中的状态转移，反复进行行动选择的预期收益。将此目标函数称为状态价值函数，用 $v_\pi(s)$ 来表示，见式（2.5）。

$$v_\pi(s) = \mathbb{E}_\pi[G_t \mid S_t = s] \tag{2.5}$$

其中，$\mathbb{E}_\pi$ 为智能体根据给定的 MDP，按照策略 π 以所有可能的行动转移到另一个状态所获得收益的期望值⊖。

通过以这种方式对状态价值函数进行定义，状态价值函数式（2.5）中对于所有状态的收益最大化问题也可以转换为对所有状态 s 下收益最大的策略优化问题。也就是说，强化学习的目的就是寻找能够使得状态价值函数 $v_\pi(s)$ 对于所有状态 s 最大化的策略。

在 MDP 中，最优策略的搜索问题也是一个优化问题。在下一节中可以看到，最优策略搜索的计算成本会随着完全搜索法步数的增加而呈指数级增加。众所周知，动态规划是解决此类问题的有效方法。在动态规划中，关于全局状态的状态价值函数计算这一问题可以归结为某个时间点的状态价值函数通过下一个时间点的状态价值函数表示的子问题进行求解。具体来说，就是要进行状态价值函数递归方程的求解，该递归方程被称为贝尔曼方程。下一节将进行贝尔曼方程及其求解方法的介绍。

备忘 2.1

Episodic MDP 的定义

按照终止状态的有无，可以将 MDP 分为有限状态 MDP 和无限状态 MDP 两类。其中，终止状态是指一旦到达了该状态后，MDP 就不能再转移到其他状态时的状态。如果 MDP 描述的是一个游戏，那么其终止状态对应的就是智能体游戏过关或游戏失败时的状态。如果是一个具有终止状态的有限 MDP，则根据 MDP 的状态转移可以以有限的步数到达其终止状态。将这种情况下的 MDP 称为 Episodic MDP，并将相应的状态转移序列称为一个剧集（Episode）。在 Episodic MDP 中，收益 G_t 是一个有限的报酬累加和，所以可以将其折损率设置为 $\gamma = 1$。

2.2.2 贝尔曼方程

在前文中，作为马尔可夫决策过程 MDP 优化问题的目标函数，介绍了状态价值函数。要

⊖ 关于期望值的具体定义，请参照下节中的"备忘2.4"。

想找到能够使得 MDP 状态价值函数最大化的智能体策略，必须在所有可能的状态下进行状态价值函数的计算。为了计算高效，必须递归地进行状态价值函数的计算。如此，就需要一个方程将状态 s 的状态价值函数与后续状态 s' 的状态价值函数联系起来。这样的方程就是以提出者命名的贝尔曼方程（Bellman Equation）。本节将根据状态价值函数的定义推导出贝尔曼方程，并对其含义进行介绍。

1. 状态价值函数的贝尔曼方程

首先，根据状态价值函数 $v_\pi(s)$ 导出贝尔曼方程。在此，状态价值函数被定义为累计收益，即策略 π 下折损报酬累加和的期望值。由收益表达式（2.4）所定义的折损报酬累加和，得到以下的递推方程，见式（2.6）。

$$G_t = R_{t+1} + \gamma G_{t+1} \tag{2.6}$$

其中，由于表达式的左侧给出的是时间点 t 的收益，而右侧出现了时间点 $t+1$ 的收益，所以该表达式实现了相邻时间点状态价值函数的关联。通过取该方程式对策略 π 的期望值，可以得到状态价值函数的递归方程。

在此，使用前文中定义的状态转移概率公式（2.2）和报酬期望值公式（2.3），可以从式（2.6）中推导出状态价值函数的贝尔曼方程。首先，将式（2.6）的两边同时对策略 π 取期望值，则可以得到以下表达式：

$$\mathbb{E}_\pi\big[G_t \mid S_t = s\big] = \mathbb{E}_\pi\big[R_{t+1} \mid S_t = s\big] + \gamma\mathbb{E}_\pi\big[G_{t+1} \mid S_t = s\big]$$

由定义式（2.5）可知，该方程的左侧表示的是状态价值函数 $v_\pi(s)$，右侧第一项是一个仅由状态 s 决定的函数。如果利用式（2.3）中定义的报酬期望值 $r(s,a,s')$ 来表示，则仍然会含有另外两个变量行动 a 和状态 s'。因此，还必须将策略 $\pi(a|s)$ 下的状态转移概率 $p(s'|s,a)$ 与 $r(s,a,s')$ 相乘，然后分别对行动 a 和状态 s' 进行累加求和，从而得到一个只有变量 s 的函数，如下：

$$\mathbb{E}_\pi\big[R_{t+1} \mid S_t = s\big] = \sum_a \pi(a|s) \sum_{s'} p(s'|s,a) r(s,a,s')$$

另一方面，在前一个表达式中，右侧的第二项是时间点 $t+1$ 的收益 G_t+1 的期望值，所以应该包含时间点 $t+1$ 的状态 $S_{t+1} = s'$ 中的状态价值函数 $v_\pi(s')$。但由于希望将表达式的右侧变换为只依赖于状态 s 的函数，所以还必须将其乘以式（2.2）定义的状态转移概率 $p(s'|s,a)$ 和策略 $\pi(a|s)$，然后再分别对行动 a 和状态 s' 进行累加求和，如下：

$$\gamma\mathbb{E}_\pi\big[G_{t+1} \mid S_t = s\big] = \gamma \sum_a \pi(a|s) \sum_{s'} p(s'|s,a) v_\pi(s')$$

综上所述，可以得到状态价值函数所遵循的贝尔曼方程，见式（2.7）。

$$v_\pi(s) = \sum_a \pi(a|s) \sum_{s'} p(s'|s,a)\big[r(s,a,s') + \gamma v_\pi(s')\big] \tag{2.7}$$

下面来看式（2.7）所示贝尔曼方程的含义。这个方程描述了一个马尔可夫决策过程（MDP）中行动选择和状态转移的一个步骤。在这个步骤中，智能体在状态 s 下通过掷出策略概率为 $\pi(a|s)$ 的骰子进行行动 a 的选择。相应地，环境模型则根据状态、行动的组合 (s,a) 进行下一个状态的转移，并且以概率 $p(s'|s,a)$ 转移到新的状态 s'。

在式（2.7）中，贝尔曼方程的右侧表示的是上述一个状态转换所得收益的总和。实际上，在状态 s 下，MDP 进行一个状态转移 (s,a,s') 的预期收益是预期报酬 $r(s,a,s')$ 和状态 s' 下的折损收益 $\gamma v_\pi(s')$ 之和，即

$$r(s,a,s')+\gamma v_\pi(s')$$

相对于状态 s，MDP 下一步的状态转移 (s,a,s') 会有多个可能，因此为了计算状态 s 下的预期收益 $v_\pi(s)$，以上进行的一个步骤状态转移收益必须采用概率密度 $\pi(a|s)$ 与 $p(s'|s,a)$ 的加权平均来计算。这也正是在式（2.7）所示的贝尔曼方程右侧所进行的乘积项累加和计算。

2. 备份树解释

贝尔曼方程的递归性质可以通过一个被称为备份树的图来进行解释。从贝尔曼方程可以看出，在状态 s 和下一个状态 s' 之间总有一个行动 a 的介入。这可以通过一个两步的图来表示，其中包含有状态和行动两类不同的节点，如图 2.3 所示。在此，采用白色圆圈表示状态，灰色圆圈表示行动，从白色圆圈到灰色圆圈的链接表示策略 $\pi(a|s)$，从灰色圆圈到白色圆圈的链接表示状态转移 $p(s'|s,a)$ 和相应的报酬 $r(s,a,s')$。

在此，备份树以状态 s 作为起点，随着时间步骤的推进逐步向下方扩展。实际上，如果将状态 s' 看作一个新的起点，则可以采用相同结构的图来进行后续状态节点以及状态转移的表示。因为在 Episodic MDP 中存在终止状态，所以备份树保持着有限的深度。如果从末端开始对备份树进行反向计算，那么计算量将会很大，但是贝尔曼方程被描述为一个逐步进行差分的关系表达式，从这个意义上看，也可以说贝尔曼方程描述了一个动态规划的计算过程，因此能够使得备份树的计算得以大幅度简化。

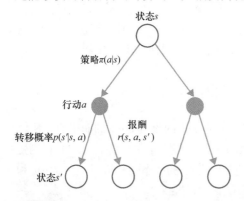

图2.3 备份树

3. 行动价值函数的贝尔曼方程

从备份树的结构可以看出，在 MDP 中，状态和行动总是交替进行的。为了进行最佳行动的选择，知道行动的价值显然比知道其状态的价值更为重要。在这里，将行动价值函数定义为行动价值的量化函数，并推导出它所遵循的贝尔曼方程。

从式（2.7）所示的贝尔曼方程的右侧可以看出，将状态 s 和行动 a 作为参数的函数通过策略 $\pi(a|s)$ 进行加权相加后，即可得到关于行动的价值函数。因此，可以用以下公式来定义行动价值函数 $q_\pi(s,a)$，见式（2.8）。

$$q_\pi(s,a) = \sum_{s'} p(s'|s,a)\big[r(s,a,s') + \gamma v_\pi(s')\big] \tag{2.8}$$

由此，可以进一步得到式（2.7）所示贝尔曼方程表示的状态价值函数 $v_\pi(s)$ 与行动价值函数 $q_\pi(s,a)$ 的关系表达式，见式（2.9）。

$$v_\pi(s) = \sum_a \pi(a|s) q_\pi(s,a) \tag{2.9}$$

将式（2.9）给出的定义式代入式（2.8）中，并消除状态价值函数，则可以得到符合行动价值函数的贝尔曼方程，见式（2.10）。

$$q_\pi(s,a) = \sum_{s'} p(s'|s,a)\bigg[r(s,a,s') + \gamma \sum_{a'} \pi(a'|s') q_\pi(s',a')\bigg] \tag{2.10}$$

值得注意的是，通过直接计算可以确认，满足式（2.9）所示的行动价值函数与根据状态、行动 (s,a) 的条件收益期望值定义的行动价值函数是一致的，即可以得到以下关系式：

$$q_\pi(s,a) = \mathbb{E}_\pi\big[G_t \mid S_t = s, A_t = a\big]$$

4. 最优贝尔曼方程的推导

在给定策略 π 下，关于状态 s 的状态价值函数 $v_\pi(s)$ 和行动价值函数 $q_\pi(s,a)$ 都取决于策略 π。由于强化学习的目标是要找到一个能使两者最大化的策略，所以有必要进行 π 为最优策略时的价值函数定义，如下：

$$v_*(s) = \max_\pi v_\pi(s), \quad q_*(s,a) = \max_\pi q_\pi(s,a)$$

通过将这些定义应用于式（2.7）所示的贝尔曼方程，可以导出以下的最优贝尔曼方程，见式（2.11）。

$$v_*(s) = \max_{a \in \mathcal{A}^*(s)} \sum_{s'} p(s'|s,a)\big[r(s,a,s') + \gamma v_*(s')\big] \tag{2.11}$$

其中，右侧的最大值表示 $q_*(s,a)$ 取得最大值的行动 a 不是唯一的，而是存在多个作为集合 $\mathcal{A}^*(s)$ 元素的行动。该集合 $\mathcal{A}^*(s)$ 与最优策略 $\pi_*(a|s)$ 获得最大值的状态 s 的集合一致。

⚠ **注意 2.2**

关于状态价值函数、 行动状态价值函数的表示

在本书中，采用 Sutton-Barto[⊖] 的符号表示方法进行状态价值函数和行动状态价值函数的表示。

1. 由贝尔曼方程精确解所定义的状态价值函数、行动状态价值函数均采用小写英文字母表示。
例 1 $v_\pi(s), v_*(s), q_\pi(s,a), q_*(s,a)$
2. 由贝尔曼方程近似解定义或推定的状态价值函数、行动状态价值函数均采用大写英文字母表示。
例 2
$V_t(s), Q_t(s,a)$ 表示时间点 t 的状态价值函数、行动状态价值函数的近似函数。
$V_t(S_t)$ 表示时间点 t 的状态价值函数通过状态 S_t 的推定值。

⊖ R.S. Sutton , A.G. Barto. *Reinforcement Learning: An Introduction* , Second Edition. MIT Press, Cambridge, MA, 2018.

2.3 贝尔曼方程的求解方法

通过2.2节的介绍可以看出，在马尔可夫决策过程（MDP）中，最终需要将行动优化的问题集中到贝尔曼方程的求解上。在环境模型已知的情况下，可以采用动态规划法求解贝尔曼方程，因此无需采用其他的近似求解方法。但实际上，由于在大多数情况下环境模型终究是未知的，或者即使是已知的，也是一个复杂的或者大规模的模型，因此还是需要通过不依赖环境模型信息的无模型方法进行近似求解。强化学习通过对环境模型的探索来获取环境模型观测数据，并利用所得到的模型信息来找到MDP的最佳解决方案，从而提供了无模型的问题近似解。

2.3.1 动态规划法

首先考虑基于贝尔曼方程进行智能体行动优化的方法。在强化学习中，环境模型由条件概率 $p(s', r \mid s, a)$ 定义，通过该条件概率来确定马尔可夫决策过程 MDP 的状态转移。因此，在给定了环境模型的情况下，出现在贝尔曼方程右侧的状态转移概率 $p(s' \mid s, a)$ 和报酬期望值 $r(s, a, s')$ 均为已知函数。另一方面，代表智能体行动准则的策略 $\pi(a \mid s)$ 是在该给定环境下需要优化的函数。因此，如果实现了智能体行动策略的最优化，则对于所有状态 s，状态价值函数 $v_\pi(s)$ 应该取得最大值。

在给定的 MDP 和贝尔曼方程下，策略迭代方法和价值函数迭代方法都是可以实现最优策略搜索的方法。这两种方法均基于动态规划法来计算价值函数，从而对贝尔曼方程进行解析或近似求解。下面将详细介绍这两种方法。

📝 **备忘 2.2**

基于模型的学习和无模型学习

强化学习不仅限于无模型的方法，即使是在环境模型（状态转移概率和报酬的概率分布）未知的情况下，也可以通过对环境的探索来获取观测数据，并以此进行环境模型的学习，最终以学习到的环境模型为基础求解贝尔曼方程，这种方法被称为基于模型学习的方法。基于模型学习的强化学习超出了本书的范围，所以将省略不提。另外，由于动态规划法是根据已知的环境模型来求解贝尔曼方程，所以该方法也是一种基于模型的方法。

---

1. 策略迭代方法

在策略迭代方法（Policy iteration）中有两个步骤：一个是在给定的策略下通过贝尔曼方程进行状态价值函数的计算（策略评价）；另一个是更新策略。通过使用该方法，状态价值函数将取得最大值。将以上两个步骤交替重复地进行（策略的改进），可以找到最佳策略。在最佳策略的搜索中，为了计算状态价值函数 $v_\pi(s)$，必须求解贝尔曼方程。

（1）MDP 的备份树解释

在贝尔曼方程意义的理解上，备份树是非常有用的。在此，采用如图 2.4 所示的备份树来表示之前介绍的公司职员的 MDP。这个 MDP 由三个状态 [家，办公室，酒吧（Home，Office，Bar）] 和两个行动 [移动，停留（move, stay）] 组成。为简单起见，在图 2.4 中，分别采用各个状态英文名称的首字母来代表各个节点的状态，并且绘制了三个备份树，每个备份树都以三个状态中的一个作为起始状态。在每个树的末尾给出每一个步骤后的状态节点，因此可以在添加相应的备份树的同时，根据步骤数来进行分支的扩展。

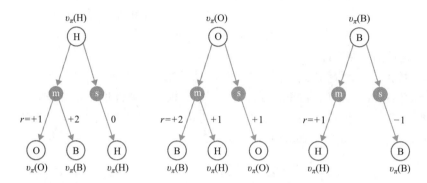

图2.4 公司职员MDP的备份树

在状态价值函数的计算中，折损报酬累加和需要沿着备份树链进行计算。但由于备份树会无限延伸，所以这样的计算是不可能的。实际上，备份树从起点开始进行的每一步的延伸生长都是按照图 2.4 所示三种模式的树来进行的，因此可以通过树的递归性质的使用进行有效的计算。在此，可以采用一种被称为动态规划（Dynamic Programming，DP）的方法。该方法通过局部问题递归性的利用，从而能够以多项式的时间复杂度方法来解决计算量为指数复杂度的问题。并且，备份树递归性的数学表示就是贝尔曼方程。

（2）基于 MDP 解析解的策略评价

接下来，将尝试进行公司职员 MDP 中的贝尔曼方程解析求解。由于公司职员 MDP 具有三个状态和两个行动，因此可以将状态价值函数 $v_\pi(s)$ 视为一个具有三个成分分量的向量。另外，状态转移概率 $p(s'|s,a)$ 和报酬期望值 $r(s,a,s')$ 通过取给定策略下的期望值，分别被转换为一个 3×3 的矩阵 $\boldsymbol{P}^\pi$ 和一个具有三个成分分量的报酬向量 $\boldsymbol{R}^\pi$，如下：

$$\left[\boldsymbol{P}^\pi \right]_{ss'} = \sum_a \pi(a|s) p(s'|s,a)$$

$$\left[\boldsymbol{R}^\pi \right]_s = \sum_a \pi(a|s) \sum_{s'} p(s'|s,a) r(s,a,s')$$

$$\boldsymbol{v} = \left[v_\pi(\mathrm{H}), v_\pi(\mathrm{O}), v_\pi(\mathrm{B}) \right]^\mathrm{T}$$

由此，原来的贝尔曼方程即被转换为由价值向量组成的向量方程，并可以通过式（2.12）所示的变换进行方程的解析求解。

$$\boldsymbol{v} = \boldsymbol{R}^\pi + \gamma \boldsymbol{P}^\pi \boldsymbol{v} \quad \Rightarrow \quad \boldsymbol{v} = \left(1 - \gamma \boldsymbol{P}^\pi \right)^{-1} \boldsymbol{R}^\pi \tag{2.12}$$

其中，方程的解通过 $\boldsymbol{P}^\pi$、$\boldsymbol{R}^\pi$ 依赖于状态价值函数中的策略 π。从这个意义上说，方程给出了策略评价的结果。在此，如果假设策略概率为 $\pi(a|s) = 0.5$，折损率为 $\gamma = 0.95$，则将得到

如式（2.13）所示的解。

$$v = (13.5, 14.0, 12.2)^\top \tag{2.13}$$

其结果是，在办公室上班的状态价值最高，其次是在家的状态价值，最后是在酒吧的状态价值。有趣的是，状态价值按状态当前报酬的降序排列。

在上述公司职员 MDP 中，仅有少至三个的状态数，因此可以通过矩阵计算来进行状态价值函数的计算。但是，在一般的 MDP 中，这个状态数要大得多，例如在迷宫问题中。所以在这种具有众多状态的 MDP 中，一般不进行解析性的矩阵计算，而是通过递归性地依次代入，并反复进行计算，直到解收敛为止。总之，无论采用哪种方式，在给定策略情况下，都可以通过贝尔曼方程来进行状态价值函数的计算，从而实现策略的评价。

（3）通过 greedy 法进行的策略改进

下面考虑策略改进的问题。所谓策略改进，具体来说就是通过策略的改变使得在每个状态下都能够进行最佳行动的选择。因此，在策略改进的过程中，根据策略评价计算出的状态价值函数 $v_\pi(s)$ 来计算行动价值函数 $q_\pi(s, a)$，其中对于任意状态 s，通过策略的改变来获得 $q_\pi(s, a)$ 的最大值的方法称为贪心算法（greedy 法），见式（2.14）。

$$\pi'(a|s) = \begin{cases} 1/|\mathcal{A}^*(s)|, & a \in \mathcal{A}^*(s) \\ 0 & , \text{ 其他} \end{cases}$$

$$\mathcal{A}^*(s) = \left\{ a_* \text{ s.t. } a_* = \arg\max_a q_\pi(s, a) \right\} \tag{2.14}$$

在公司职员 MDP 的情况下，通过策略评价得出的 $v_\pi(s)$ 来进行 $q_\pi(s, a)$ 的计算，见式（2.15）。

$$
\begin{aligned}
q_\pi(\text{H, move}) &= 0.8 \times [1 + 0.95 v_\pi(\text{O})] + 0.2 \times [2 + 0.95 v_\pi(\text{B})] = 14.2 \\
q_\pi(\text{H, stay}) &= 0 + 0.95 v_\pi(\text{H}) = 12.8 \\
q_\pi(\text{O, move}) &= 0.5 \times [2 + 0.95 v_\pi(\text{B})] + 0.5 \times [1 + 0.95 v_\pi(\text{H})] = 13.7 \\
q_\pi(\text{O, stay}) &= 1 + 0.95 v_\pi(\text{O}) = 14.3 \\
q_\pi(\text{B, move}) &= 1 + 0.95 v_\pi(\text{H}) = 13.8 \\
q_\pi(\text{B, stay}) &= 1 + 0.95 v_\pi(\text{B}) = 10.6
\end{aligned}
\tag{2.15}
$$

通过行动价值函数和 greedy 法进行行动选择，意味着在每个状态下选择行动价值函数最大的行动。因此，在式（2.15）中，通过对每个状态的行动价值进行比较，更新出以下策略：

$$q_\pi(\text{H, move}) > q_\pi(\text{H, stay}) \Rightarrow \pi(\text{move}|\text{H}) = 1$$
$$q_\pi(\text{O, move}) < q_\pi(\text{O, stay}) \Rightarrow \pi(\text{stay}|\text{O}) = 1$$
$$q_\pi(\text{B, move}) > q_\pi(\text{B, stay}) \Rightarrow \pi(\text{move}|\text{B}) = 1$$

也就是说，通过以上策略的改进，职员们在家里只能选择移动（move），在办公室只能选择停留（stay），在酒吧只能选择移动（move）。实际上，在更新后的策略下进行式（2.12）所示贝尔曼方程的求解，得到了式（2.16）所示的结果。

$$v = (20.2, 20.0, 20.2)^\top \tag{2.16}$$

与之前的随机策略相比，任何状态下的状态价值都变得更高了。但在这个策略下，公司职员一旦上班了，就会在公司一直待着，回不了家。

通过该迭代方法，重复上述计算过程，直到策略不再更新。结果是，在家、办公室、酒吧的任何地方移动的概率都是 100%，这是最佳的行动。

$$\pi(\text{move}|\text{H}) = \pi(\text{move}|\text{O}) = \pi(\text{move}|\text{B}) = 1$$

实际上，在这个最佳策略下，进行式（2.12）所示贝尔曼方程的求解，可以得到以下结果：

$$v = (25.0,\ 25.1,\ 24.8)^{\mathrm{T}}$$

如果与未进行策略更新之前的贝尔曼方程的求解结果相比较，则可以看到，通过 $q_\pi(s, a)$ 的比较得到的结果与随机策略的结果相同。在最佳策略中，办公室、家、酒吧也是按照状态价值的降序排列，与其当前报酬的顺序一致，但最佳策略中，状态之间的价值差距变小了。

清单 2.1 给出了执行策略迭代方法的 Python 代码。

清单2.1 执行策略迭代方法的 Python 代码（policy_iteration.py）

```python
# 各种模块的导入
import numpy as np
import copy


# MDP 的设定
p = [0.8, 0.5, 1.0]


# 折损率的设定
gamma = 0.95


# 报酬期望值的设定
r = np.zeros((3, 3, 2))
r[0, 1, 0] = 1.0
r[0, 2, 0] = 2.0
r[0, 0, 1] = 0.0
r[1, 0, 0] = 1.0
r[1, 2, 0] = 2.0
r[1, 1, 1] = 1.0
r[2, 0, 0] = 1.0
r[2, 1, 0] = 0.0
r[2, 2, 1] = -1.0


# 状态价值函数的初始化
v = [0, 0, 0]
v_prev = copy.copy(v)


# 行动价值函数的初始化
q = np.zeros((3, 2))


# 策略分布的初始化
```

```python
pi = [0.5, 0.5, 0.5]

# 策略评价函数的定义
def policy_estimator(pi, p, r, gamma):
    # 初始化
    R = [0, 0, 0]
    P = np.zeros((3, 3))
    A = np.zeros((3, 3))

    for i in range(3):

        # 状态转移矩阵的计算
        P[i, i] = 1 - pi[i]
        P[i, (i + 1) % 3] = p[i] * pi[i]
        P[i, (i + 2) % 3] = (1 - p[i]) * pi[i]

        # 报酬向量的计算
        R[i] = pi[i] * (p[i] * r[i, (i + 1) % 3, 0] +
                        (1 - p[i]) * r[i, (i + 2) % 3, 0]
                        ) + (1 - pi[i]) * r[i, i, 1]

    # 通过矩阵运算进行贝尔曼方程的求解
    A = np.eye(3) - gamma * P
    B = np.linalg.inv(A)
    v_sol = np.dot(B, R)

    return v_sol

# 策略迭代法的计算
for step in range(100):

    # 策略评价
    v = policy_estimator(pi, p, r, gamma)

    # 状态价值函数v如果不如策略改善前一步骤的值v_prev，则结束
    if np.min(v - v_prev) <= 0:
        break

    # 显示当前步骤的状态价值函数和策略
    print('step:', step, ' value:', v, ' policy:', pi)

    # 策略改进
    for i in range(3):

        # 行动价值函数的计算
        q[i, 0] = p[i] * (
            r[i, (i + 1) % 3, 0] + gamma * v[(i + 1) % 3]
```

```
      ) + (1 - p[i]) * (r[i, (i + 2) % 3, 0]
                        + gamma * v[(i + 2) % 3])
      q[i, 1] = r[i, i, 1] + gamma * v[i]


      # 基于行动价值函数的greedy法策略改进
      if q[i, 0] > q[i, 1]:
          pi[i] = 1
      elif q[i, 0] == q[i, 1]:
          pi[i] = 0.5
      else:
          pi[i] = 0


  # 记录当前步骤的状态价值函数
  v_prev = copy.copy(v)
```

2. 价值迭代法

在策略迭代方法中，需要重复进行策略评价和策略改进的过程，直到策略收敛到最优化为止。在这种情况下，每次的策略评价中都必须进行贝尔曼方程的求解，无疑会加大计算的成本。如果可以同时执行策略评价和策略改进，则可以将计算成本保持在较低的水平。此外，如果决定进行最佳贝尔曼方程的求解而不是单纯求解一个贝尔曼方程，则得到的策略解下的greedy 法策略即为最佳策略，将这样的方法称为价值迭代法。最佳的贝尔曼方程不是线性的，因为它在右侧包含了最大化处理，并且无法通过矩阵运算获得解析解。唯一的求解方法就是，只能通过逐次迭代的数值化方法找到解决方案。

3. 最优化贝尔曼方程的求解

下面将尝试通过价值迭代解决公司职员的 MDP。作为状态价值函数的初始值，将三个成分分量均设置为 0。将其代入下面的最优化贝尔曼方程的右侧，以进行迭代计算，如下：

$$v_{t+1}(s) = \max_a q_{t+1}(s, a)$$
$$\pi_{t+1}(s) = \arg\max_a q_{t+1}(s, a)$$
$$q_{t+1}(s, a) = \sum_{s'} p(s' \mid s, a) \left[r(s, a, s') + \gamma v_t(s') \right]$$

为简单起见，假设该策略是确定性的。

使用如清单 2.2 所示的 Python 代码，在执行了 150 步的迭代计算后，获得了与策略迭代方法相同的结果，如下：

$$v_* = (25.0, \ 25.1, \ 24.8)^\mathrm{T}, \ \pi_* = (\text{move, move, move})^\mathrm{T}$$

清单 2.2 执行价值迭代法的 Python 代码（value_iteration.py）

```
# 各种模块的导入
import numpy as np
import copy
```

```python
# MDP 的设定
p = [0.8, 0.5, 1.0]

# 折损率的设定
gamma = 0.95

# 报酬期望值的设定
r = np.zeros((3, 3, 2))

r[0, 1, 0] = 1.0
r[0, 2, 0] = 2.0
r[0, 0, 1] = 0.0
r[1, 0, 0] = 1.0
r[1, 2, 0] = 2.0
r[1, 1, 1] = 1.0
r[2, 0, 0] = 1.0
r[2, 1, 0] = 0.0
r[2, 2, 1] = -1.0

# 状态价值函数的初始化
v = [0, 0, 0]
v_new = copy.copy(v)

# 行动价值函数的初始化
q = np.zeros((3, 2))

# 策略分布的初始化
pi = [0.5, 0.5, 0.5]

# 价值迭代法的计算
for step in range(1000):

    for i in range(3):

        # 行动价值函数的计算
        q[i, 0] = p[i] * (
            r[i, (i + 1) % 3, 0] + gamma * v[(i + 1) % 3]
        ) + (1 - p[i]) * (r[i, (i + 2) % 3, 0]
                        + gamma * v[(i + 2) % 3])
        q[i, 1] = r[i, i, 1] + gamma * v[i]

        # 基于行动价值函数的greedy 法策略改进
        if q[i, 0] > q[i, 1]:
            pi[i] = 1
        elif q[i, 0] == q[i, 1]:
            pi[i] = 0.5
        else:
```

```
            pi[i] = 0

    # 在改进的策略下进行状态价值函数的计算
    v_new = np.max(q, axis=-1)

    # 状态价值函数v_new如果不如策略改善前一步骤的值v，则结束
    if np.min(v_new - v) <= 0:
        break

    # 状态价值函数的更新
    v = copy.copy(v_new)

    # 显示当前步骤的状态价值函数和策略
    print('step:', step, ' value:', v, ' policy:', pi)
```

到目前为止，已经介绍了在已知环境模型的 MDP 中，如何通过直接求解贝尔曼方程找到最佳策略。但是，在大多数情况下，实际问题中的环境模型是未知的。通过强化学习，即使是在环境模型未知的 MDP 中，也可以依靠以报酬表示的报酬信息来进行最佳策略的学习。以下各节将介绍如何通过强化学习来进行最佳策略的学习。

2.3.2 蒙特卡洛法

如果环境模型的 MDP 是已知的，则可以通过动态规划法来找到最佳的策略。这意味着需要对备份树的所有可能分支进行递归计算，从而求解最优贝尔曼方程。在环境模型未知的情况下，由于不具备环境 MDP 的信息（态转移概率和报酬分布），因此智能体只能在给定的环境下反复进行行动的选择和报酬的接受，同时对状态和行动序列进行采样，以此对环境信息进行探索和学习，并最终通过这种方法探索和学习到最佳策略，这种探索性的学习也就是强化学习。

在采用动态规划法的情况下，状态价值函数的计算对于策略评价是必不可少的。在强化学习中，因为环境模型未知，所以只能通过推算的方法进行状态价值函数的估计。进行这种估计的方法大致有两种，即蒙特卡洛（Monte-Carlo）法和 TD（Temporal Different）学习法。下面，首先介绍蒙特卡洛法。

在蒙特卡洛法中，状态报酬时间序列 $\{S_t, R_t \mid t = 0, \cdots, T\}$ 的采样一直要进行到终止状态才结束，该状态报酬时间序列对应的是沿着备份树的一个分支到终止状态的探索。状态价值函数 $v_\pi(s)$ 被定义为一种平均值，这个平均值是在备份树上从状态 $S_t = s$ 开始的所有分支上进行计算，所得到收益 G_t 的平均值。另一方面，在蒙特卡洛法中，将为每个剧集进行一个状态报酬时间序列的采样，该时间序列对应于备份树的个分支，如图 2.5 所示。

假设用 $V_t(s)$ 表示状态价值函数在时间点 t 处的估计值，根据状态价值函数的定义，$V_{t+1}(s)$ 为按照分支进行采样的收益平均值，可以通过以下的公式来表示：

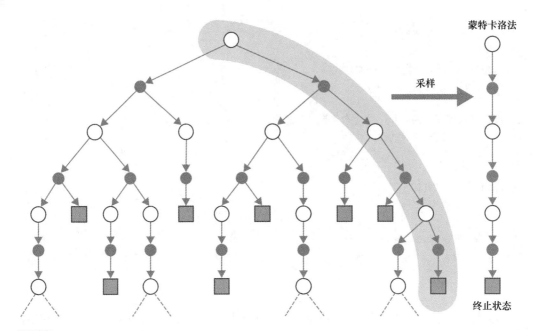

图2.5 蒙特卡洛法采样

$$V_{t+1}(s) = \frac{1}{N_{t+1}(s)} \sum_{k=0}^{t} G_k \mathbf{1}(S_k = s)$$

$$N_{t+1}(s) = \sum_{k=0}^{t} \mathbf{1}(S_k = s)$$

式中，符号 $\mathbf{1}(x)$ 表示任意条件的逻辑表达式，当 x 为真时其值为 1，当 x 为假时其值为 0。根据定义，$N_{t+1}(s)$ 是指采样过程中，沿着分支前进到时间点 t 时的状态等于 s 的数量。因此，$V_{t+1}(s)$ 仅在状态等于 s 时才计取收益的平均值。

另外，状态价值的估计值 $V_{t+1}(s)$ 也可以像式（2.17）那样，改写为一种渐进表达式的形式。

$$V_{t+1}(s) = V_t(s) + \frac{1}{N_{t+1}(s)} \big[G_t - V_t(S_t) \big] \mathbf{1}(S_t = s) \tag{2.17}$$

$$N_{t+1}(s) = N_t(s) + \mathbf{1}(S_t = s)$$

其中，定义 $V_0(s) \equiv 0, N_0(s) \equiv 0$。如果将式（2.17）中采样平均值的权重归纳为一个任意的系数，则可将上述渐进式改写为式（2.18）所示的形式。

$$V_{t+1}(s) = V_t(s) + \alpha_t \big[G_t - V_t(S_t) \big] \mathbf{1}(S_t = s) \tag{2.18}$$

若将式（2.18）的右侧视为一个按照某个学习率进行的学习，则该渐进表达式表示通过状态价值估计值 $V_t(S_t)$ 的逐步更新，以接近目标值 G_t 的方式进行的学习。实际上，只要学习率 α_t 满足式（2.19）所示的 Robbins-Monro 条件，就可以保证状态价值估计值 $V_t(s)$ 的收敛性。在实际应用中，可以使用数值非常小的 α，即使是 $\alpha_t = \alpha$ 这样的常数也是没有问题的。

$$\sum_{t=0}^{\infty} \alpha_t = \infty, \quad \sum_{t=0}^{\infty} \alpha_t^2 < +\infty \tag{2.19}$$

最后还需要说明一下蒙特卡洛法的注意事项。渐进表达式（2.18）表面上看起来是一个逐次更新的表达式，所以让人感觉可以在线进行学习，但实际情况并非如此。因为作为目标值的收益，是从剧情开始到剧情结束为止的报酬折损累加和，所以在剧情结束之前是无法计算的。采用蒙特卡洛法的前提是假设能够在有限长度的采样序列中完成一个剧集的采样，因此它不能应用于非 Episodic 任务的 MDP。

另一个问题是蒙特卡洛法的估计值存在着平均误差（偏差，bias）较小，而分散误差（方差，variance）较大的特点。由于在偏差和方差之间需要进行一些权衡和取舍，因此即使在偏差稍微变大的情况下，也希望对方差进行改善，以使其减小。下一节将介绍 TD 学习法，这是一种可以应用于一般 MDP 的学习方法，且无需具有终止状态。

2.3.3　TD 学习法

蒙特卡洛法易于估计，因为状态价值函数的估计值是通过采样结果的期望值给出的，但是也存在一个问题，那就是直到获得所有的采样结果后状态价值函数的估计值才能得到更新，因此无法进行在线学习。现在回到问题的起点重新进行思考，最初的问题是如何在环境模型未知的情况下进行状态价值函数的估计。

在基于贝尔曼方程的动态规划法中，通过迭代求解状态价值函数的递归方程来获得一个收敛解。由于贝尔曼方程给出了一个渐进关系式，从而可以根据下一个时间点的状态价值函数 $v_\pi(s')$ 来确定当前时间的状态价值函数 $v_\pi(s)$，因此不需要搜索所有的备份树就可以得到所求的解。

1. 自举法的引入

仔细观察一下，如果使用描述环境模型的 MDP 的条件概率 $p(s',r|s,a)$，则贝尔曼方程可以表示为以下形式：

$$v_\pi(s) = \sum_a \pi(a|s) \sum_{s'} \sum_r p(s',r|s,a)(r + \gamma v_\pi(s'))$$

该方程意味着出现在右侧的 $r + \gamma v_\pi(s')$ 是当前时间点 s 的状态价值函数 $v_\pi(s)$ 在下一个时间点 s' 的估计值 $v_\pi(s')$。因此，即使在环境模型未知的情况下，对于时间点 t 的状态价值函数（估计值）$V_t(S_t)$，也可以将下一时间点的估计值 $R_{t+1} + \gamma V_t(S_{t+1})$ 作为目标值来更新 $V_t(S_t)$。

因此，如果在蒙特卡洛法的渐进表达式（2.18）中，将右侧的目标值 G_t 替换为提前一步的估计值，则可获得以下的渐进表达式：

$$V_{t+1}(s) = V_t(s) + \alpha \left[R_{t+1} + \gamma V_t(S_{t+1}) - V_t(S_t) \right] \mathbf{1}(S_t = s)$$

其中，将右边第二项出现的与目标值的差称为 TD 误差，将通过状态价值函数 $V(s)$ 的估计以减小 TD 误差的学习方法称为 TD 学习法。如果将 TD 误差记为 δ_{t+1}，则 TD 学习法的渐进表达式可以归结为式（2.20）所示的简单公式。

$$\delta_{t+1} = R_{t+1} + \gamma V_t(S_{t+1}) - V_t(S_t)$$
$$V_{t+1}(s) = V_t(s) + \alpha \delta_{t+1} \mathbf{1}(S_t = s) \tag{2.20}$$

接下来，通过图 2.6 所示的备份树来讲解 TD 学习法的机制。与蒙特卡洛法一样，TD 学习法也是着眼于备份树的一个分支，但不对分支上的所有状态序列进行采样。与贝尔曼方程一样，将上一步的状态序列信息视为聚合到当前状态价值函数 $V_t(S_{t+1})$ 中，并且已经通过状态价值函数的更新使得 TD 误差最小化。从这个意义上来说，TD 学习法的渐进表达式是通过状态价值函数 $V_t(S_t)$ 自主完成的，因此也将这种方法称为自举法。由于 TD 误差只使用目前已知的信息，因此可以进行在线学习。

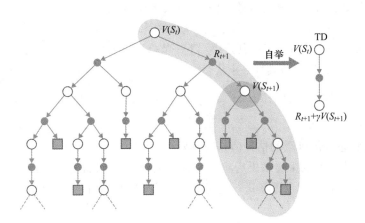

图2.6 TD学习法和自举法

2. n 步 TD 学习法

　　通过自举法进行样本的采样，并按照贝尔曼方程进行状态价值函数的计算，使得 TD 学习法可以进行在线学习。但是，这种方法由于只在目标值中反映了前一步的信息，所以状态价值函数估计结果的分散误差（方差）较小。其不足的一面是估计值的偏差（偏置）变大了。因此，可以仿照蒙特卡洛法，先进行多步的样本采样，然后将所得到的多步采样信息导入到 TD 误差，从而减小状态价值函数估计值的偏差。

　　试着将这个想法加入到 TD 学习法中并对其进行扩展。此时，TD 误差 δ_{t+1} 的目标值可以解释为使用到前一步为止的多步信息和状态价值函数来进行收益的近似。因此，对时间点 t 的 n 步收益 $G_t^{(n)}$ 进行定义，如下：

$$G_t^{(n)} = R_{t+1} + \gamma R_{t+2} + \cdots + \gamma^{n-1} R_{t+n} + \gamma^n V_t(S_{t+n})$$

　　通过将这个值看作时间点 t 上的状态价值函数的目标值，对 TD 误差重新进行定义，则 TD 学习法的渐进表达式可以扩展如下：

$$V_{t+1}(s) = V_t(s) + \alpha\left(G_t^{(n)} - V_t(S_t)\right)\mathbf{1}(S_t = s)$$

该渐进表达式使用了 n 个步骤采样后的信息，所以不能在线学习。但是因为目标值包含有更多的信息，所以可以期待其状态价值函数估计值的偏差会变小。将这种学习方法称为 n 步 TD 学习法。实际上，蒙特卡洛法对应于 $n \to \infty$ 时的 n 步 TD 学习法，这是一种极端的情况。另一方面，只有一个步骤的 n 步 TD 学习法才可以进行在线学习。

3. TD(λ)法

自举方法通过样本数量的增加对 TD 学习法进行了改进，但同时也产生了不能在线学习的问题。实际上，这里有个解决这一难题的办法，即 TD(λ) 法。该方法将资格和痕迹这两个要素结合在一起，从而解决了这个问题。

为了统一处理蒙特卡洛方法和 TD 学习法，通过式（2.21），采用参数 λ 的幂对 n 步收益进行加权平均，并将得到的结果定义为 λ 收益，其意义如图 2.7 所示。

$$G_t^{\lambda} = (1-\lambda)\sum_{n=1}^{T-t}\lambda^{n-1}G_t^{(n)} + \lambda^{T-t}G_t \tag{2.21}$$

将这种以 λ 收益为目标值来进行状态价值函数学习的方法称为 TD(λ) 法，见式（2.22）。

$$V_{t+1}(s) = V_t(s) + \alpha\left(G_t^{\lambda} - V_t(S_t)\right)\mathbf{1}(S_t = s) \tag{2.22}$$

目标值 G_t^{λ} 在 $\lambda=0$ 时与 1 步 TD 学习法的目标值 $G_t^{(1)}$ 相对应，在 $\lambda=1$ 时与蒙特卡洛法的目标值相对应。从这个意义上讲，当参数 λ 分别取不同的边界值时，TD(λ) 法可以是蒙特卡洛法 [TD(1) 法]，或者是 TD 学习法 [TD(0) 法]。

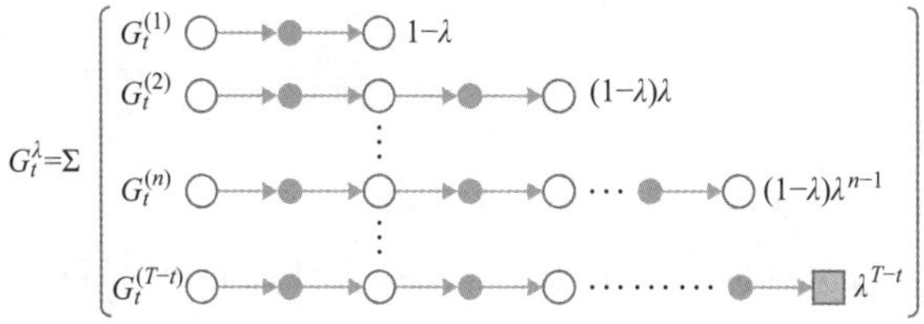

图 2.7 λ 收益

4. TD(λ)法的在线学习

由于 TD 学习法的 TD 误差采用了不同时间点的采样结果，所以存在不能在线学习的问题。为了理解这一情况，可以将 n 步 TD 误差分解为 1 步 TD 误差。从 n 步收益的定义中，可以看到以下扩展公式的成立，见式（2.23）。

$$\begin{aligned}G_t^{(n)} - V_t(S_t) &= \sum_{k=t}^{t+n-1}\gamma^{k-t}\delta_{k+1} - \sum_{k=t}^{t+n-2}\gamma^{k-t+1}\left[V_k(S_{k+1}) - V_{k+1}(S_{k+1})\right]\\ &\quad - \gamma^n\left[V_{t+n-1}(S_{t+n}) - V_t(S_{t+n})\right]\\ &= \delta_{t+1} + \gamma\delta_{t+2} + \cdots + \gamma^{n-1}\delta_{t+n} + \mathcal{O}(\alpha)\end{aligned} \tag{2.23}$$

在式（2.23）第一个等式中，右侧的第二项和第三项通常不会变为 0，因为在逐步更新状态价值函数时，状态价值函数之间的差与学习率成正比。因此，在忽略 $\mathcal{O}(\alpha)$ 误差的近似意义上，可以将时间点 t 处的 n 步 TD 误差扩展为时间点 t 之后的 n 个 1 步 TD 误差的折损累加和，其意义如图 2.8 所示。

TD 误差的 1 步 TD 误差扩展公式也可以从 n 步收益扩展公式（2.23）和 λ 收益定义公式（2.21）中得出，结果见式（2.24）。

$$G_t^\lambda - V_t(S_t) = \sum_{k=t}^{T-1} (\lambda\gamma)^{k-t} \delta_{k+1} + \mathcal{O}(\alpha)$$

$$= \delta_{t+1} + (\lambda\gamma)\delta_{t+2} + \cdots + (\lambda\gamma)^{T-t-1}\delta_T + \mathcal{O}(\alpha)$$

（2.24）

当不考虑 $\mathcal{O}(\alpha)$ 的误差，只考虑折损率时，可以将式（2.24）的右侧扩展为 TD 误差的折损累加和。

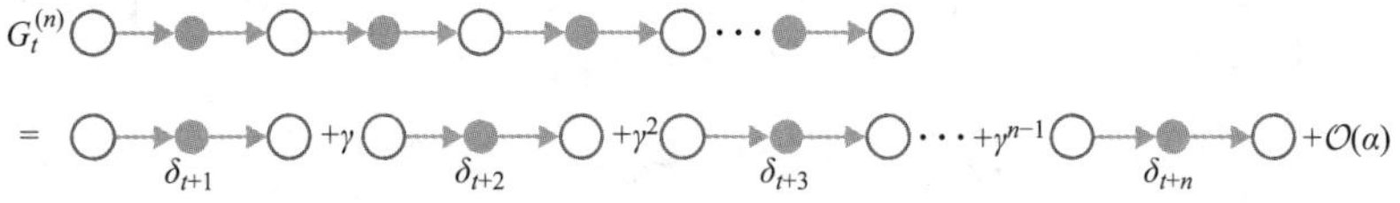

图2.8 n 步收益的级数展开

根据以上的结果，来求出一个剧集中 TD（λ）误差的总和。将式（2.24）的两边乘以指标函数 $\mathbf{1}(S_t = s)$，从剧集的开始时间 0 到结束时间前的 $T-1$，取得总和后，将得到以下结果，见式（2.25）。

$$\sum_{t=0}^{T-1} \left[G_t^\lambda - V_t(S_t) \right] \mathbf{1}(S_t = s) = \sum_{k=0}^{T-1} \delta_{k+1} E_{k+1}(s) + \mathcal{O}(\alpha)$$

（2.25）

其中，将右侧的 $E_{k+1}(s)$ 称为资格迹，并由式（2.26）来定义。

$$E_{k+1}(s) = \sum_{t=0}^{k} (\lambda\gamma)^{k-t} \mathbf{1}(S_t = s)$$

$$\equiv \mathbf{1}(S_k = s) + \lambda\gamma\mathbf{1}(S_{k-1} = s) + \cdots + (\lambda\gamma)^k \mathbf{1}(S_0 = s)$$

（2.26）

需要注意的是，在转换公式（2.25）中，等号两侧进行求和运算的符号具有不同的下标，这也意味着它们具有不同的意义。其中，左侧是以时间发展 t 作为下标的更新计算，因此对应的是采样过程的前向观测；右侧是以时间发展 k 作为下标的更新计算，因此对应的是采样过程的后向观测。实际上，出现在左侧的 λ 收益是时间点 t 以后（前视）的报酬折损累加和；与此相对，出现在右边的资格迹被定义为时间点 k 之前（后视）的指示函数 $\mathbf{1}(S_t = s)$ 的酬折损累加和，其意义如图 2.9 所示。

从后向观测的角度来看，状态价值函数的估计仅依赖于过去的信息，虽然有些近似，但能够使得 TD 学习法得以在线进行，从而可以采用与 1 步 TD 学习法更新表达式（2.20）相同的方式来进行更新过程的描述，见式（2.27）。

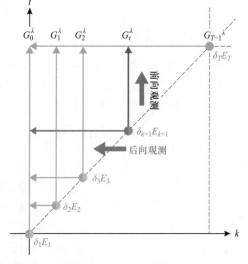

图2.9 观测过程的前向观测和后向观测

$$V_{t+1}(s) = V_t(s) + \alpha\delta_{t+1}E_{t+1}(s)$$
$$E_{t+1}(s) = \lambda\gamma E_t(s) + \mathbf{1}(S_t = s)$$

（2.27）

由此不难看出，资格迹的更新表达式重现了式（2.26）的定义。另外，更新表达式中 $\lambda = 0$ 的 TD（0）法再现了 1 步 TD 学习法的更新表达式（2.20）。关于 $\lambda = 1$ 的 TD（1）法，在忽略 $\mathcal{O}(\alpha)$ 校正的近似中，与蒙特卡洛法一致。为了保证严格意义上的等价性，还需要对更新规则进行修改，以确定不在剧集进行中更新状态价值函数，更新只在剧集结束时进行。

2.4　无模型控制

2.3节对无模型情况下的状态价值函数估计方法进行了介绍。强化学习的目的是在给定环境下对智能体的行动进行优化和控制。本节将介绍SARSA、Q学习、策略梯度法、Actor-Critic等强化学习方法，并通过这些方法实现强化学习的无模型优化控制。

2.4.1　策略改进的方法

智能体的策略可以通过当前的状态价值函数来进行评估，如通过动态规划法进行的策略迭代方法，但那样不能进行策略的改进。为了进行策略改进，有必要根据状态价值函数的估计值 $V_t(s)$ 来计算行动价值函数 $q_\pi(s, a)$ 的估计值 $Q_t(s, a)$。由于行动价值函数的计算需要环境模型的状态转移概率 $p(s'|s, a)$，因此在无模型的情况下，描述 MDP 的 $p(s'|s, a)$ 是未知的，所以通过状态价值函数来进行 $Q_t(s, a)$ 的计算是不可行的。

因此，在无模型的情况下，可以考虑将以下两种方法作为智能体的优化控制方法。

1）通过蒙特卡洛法或 TD（λ）法直接进行行动价值函数 $Q_t(s, a)$ 的估计，并通过该函数的估计进行策略的改进，从而实现最佳行动的选择。

2）直接进行策略条件概率 $\pi(a|s)$ 的估计，并参考基于价值函数 $V_t(s)$ 估计值的策略评价来进行策略的改进。

其中，第一种方法可以说是一种基于价值的方法，第二种方法则是基于策略的方法，是一种一边进行策略的探索一边进行策略改进的方法。特别地，将通过状态价值函数来作为策略评价度量指标的方法称为 Actor-Critic 法，该方法是另一种基于价值和策略的混合方法。本节将对这几种方法分别进行介绍。

2.4.2 基于价值的方法

在无模型的情况下，因为状态转移概率未知，所以必须直接进行行动价值函数（此后，为了简单起见称其为 Q 函数）的估计。作为一种估计的方法，在前一节介绍的状态价值函数的蒙特卡洛法和 TD 学习法也可以适用于 Q 函数的估计。对于蒙特卡洛法，沿着备份树的一个分支进行状态行动时间序列的采样即可，这自然也是一种基于估计的方法。在本节中，将介绍 Q 学习和 SARSA。另外，作为基于估计的 Q 函数这一策略评价度量指标的策略改进方法，也对 ε-greedy 法进行了相关的介绍。

1. 通过 Q 函数的控制

首先介绍如何基于 Q 函数来进行策略的改进，即基于 Q 函数的策略改进方法。如果环境模型是已知的，那么可以通过所有可能的状态和行动组合进行 Q 函数的计算，所以可以通过计算所得到的 Q 函数采用式（2.14）所示的 greedy 法策略即可。但是，如果环境模型未知，则只能根据当前时间点之前所观测到的状态行动序列来进行 Q 函数的估计，因此也就不能保证基于 Q 函数的 greedy 法策略是最佳的。

为了便于问题的阐述，在此以一个简单的情况作为例子来进行说明。考虑一个状态数仅为 1 但行动数 $M > 1$ 的 MDP，该问题的设定也被称为强盗问题，MDP 被比作一台拥有 M 个臂的单台老虎机（强盗），如图 2.10 所示。参与游戏的人可以通过拉动手臂来进行击打操作，从而有可能获得 +1 的报酬作为奖励。但是击打操作得到奖励的可能性（概率）取决于所拉动的手臂，并且各个手臂的奖励概率是不同的。我们面临的挑战是要在给定操作次数的情况下，使获得的总奖励（收益）最大化。

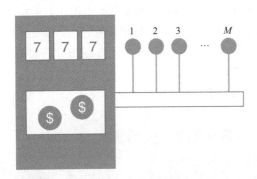

图2.10 一台具有 M 只手臂的老虎机

在这个问题设定中，Q 函数可以定义为当前时间点手臂 a 的报酬期望值 $Q(a)$，作为智能体所能采取的方法（策略）即为通过多次的击打操作来进行尝试。例如，在第一轮的尝试中，通过 $10M$ 次的击打操作对每个手臂进行 10 次的击打，同时收集相应的奖励信息来估计行动报酬 $Q(a)$，这一过程在强化学习中被称为探索。从第 $10M+1$ 次击打操作开始，选择从搜索结果计算出的报酬期望值 $Q(a)$ 最大的手臂进行，这一过程在强化学习中被称为探索结果的运用。

很明显，这样的策略是不正确的。假如在第一轮的击打试验中，最佳臂 a^* 的运气不好，在 10 次的击打中获得的奖励次数较少，则其对应的 Q 函数估计值 $Q(a^*)$ 会比其他臂的估计值要小，因此关于 $Q(a)$ 的 greedy 法选择也就不一定是最佳的选择。

$$a^* \neq \arg\max_a Q(a)$$

在这种情况下，也许会有人提出通过增加探索次数来改进策略。但是，因为可以尝试的次数是有限的，探索次数增加就意味着运用机会减少，从而也使得最终的收益可能会变少。

在此，智能体需要在探索和运用之间做一个权衡，合理的策略应该是以一种均衡的方式进行探索和运用。其中一种可行的实现方法是采用 ε-greedy 法。

> ε-greedy 法：以概率 ε 进行行动的随机选择，以概率 $1-\varepsilon$ 根据 greedy 法进行行动的选择。

如果用公式来进行 ε-greedy 法的表示，则可以表示为式（2.28）的形式，其中包含了随机策略的情况。

$$\pi(a\,|\,s) = \begin{cases} (1-\varepsilon)/\left|\mathcal{A}^*(s)\right| + \varepsilon/M, & a \in \mathcal{A}^*(s) \\ \varepsilon/M & ,\text{其他} \end{cases}$$

$$\mathcal{A}^*(s) = \left\{a_* \ \text{s.t.} \ a_* = \arg\max_a Q(s,a)\right\} \tag{2.28}$$

在此，参数 ε 是给定的，并且可以根据问题的需要进行调整。也可以设计一个随着学习的深入，以某种方式进行衰减的参数。

作为探索和运用平衡的其他策略，还有如以下公式所示的玻尔兹曼探索。

$$\pi(a\,|\,s) = \frac{\exp(\beta Q(s,a))}{\sum_{a'} \exp(\beta Q(s,a'))}$$

如果将 Q 函数看作能量，将参数 β 视为温度的倒数，则策略等于统计力学的玻尔兹曼分布。在参数 β 变得无限大的极限情况下，该算法即再现为 greedy 法。像退火（退火算法）那样，随着学习的深入，温度参数 β^{-1} 也会随之进行衰减，从而实现参数的动态调整。

2. 策略 ON 型 / 策略 OFF 型

在此重新思考一下智能体在进行状态价值函数估计时所遵循的策略的意义。到目前为止，无论是蒙特卡洛法中的采样还是 TD 学习法中的自举过程，状态价值函数估计中的误差函数均是以智能体通过实际行动所观测到的状态和报酬来决定的。

以 1 步 TD 学习法中误差 δ_{t+1} 的计算为例。在时间点 t，智能体在状态 S_t 时进行行动 A_t 的选择，未知的环境模型生成下一状态 S_{t+1} 并返回实时报酬 R_{t+1}。因此，δ_{t+1} 仅由智能体通过行动所取得的状态报酬时间序列（S_t，R_{t+1}，S_{t+1}）和时间 t 的状态价值函数 $V_t(s)$ 来定义，如下：

$$\delta_{t+1} = R_{t+1} + \gamma V_t(S_{t+1}) - V_t(S_t)$$

然而，在进行这种 TD 误差计算时，下一状态 S_{t+1} 不一定需要与智能体所观测到的状态保持一致，也可以使用未观测到的状态 S'_t 来代替观测到的状态 S_{t+1}。因为在给定的状态下进行行动选择决定的是策略，所以上述的想法实际是在进行下一个状态的选择时采用了不同的策略而导致的结果，由于这个策略不同于状态观测时的策略，因此也得到了不同的状态。

在强化学习中，将决定智能体观测到的状态、行动时间序列的策略称为行为策略。与此相对，在误差函数的计算中，用于探索性地选择下一个状态的策略被称为估计策略。此外，还将采用行为策略作为估计方法的学习称为策略 ON 型学习，将采用与行为策略不同的策略作为估计方法的学习称为策略 OFF 型学习。这两种学习类型总结如下：

TD 误差：$\delta_{t+1} = R_{t+1} + \gamma V_t(S'_{t+1}) - V_t(S_t)$

1）策略 ON 型：$S'_{t+1} = S_{t+1}$，遵循行为策略，以生成观察状态。
2）策略 OFF 型：$S'_{t+1} \neq S_{t+1}$，遵循与行为策略不同的估计策略。

3. SARSA：策略 ON 型控制

在此来看一下 Q 函数 TD（0）学习法的情形。Q 函数的 TD（0）学习法是通过自举采样进行的近似方法，并根据备份树的 1 步偏差来进行 TD 误差的定义。回想一下，当备份树是一个二叉树的情况下，状态节点（白色圆圈）和动作节点（灰色圆圈）彼此是对偶的。对于状态价值函数来说，自举采样过程对应于从起始节点开始到终止节点具有状态节点的线性图。在 Q 函数的自举中，可以想到对偶图，因此在起始节点和终止节点处均具有动作节点的对偶图与其相对应，如图 2.11 所示。

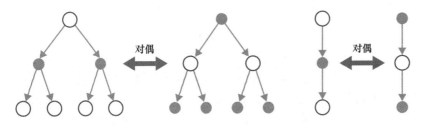

图2.11 备份树的对偶图

按照自举采样过程的备份树，可以归纳出相应的 Q 函数和误差函数的更新式，如式（2.29）。

$$\delta_{t+1} = R_{t+1} + \gamma Q_t(S_{t+1}, A_{t+1}) - Q_t(S_t, A_t)$$
$$Q_{t+1}(s,a) = Q_t(s,a) + \alpha \delta_{t+1} \mathbf{1}(S_t = s, A_t = a)$$
（2.29）

这个更新式被称为 SARSA，因为沿着对应备份树的进行，所得到的状态、行动、报酬的时间序列是按照（s, a, r, s', a'）的顺序排列的，如图 2.12 所示。通过该更新式进行 Q 函数的更新后，通过诸如 ε-greedy 等方法进行策略的改进，然后再从下一状态 S_{t+1} 生成下一个行动 A_{t+1}。重复以上过程，直到 Q 函数和策略都收敛为止。

图2.12 SARSA 的自举采样

> **⚠ 注意 2.3**
>
> **SARSA学习Q函数时的注意事项**
> ─────────────────
>
> 　　实际上，在通过 SARSA 进行 Q 函数学习时，即使不确认 Q 函数的收敛情况，在策略不再继续改善时，学习也会结束。学习是否成功，可以采用学习结果进行控制，如果能实现目标任务则视为学习是成功的。

　　SARSA 可以自然扩展到 n 步 TD 学习法和 TD（λ）法。其中，SARSA 的 n 步收益可以通过 Q 函数按照以下公式进行定义：

$$G_t^{(n)} = R_{t+1} + \gamma R_{t+2} + \cdots + \gamma^{n-1} R_{t+n} + \gamma^n Q_t(S_{t+n}, A_{t+n})$$

　　从上述 n 步的收益中，也可以通过与 2.3 节相同的式（2.21）来进行 λ 收益的定义，并且 SARSA（λ）的前向观测更新式如下：

$$Q_{t+1}(s,a) = Q_t(s,a) + \alpha(G_t^\lambda - Q_t(S_t, A_t))\mathbf{1}(S_t = s, A_t = a)$$

　　此外，通过扩展的资格迹 $E_t(s,a)$ 的定义，可以将 SARSA（λ）的后向观测更新式表示为以下形式：

$$Q_{t+1}(s,a) = Q_t(s,a) + \alpha\delta_{t+1}E_{t+1}(s,a)$$
$$E_{t+1}(s,a) = \lambda\gamma E_t(s,a) + \mathbf{1}(S_t = s, A_t = a)$$

　　从更新公式（2.29）中 TD 误差的定义可以明显看出，SARSA 是一种策略控制的方法。除此之外，再具体看一下在 Q 函数估计过程中，策略 ON 控制和策略 OFF 控制之间的区别。在禁用策略的控制类型中，下一个时间点的状态 S_{t+1} 和行动 A_{t+1} 不一定是显示在更新表达式右侧的 TD 误差中所观测到的状态和行动序列。在此，将其归纳如下：

> TD 误差：　$\delta_{t+1} = R_{t+1} + \gamma Q_t(S'_{t+1}, A'_{t+1}) - Q_t(S_t, A_t)$
>
> 　1）策略 ON 型：$(S'_{t+1}, A'_{t+1}) = (S_{t+1}, A_{t+1})$，状态和行动都是通过行为策略产生的。
> 　2）策略 OFF 型：$(S'_{t+1}, A'_{t+1}) \neq (S_{t+1}, A_{t+1})$，只有行动 A'_{t+1} 由估计策略决定，或者状态 S'_{t+1} 和行动 A'_{t+1} 均由估计策略决定。

　　作为 Q 函数的策略 OFF 型学习，状态 S'_{t+1} 和行动选择的结果 A'_{t+1} 却与观测到的状态以及实际的行动选择不一致。这种不一致表现为两种情况：一种是状态 S'_{t+1} 与观测到的状态相同，但是行动选择的结果 A'_{t+1} 与实际的行动选择不一致；另一种情况是状态和行动都与观测到的结果不相同。随后介绍的 Q 学习相当于上述的第一种情况。作为第二种情况的例子，需要准备两个 Q 函数：一个用于策略的估计；另一个用于行动的执行。关于 SARSA，原则上也适用于策略 OFF 型学习，但在实践中为了简单起见，一般均采样策略 ON 型的学习。

SARSA 学习的收敛性在一定的条件下可以得到保证。

> **定理 2.1** 在满足以下条件时，SARSA 学习下的 Q 函数将收敛到最佳行动状态价值函数 $q^*(s, a)$。
>
> 1）策略在无限反复探索的极限下收敛于 greedy 法策略。
> 2）学习率符合 Robbins-Monro 条件。

根据式（2.19），Robbins-Monro 条件要求学习率随着步数进行衰减，但在实际应用中经常被用作常数。

4. Q 学习：策略 OFF 型控制

如同在 SARSA 中所见到的那样，Q 函数的估计是 ON 型还是 OFF 型取决于 TD 误差的定义。在 SARSA 中，TD 误差仅由观测到的状态、行动、报酬等时间序列来定义，因此其属于策略 ON 型学习。所以，可以对 TD 误差的定义略做改变，从而考虑策略 OFF 型的 Q 函数估计。

由于给定 Q 函数下的最佳行动是通过 Q 函数的 greedy 法所选择的行动，因此，在 TD 误差的定义中，可以将根据行为策略选择的下一个时间点的行动 A_{t+1} 替换为 Q 函数的最佳行动，如下：

$$A_{t+1} \to A'_{t+1} = \arg\max_a Q_t(S_{t+1}, a)$$

这个操作与下一个时间点的 TD 误差选择 Q 函数的最大值是一样的。因此，策略 OFF 型的更新表达式可以定义为式（2.30）和式（2.31）所示的形式。

$$\delta_{t+1} = R_{t+1} + \gamma \max_{a'} Q_t(S_{t+1}, a') - Q_t(S_t, A_t) \tag{2.30}$$

$$Q_{t+1}(s, a) = Q_t(s, a) + \alpha \delta_{t+1} \mathbf{1}(S_t = s, A_t = a) \tag{2.31}$$

通过该更新表达式进行的 Q 函数学习被称为 Q 学习，其下一个状态为观测状态 S_{t+1}，但是，在该状态下的行动选择遵循 greedy 法的估计方法。从这个意义上来说，可以看出 Q 学习本质上是一种策略学习，如图 2.13 所示。与 SARSA 一样，行为策略的更新也是基于估计的 Q 函数以 ε-greedy 法进行。

由于 SARSA 是一种策略 ON 型的学习，因此将其扩展到 n 步 TD 学习法和 TD(λ) 学习法是不言而喻的。因为估计策略和行为策略一致，所以备份树是一条直线，因此只需要逐步沿着备份树进行扩展即可。对于 Q 学习，因为估计策略和行为策略不同，所以对 n 步 TD 学习法和 TD(λ) 学习法的扩展并不是显而易见的。但是，在 Q 学习中，可以根据策略学习的特征来下功夫。

在此介绍一种被称为经验再生的方法，作为一种可行的解决办法。无论是策略 ON 型还是策略 OFF 型学习，在观测状态、行动、报酬时间序列中，前一个状态和后一个状态之间均存在着很强的相关性。特别是在通过神经网络等函数来对 Q 函数进行近似时，由于参数更新受到

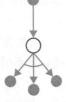

图2.13 Q学习的自举采样

最近观测结果的影响，所以估计值的偏差变大，从而陷入难以收敛的状态。为了避免这种情况发生，提出一个想法，就是将观测到的时间序列数据存储起来，以便在进行 Q 函数估计时，能够进行样本的随机抽取[⊖]。因为随机抽取的样本序列之间没有自相关性，所以如果将其作为估计方法来学习，那么学习会更容易收敛（参见 4.2 节 DQN 的介绍）。

最后介绍一下 Q 学习的收敛性。当 Q 函数被定义为所有状态和行动对的表格时，以下定理成立。

定理 2.2　在 Q 学习中，Q 函数会收敛到最佳行动价值函数 $q_*(s, a)$。

遗憾的是，这个定理在通过神经网络等函数进行 Q 函数的近似时是不成立的。但是在实际应用中，使用 DQN 等函数进行近似的方法在游戏控制中表现优异（参见 4.2 节）。

2.4.3　基于策略的方法

在环境模型已知的情况下，可以通过策略迭代的方法进行策略的反复改进，从而可以找到最佳的策略。在策略迭代方法中，可以通过策略评价步骤进行策略 π 下 Q 函数 q_π 的精确计算，从而基于 $q_\pi(s, a)$ 的计算结果通过 greedy 法进行策略改进。以上两个步骤交替重复地不断进行，直到 Q 函数和策略分别收敛为 q_* 和 π_* 为止，如图 2.14 所示。

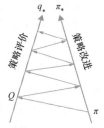

图 2.14 通常方法的策略迭代

在环境模型未知，不具备环境模型的情况下，虽然不能直接通过策略 π 进行 Q 函数的计算，但是只要能够得到 Q 函数的结果，就可以根据 Q 函数进行策略 π 的改进，从而使策略 π 实现 greedy 法的迭代。因此，在基于价值的方法中，通过蒙特卡洛法和 TD 学习法来进行 Q 函数的估计，并基于 Q 函数的估计结果，通过 ε-greedy 等方法进行策略的改进。除了上述方法之外，作为另一种无模型情况下的策略迭代方法，还有基于策略的方法。这是一种对策略 π 直接建模的方法，并在该基础上通过 Q 函数的反馈进行最佳策略的学习，如图 2.15 所示。

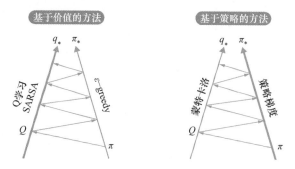

图 2.15 基于价值的方法和基于策略的方法

⊖ L.-J. Lin. *Self-Improving Reactive Agents Based On Reinforcement Learning, Planning and Teaching*. Machine Learning 9（1992），pp293-321.

1. 基于策略方法的特征

首先，来看一下基于策略方法的优点，其优点主要表现在以下两个方面：

> 1）在行动空间为高维或连续的情况下，基于策略的方法也是有效的（具体示例参见第5章）。
>
> 2）基于策略的方法不仅可以进行确定策略的学习，也可以进行随机策略的学习（具体示例参见第6章、第7章）。

在基于策略的方法中，由于可以直接将策略 $\pi(a|s)$ 建模为一个以状态变量作为参数的函数，因此即使在行动空间是高维的或连续的情况下，也可以确定给定状态变量下的行动。对于基于价值的方法，无论是 ε-greedy 法还是玻尔兹曼探索，对于给定的状态 s，为了找到使得 Q 函数 $Q(s,a)$ 最大化的行动，需要在整个行动空间内进行 Q 函数的计算。在行动空间为高维空间的情况下，Q 函数的计算也将在该高维空间上进行，其计算量会随着行动空间维数的增加以幂函数的形式增大。

此外，由于连续的行动空间是由无限个不可计数的点组成的，因此对于所有的连续值进行 Q 函数的计算实际上是不可能的。如果不通过某种方法将连续空间离散化（例如以一定的宽度进行分割），就无法进行 Q 函数的计算。因此，基于价值的方法原本就不适合连续行动空间的控制，如图 2.16 所示。关于连续行动空间的控制将在本书第5章中进行具体介绍。

而且，因为将决策 $\pi(a|s)$ 作为函数直接建模，所以无论是确定性的策略还是随机的策略都可以灵活地进行表现。在随机策略的情况下，如果将策略 $\pi(a|s)$ 建模为满足概率或概率密度的性质，则可以通过对给定状态 s 的概率分布 $\pi(a|s)$ 进行采样来随机地进行行动的决定。像"猜拳"这样，最佳策略是随机（因为随机选择三只手）的情况下，也可以学习最佳的策略。另外，在确定性策略的情况下，如果将策略建模为状态变量 s 的函数 $\pi(s)$，并将行动 a 定义为其函数的输出，则可以直接进行确定性策略 $a = \pi(s)$ 的学习。

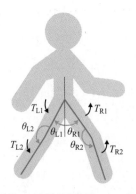

行动变量是作用于各关节的转矩，T_{L1}、T_{L2}、T_{R1}、T_{R2}

图2.16 连续行动空间的例子：行走机器人

接下来看一下基于策略方法的缺点，其缺点主要表现在以下两个方面：

> 1）一般来说，相对于全局最优解，更容易陷入局部最优解。
> 2）策略评价效率低，方差也较大。

上述的第一个缺点在基于策略的方法中，由于进行状态和行动序列生成的行为策略本身通常也是通过估计方法进行优化的对象，因此，如果该策略是确定性的，或者是概率较小的随机策略，则因为选择特定行动的概率也较小，所以无法进行充分的搜索，很容易陷入局部最优解。此外，由于最初的行为策略不是通过 Q 函数得到的，因此策略评价的效率也很低，并且所选择的行动变量的分散性也会变大，存在着较大的方差。在考虑了以上的优点和缺点的基础上，有必要重新考虑策略的建模。

2. 策略的参数表示

再回到问题的起点，来看一看为什么有必要对策略 π 进行建模？首先，将 Q 函数定义为当前收益关于策略 π 的期望值。因此在无模型的情况下，行为策略反映在通过采样和自举采样中得到的状态、行动、报酬的时间序列之中，所以只要能够得到观测结果，那么从理论上来说就可以进行 Q 函数的计算。另一方面，尽管没有具体定义，但策略仍然是 MDP 中进行智能体行动决定的前提。

因此，需要将策略作为一个具体的函数进行建模。这里所说的模型是输入状态变量 s 和输出行动变量 a 的概率分布函数，其函数形式由某个参数（如 θ）来确定。作为已知的建模例子，有诸如通过特征参数 $\xi(s,a)$ 的线性组合定义的吉布斯策略等，见式（2.32）。

$$\pi(a \mid s, \theta) = \frac{\exp[\theta \cdot \xi(s,a)]}{\sum_{a'} \exp[\theta \cdot \xi(s,a')]} \tag{2.32}$$

如果是在通过神经网络来进行策略近似的情况下，那么神经网络的输出层由 softmax 函数来定义，这对应于吉布斯策略中将特征量的线性组合置换为非线性函数结果的情形。在这种情况下，参数 θ 对应于神经网络中的加权系数，如图 2.17 所示。但是，仅在行动空间是离散空间的情况下才能应用吉布斯策略。对于行动空间为连续空间的情况，适合用正态分布的建模（相关的详细信息参见本书第 5 章）。

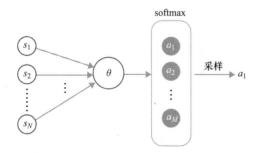

图 2.17 随机策略的建模（离散行动空间）

这样，即完成了通过具有参数 θ 的函数对策略 π 建模。但是，如果要通过该模型进行最佳策略的学习，则还需要策略的更新表达式。由于该策略以参数 θ 为特征，因此可以通过参数 θ 的更新表达式的定义间接实现策略更新表达式的定义。另外，更新表达式需要以某种形式反映 Q 函数的信息，最佳策略 π_* 应该同时实现最佳的行动价值函数 q_*。

实际上，根据随后介绍的策略梯度定理，策略策参数 θ 与 Q 函数相关。通过这个定理，即使是在基于策略的方法中，也可以通过 Q 函数的表现来进行策略的改进。

3. 策略梯度法

为了得到策略参数 θ 的更新表达式，需要确定一个目标函数 $J(\theta)$。目标函数确定之后，假定学习率为 α，则参数 θ 的更新式见式（2.33）。

$$\theta_{t+1} = \theta_t + \alpha \nabla_\theta J(\theta_t) \tag{2.33}$$

式中，θ 为一个多维的向量；∇_θ 表示关于多维向量 θ 的偏微分算子。该算子也是一个多维向量，如下：

$$\nabla_\theta \equiv \left(\frac{\partial}{\partial \theta_1}, \ \frac{\partial}{\partial \theta_2}, \ \cdots, \ \frac{\partial}{\partial \theta_M} \right)^{\mathrm{T}}$$

策略学习的目的是进行智能体行动的优化，从而实现预期收益的最大化。并且，对于学习开始时的起始状态 s_0，该状态下的预期收益是根据当前的策略 $\pi(a|s_0, \theta)$ 计算出的状态价值函数 $v_\pi(s_0)$，因此以这个包含参数 θ 的状态价值函数初值进行目的函数 $J(\theta)$ 的定义是合适的，见式（2.34）。

$$J(\theta) = v_\pi(s_0) \equiv \mathbb{E}_\pi \left[G_t \mid S_t = s_0 \right] \tag{2.34}$$

实际上，可以将该定义式对参数 θ 进行微分，以进行以下策略梯度定理的证明（证明参见"备忘 2.4"）。

> **定理 2.3** 对于参数 θ 的任何可微分策略 $\pi(a|s_0, \theta)$ 和式（2.34）中定义的目标函数 $J(\theta)$，目标函数的策略参数梯度 $\nabla_\theta J(\theta)$ 由式（2.35）表示[⊖]。
>
> $$\nabla_\theta J(\theta) = \mathbb{E}_\pi \left\{ \left[\nabla_\theta \log \pi(a \mid s, \theta) \right] q_\pi(s, a) \right\} \tag{2.35}$$

在此，考虑一下这个定理的含义。在式（2.35）的右侧含有策略函数 π 的对数微分。由于参数 θ 具有基于策略似然的含义，因此策略函数对数的微分也等于对数似然策略参数的微分，即所谓的等效函数。也就是说，策略梯度朝向能够使得对数似然最大化的方向改变。但是，考虑到 Q 函数 $q_\pi(s, a)$，应该重视 Q 函数取得较大值的状态、行动的可能性。因此，在式

⊖ R.S. Sutton, D.A. McAllester, S.P. Singh, Y. Mansour, *Policy Gradient Methods for reinforcement learning with function approximation*. Advances in Neural Information.

（2.35）的右侧将 Q 函数 $q_\pi(s,a)$ 作为加权系数来进行加权累计，从而取得行动策略函数关于参数 θ 的梯度的期望值，如图 2.18 所示。这样一来，就可以实现通过 Q 函数获得策略评价的策略改进 [$\nabla_\theta J(\theta)$ 对于参数 θ 的更新]。

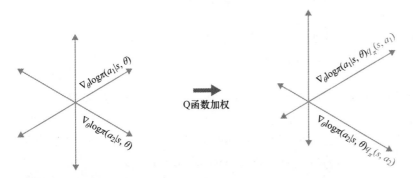

图2.18 策略梯度定理的概念图

📝 **备忘 2.4**

策略梯度定理的证明

将式（2.9）所示的贝尔曼方程改写为仅依赖于参数 θ 和策略 π 的形式，并在两边对 θ 进行微分，则可得到式（m.1）所示的形式。

$$\nabla_\theta v_\pi(s) = \sum_a (\nabla_\theta \pi(a\,|\,s,\theta))q_\pi(s,a) + \sum_a \pi(a\,|\,s,\theta)\nabla_\theta q_\pi(s,a) \qquad (\text{m.1})$$

式中，右边第二项的 Q 函数的微分可以通过式（2.8）所示的微分方程来计算。

$$\nabla_\theta q_\pi(s,a) = \gamma \sum_{s'} p(s'\,|\,s,a)\nabla_\theta v_\pi(s')$$

将上式代入式（m.1），同时进行 Q 函数微分的消除，则可得到式（m.2）。

$$\nabla_\theta v_\pi(s) = \sum_a (\nabla_\theta \pi(a\,|\,s,\theta))q_\pi(s,a) + \gamma \sum_{s'}\sum_a \pi(a\,|\,s,\theta)p(s'\,|\,s,a)\nabla_\theta v_\pi(s') \qquad (\text{m.2})$$

该方程是状态价值函数微分 $\nabla_\theta v_\pi(s)$ 的递归表达式，可以进行解析求解。在此，为了方便递归式的展开，引入以下的表示方法：

$$[\boldsymbol{h}]_s = \sum_a (\nabla_\theta \pi(a\,|\,s,\theta))q_\pi(s,a)$$
$$[\boldsymbol{P}]_{ss'} = \sum_a \pi(a\,|\,s,\theta)p(s'\,|\,s,a) \qquad (\text{m.3})$$
$$[\boldsymbol{g}]_s = \nabla_\theta v_\pi(s)$$

递归方程式 (m.2) 可以表示为以下的向量方程式：

$$\boldsymbol{g} = \boldsymbol{h} + \gamma \boldsymbol{P}\boldsymbol{g}$$

通过该向量方程式，将向量 $\boldsymbol{g}$ 递归地代入这个方程式的右边进行求解，并可以得到以下结果：

$$\boldsymbol{g} = \boldsymbol{h} + \gamma \boldsymbol{P}[\boldsymbol{h} + \gamma \boldsymbol{P}(\boldsymbol{h} + \gamma \boldsymbol{P})(\cdots)]$$
$$= (1 + \gamma \boldsymbol{P} + \gamma^2 \boldsymbol{P}^2 + \gamma^3 \boldsymbol{P}^3 + \cdots)\boldsymbol{h} = \sum_{k=0}^{\infty} \gamma^k \boldsymbol{P}^k \boldsymbol{h} \qquad (\text{m.4})$$

其中，根据策略 π 定义，从状态 s 转移到状态 s' 的概率为 $d^\pi(s,s')$，即

$$d^\pi(s,s') = \sum_{k=0}^{\infty} \gamma^k [\boldsymbol{P}^k]_{ss'} \equiv \sum_{k=0}^{\infty} \gamma^k p(s,s';\pi,k)$$

$$p(s,s';\pi,k) = \prod_{l=0}^{k} \sum_{s_{l+1}} \sum_{a_l} \pi(a_l \mid s_l,\theta) p(s_{l+1} \mid s_l,a_l)$$

（m.5）

将递归方程（m.4）的解代入式（m.3）和式（m.5），可以得到以下方程：

$$\nabla_\theta v_\pi(s) = \sum_{s'} d^\pi(s,s') \sum_a [\nabla_\theta \pi(a \mid s',\theta)] q_\pi(s',a)$$

在此重新定义 $s = s_0$ 时的 $d^\pi(s') \doteq d^\pi(s_0,s')$，并且考虑目标函数 $J(\theta) \equiv v_\pi(s_0)$，则可以推导出如下的策略梯度定理：

$$\begin{aligned}
\nabla_\theta J(\theta) &= \sum_s d^\pi(s) \sum_a [\nabla_\theta \pi(a \mid s,\theta)] q_\pi(s,a) \\
&= \sum_s d^\pi(s) \sum_a \pi(a \mid s,\theta) [\nabla_\theta \log \pi(a \mid s,\theta)] q_\pi(s,a) \\
&= \mathbb{E}_\pi \{ [\nabla_\theta \log \pi(a \mid s,\theta)) q_\pi(s,a) \}
\end{aligned}$$

在最后的等式中，策略 π 的期望值用以下公式来定义：

$$\mathbb{E}_\pi[f(s,a)] = \sum_s d^\pi(s) \sum_a \pi(a \mid s,\theta) f(s,a)$$

式中，$f(s,a)$ 是一个关于状态和行动的任意函数。

4. 优势函数

在上述的策略梯度定理中，如果有 Q 函数方差较大的情况出现，则可能存在着策略学习不容易收敛的问题。之所以会出现 Q 函数方差增大的情况，究其原因是由于 Q 函数依赖于状态变量 s 和行动变量 a，这会使得各个变量的方差相互叠加，从而使得 Q 函数的方差变大。为了避免这种情况的出现，可以引入一些基准函数 $b(s)$ 来吸收状态空间的方差，并从 Q 函数中减去基准函数得到的结果再应用于策略梯度。

实际上可以很容易地看出，在策略梯度定理的右边，即使采用任意的基准函数 $b(s)$ 对 Q 函数进行移位，也不会影响其期望值，如下：

$$\begin{aligned}
\mathbb{E}_\pi \{ [\nabla_\theta \log \pi(a \mid s,\theta)] b(s) \} &= \sum_s d^\pi(s) \sum_a \pi(a \mid s,\theta) [\nabla_\theta \log \pi(a \mid s,\theta)] b(s) \\
&= \sum_s d^\pi(s) b(s) \nabla_\theta \sum_a \pi(a \mid s,\theta) = 0
\end{aligned}$$

式中，$d^\pi(s)$ 表示策略 π 下状态序列的静态分布（相关详细定义参见"备忘 2.4"）。另外，右边的最后一个等式是根据行动 a 的概率总和为 1（$\sum_a \pi(a \mid s,\theta) \equiv 1$）时得出的。

当将状态值函数 $v^\pi(s)$ 选作基准函数时，Q 函数被状态价值函数移位，将移位得到的函数称为优势函数，见式（2.36）。

$$a_\pi(s,a) = q_\pi(s,a) - v_\pi(s) \tag{2.36}$$

因为状态价值函数是通过 Q 函数的策略加权平均得到的，而不是定义的函数，所以优势函数是指以该状态价值函数的平均值作为基准来评价行动价值的大小（进行优势行动的选择）。

最终，在策略梯度定理中，通过优势函数对 Q 函数的置换，可以得到受到抑制的较小方差的策略梯度，如下：

$$\nabla_\theta J(\theta) = \mathbb{E}_\pi \{[\nabla_\theta \log \pi(a \mid s, \theta)][q_\pi(s, a) - v_\pi(s)]\}$$

其中，右侧的期望值意味着对所有状态和行动序列求和。但是在实际计算中，该求和计算则是根据行动策略采样的状态和行动序列来近似的。另外，Q 函数和状态价值函数也可以通过无模型情况下的估计来近似，见式（2.37）。

$$\nabla_\theta J(\theta) \approx \frac{1}{T} \sum_{t=0}^{T-1} [\nabla_\theta \log \pi(A_t \mid S_t, \theta)][Q(S_t, A_t) - V(S_t)] \qquad (2.37)$$

在这里，由于假设执行的是剧集型的任务，因此对总步骤数为 T 的所有状态、行动序列进行平均。在实际控制中，即使是连续任务，也可以在一定数量的步骤 T 之后终止，并将其视为一个小批量学习。关于连续任务中的小批量学习，将在 2.4.4 小节的最后进行介绍。

5. 基于策略方法的实现

在本节最后，预先了解基于策略方法实现的相关问题。首先，作为策略函数的建模，如前所述，可以采用已经介绍过的吉布斯方法。在这种情况下，关于特征量的非线性建模可以采用神经网络的 softmax 输出层来表示。相关的具体例子将在 4.3 节进行介绍。

另一方面，对于出现在策略梯度定理中的 Q 函数，最简单的近似方法是通过蒙特卡洛法进行近似和估计，即用期望收益 G_t 来进行 Q 函数的替换。这种近似方法也是一种被称为 REINFORCE 算法的技术。具体例子将在第 5 章中进行介绍。

顺便说一下，如果用 TD（0）法的目标值来置换 Q 函数的话，就会发现优势函数等于 TD 误差。作为优势函数的近似，可以考虑将 TD 误差扩展到 n- 步 TD 误差，或者扩展到 TD（λ）误差。

如果状态空间和行动空间是低维的，并且具有很少的离散自由度，则可以将 Q 函数作为一个表来保持，通过 SARSA 策略 ON 型等方法进行估计。但是，由于实际上是在高维或连续的行为空间上进行处理的，因此需要将 Q 函数和值函数建模为以参数 w 和策略为特征的函数。对策略函数和状态价值函数同时进行建模和学习的方法称为 Actor-Critic 方法。在 2.4.4 节中，将介绍这种 Actor-Critic 方法。

2.4.4 Actor-Critic法

如 2.4.3 节所述，在基于策略的方法中，根据策略梯度定理，可以根据策略梯度直接进行策略的优化。其中，策略梯度被定义为一个根据 Q 函数进行加权的平均值，并且将通过 Q 函数进行的策略评价也纳入到策略的学习中。如果状态、行动空间的维数和自由度都很小，则状态价值函数和 Q 函数可以通过表格的形式进行描述，因此无需对其进行建模。但是，对于基于策略的方法能够有效发挥作用的高维或连续行动空间，Q 函数也是一个需要通过参数和特征量进行建模的变量。

所以，将智能体执行的策略评估和策略改进的功能进行分离，并将它们分别建模以用于高维或连续行动空间的探索和控制被认为是有效的。在智能体的职能中，将负责策略改进的部分称为行动器（Actor），负责策略评价的部分称为评价器（Critic）。然后通过 Actor 和 Critic 的分别建模，可以实现两者的交替学习，最终实现最佳策略的学习。通常将这种方法称为 Actor-Critic 法。

在 Actor-Critic 法中，智能体内部由 Actor 和 Critic 构成。在 Actor 的状态下，按照策略 $\pi(a|s,\theta)$ 对行动 A_t 采样，环境模型将报酬 R_{t+1} 交给 Critic，并使状态转移到下一个状态 S_{t+1}。Critic 则以收到的报酬为基础，对通过参数 w 建模的 Q 函数 $Q_\omega(s,a)$ 进行学习，以实现参数 ω 的更新。然后，将计算得到的 Q 函数作为策略评价交给 Actor。接收到策略评价的 Actor，将策略评价的结果反映在策略梯度中，并进行策略参数 θ 的更新，如图 2.19 所示。

作为 Critic 的学习方法，适用于诸如 SARSA 和 TD 学习法等策略 ON 型的学习，具体的学习情况将在之后的内容中介绍。至于 Actor 的学习方法，如 2.4.3 节所述，则应用了策略梯度的方法。作为 Actor 和 Critic 的参数化建模，除了基于特征量的线性组合的模型以外，还可以考虑结合了特征量提取以及非线性函数近似的深度神经网络的近似。关于深度神经网将在第 3 章进行详细介绍。

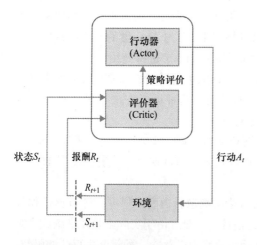

图 2.19 Actor-Critic 法的概念图

1. Actor 的模型化

现在来详细看一下策略的模型化。对于离散的行动空间，如 2.4.3 节所看到的，可以通过吉布斯方法实现策略 $\pi(a|s,\theta)$ 的建模。在连续行动空间的情况下，可以根据定义为多维正态分布的高斯策略进行建模，如图 2.20 所示。通过高斯策略对策略 $\pi(a|s,\theta)$ 进行建模的结果如下：

$$\pi(a \mid s, \theta) = \frac{1}{(2\pi)^{d/2}\left|\sum_{\theta}(s)\right|^{1/2}} \exp\left\{-\frac{1}{2}[a - \mu_\theta(s)]^{\mathrm{T}}\sum_{\theta}^{-1}(s)[a - \mu_\theta(s)]\right\}$$

式中，$\mu_\theta(s)$ 表示行动变量平均值的函数近似；$\sum_\theta(s)$ 表示行动变量协方差矩阵的函数近似。与吉布斯方法一样，这些分布参数的函数近似与神经网络非线性函数近似的亲和力很高，实际上在很多场合都可以适用（参见第 5 章）。

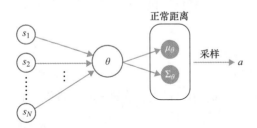

图 2.20 通过高斯策略对行动器 Actor 进行建模（连续行动空间）

除上述建模方法以外，作为一个很有意思的 Actor 建模例子，还可以通过循环神经网络（Recurrent Neural Network，RNN）来实现 Actor 的模型化。实际上，自然语言处理模型中的文本生成和巡回推销员问题中的巡回路径的生成等，均可以被理解为基于马可夫决定过程（MDP）的时间序列数据生成。另一方面，这样的序列数据也可以通过神经网络（即 RNN）来生成，该神经网络包含有感知器的递归连接，并以此作为时间轴方向的层结合。因此，如果将一个 Actor 通过 RNN 来建模，则可以随机进行离散行动的选择，同时将所选择的行动变量作为下一状态变量递归地输入网络，从而实现一个状态和行动时间序列的生成，如图 2.21 所示。

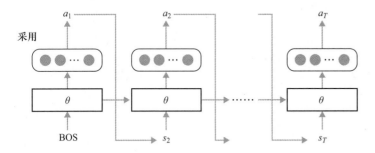

图 2.21 RNN 的序列数据生成

2. Critic 的模型化

Critic 本来的作用是通过 Q 函数的学习来进行策略的评价，但是如果行动空间是高维度的，或者是在连续的情况下，则用于 Q 函数表示的表将具有很大的自由度，所以也不现实。在实践中，还需要学习通过参数来对状态价值函数 $V_\omega(s)$ 进行建模的方法。在这种情况下，需要通过目标函数的最小化来优化建模引入的参数。例如，在用采样 TD 学习法进行学习时，状态价值函数 $V_\omega(s)$ 的 TD 学习法就应该使得 TD 误差最小化，因此将该 TD 误差作为损失函数（目标函数的反方向），并且很自然地采用 TD 误差的二次方和作为学习的损失函数，见式（2.38）。

$$\mathcal{L}_{\text{critic}}(\omega) = \sum_{t=0}^{T-1} |\delta_{t+1}(\omega)|^2$$

$$\delta_{t+1}(\omega) = R_{t+1} + \gamma V_\omega(S_{t+1}) - V_\omega(S_t)$$

（2.38）

另一方面，Actor 的学习采用策略梯度法进行，并且策略梯度中包含着优势函数。有趣的是，TD 误差的期望值等于优势函数，如下[⊖]：

$$\delta(s, r, s') = r + \gamma v_\pi(s') - v_\pi(s)$$

$$\mathbb{E}_\pi[\delta(s, r, s')] \equiv \mathbb{E}_\pi[q_\pi(s, a) - v_\pi(s)]$$

根据这个关系式，Actor 的损失函数可以近似为策略梯度和 TD 误差乘积项的累加和，见式（2.39）。

$$\mathcal{L}_{\text{actor}}(\theta) \equiv -J(\theta) \approx -\frac{1}{T} \sum_{t=0}^{T-1} [\log \pi(A_t | S_t, \theta)] \delta_{t+1}(\omega)$$

（2.39）

通过以上这些过程，Critic 实现了状态价值函数通过参数函数近似的建模，Actor 将 Critic 的策略评价结果以 TD 误差的形式接收，并通过策略梯度法来进行策略模型的改进。在本书中将这种策略模型称为 Actor-Critic 模型，如图 2.22 所示。在 Actor 的损失函数中，TD 误差可以用 n 步 TD 误差或 TD（λ）误差来替换，也可以用适当的资格迹来代替，以便进行在线学习。相关的详细内容参见 4.3 节倒立摆控制的例子。

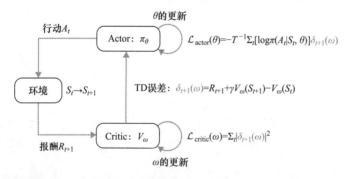

图 2.22 Actor-Critic 模型的组成结构图

3. 批量学习的引入

如本节所述，策略梯度中出现的优势函数可以由 TD 误差来近似。从原理上说，每进行一次 1 步 TD 误差计算时，都可以进行策略函数的更新。但是在这种情况下，由于观测数据只有一个，所以状态价值函数的估计误差将会变大，从而使得学习的收敛需要更长的时间。因此，在实际实现过程中，最好不要采用按照步骤进行的策略函数的逐步更新，而是以一个批量为

⊖ David Silver. *Lecture 7: Policy GradientMethods*. UCL Course on RL（2015），slide 31.

单位进行策略函数的更新。

这里所说的批量是指策略函数固定的情况下，通过多个步骤状态和行动序列生成的，进而得到的观测数据。此时，用于策略函数优化的损失函数见式（2.39）。损失函数近似定义为批量内各个步骤计算得到的 1 步 TD 误差和策略梯度的乘积项的平均值，即通过批量内各观测数据进行损失函数的近似定义。在批量学习中，通过该批量平均值定义的损失函数来进行策略函数的更新。

另外需要说明的是，从后向观测的角度来看，1 步 TD 误差引起的估计偏差可以通过到 n 步 TD 误差的扩展来改进。也就是说，通过批量中预先读取的多个步骤 TD 误差的计算，并将其用于批次更新，可以期待策略函数的学习能够变得稳定。因此，考虑 n 步 TD 误差而导致的批量更新[⊖]。n 步 TD 误差是指其目标值是由 n 步收益给出的，因此可以通过式（2.40）来定义。

$$\delta_{t+1}^{(n)} = G_t^{(n)} - V_t(S_t) \tag{2.40}$$

为了简单起见，批量处理的开始时间以批量内的时间点 $t = 0$ 为准。因为没有通过批量进行状态价值函数的更新，所以在批量中所有其他时间点 t 下状态价值函数均等于批量开始时的状态价值函数，即 $V_0(S_t) \equiv V(S_t)$。因此，式（2.23）中的 $\mathcal{O}(\alpha)$ 校正项也不会出现，式（2.41）所示的 1 步 TD 误差的展开式严格成立。

$$\delta_{t+1}^{(n)} = \delta_{t+1} + \gamma\delta_{t+2} + \cdots + \gamma^{n-1}\delta_{t+n}$$
$$\delta_{t+k} = R_{t+k} + \gamma V(S_{t+k}) - V(S_{t+k-1}) \tag{2.41}$$

在每一个批量学习中，时间点 t 处 TD 误差的预读取步数 n 受到批量大小 T 的限制。在一个批量学习内，在时间 t 之前的时间点数量为 $T-t$，因此该时间点处预读取步数的最大值也不能超过这个值，即有 $n \le T-t$ 的关系式成立。在式（2.41）所示的 n 步 TD 误差展开式中，可以将步数 n 设置为最大值，从而最大限度地将批量学习中的 1 步 TD 误差替换为 $n=T-t$ 的 n 步 TD 误差。因此，在式（2.38）和式（2.39）所示的 Actor-Critic 模型的损失函数方程中，可以用每个时间点预先读取到的最大步数的 TD 误差来替换该时间点的 1 步 TD 误差，从而得到式（2.42）和式（2.43）所示的结果。

$$\mathcal{L}_{\text{critic}}(\omega) = \sum_{t=0}^{T-1} |\delta_{t+1}^{(T-t)}(\omega)|^2 \tag{2.42}$$

$$\mathcal{L}_{\text{actor}}(\theta) = -\frac{1}{T}\sum_{t=0}^{T-1}(\log \pi(A_t \mid S_t, \theta))\,\delta_{t+1}^{(T-t)}(\omega) \tag{2.43}$$

在上述公式中，明确表示 TD 误差中包含的状态价值函数取决于 Critic 模型的参数。通过改写和整理，根据 Critic 模型的状态价值函数，可以将 TD 误差表示为以下形式：

$$\delta_{t+1}^{(n)}(\omega) = \delta_{t+1}(\omega) + \gamma\delta_{t+2}(\omega) + \cdots + \gamma^{n-1}\delta_{t+n}(\omega)$$
$$\delta_{t+k}(\omega) = R_{t+k} + \gamma V_\omega(S_{t+k}) - V_\omega(S_{t+k-1})$$

⊖ V. Mnih, A.P. Badia, M. Mirza, A. Graves, T.P. Lillicrap, T. Harley, D. Silver, K. Kavukcuoglu. *Asynchronous Methods for Deep Reinforcement Learning*. ICML 2016, pp1928-1937.

在 4.3 节所进行的 Actor-Critic 模型实现中，采用了在此所介绍的批量学习方法。此外，在实现过程中，还对损失函数设置了不同的选择，因此可以得到仅通过 1 步 TD 误差导致的损失函数和多步 TD 误差导致的损失函数，从而可以通过实验对这两种不同方法的稳定性进行比较。

专栏 2.1

关于A3C、 A2C模型

就像在 2.4.2 节中介绍 Q 学习时的情况一样，在本节介绍的 Actor-Critic 模型中，所观测到的状态、行动、报酬时间序列的前后状态数据之间也存在着相互紧密的关联性。在 Q 学习的情况下，能够利用策略 OFF 型控制的特性，通过经验重现来消除观测数据的自相关性。在 Actor-Critic 模型中，作为解决这种自我关联问题的扩展模型，提出一个被称为 A3C（Asynchronous Advantage Actor-Critic）的模型[一]。在 A3C 模型中，如本节中介绍的 Actor-Critc 模型一样，准备了多个通过优势函数近似 Q 函数的模型表示的智能体，多个智能体在共享网络权重的同时分别进行网络的异步更新，通过这种方式来消除单个智能体更新情况下出现的观测序列自相关问题。但是，在之后的研究中发现，即使是通过多个智能体进行的同步更新，性能也没有太大的差别[二]。于是就出现了一个被称为 A2C（Advantage Actor Critic）的模型，这个模型是在 A3C 模型的基础上除去了前面的 asynchronous，并因此而得名。本节中介绍的由单一智能体构成的 Actor-Critic 模型也是基于优势函数的模型，但是为了将其与上述 A2C 模型区分开来，称为 Actor-Critic 模型。

---

4. 总结

本节介绍了 Actor-Critic 方法。作为一种策略改进的方法，该方法综合了基于价值的方法和基于策略的方法。如果行动空间是高维度的或连续的，则不仅是 Actor，Critic 也需要通过参数为特征的函数来进行近似。在这种情况下，神经网络是一种有效的函数近似方法，它是非线性的，并且对参数具有很高的表现力。近年来，强化学习方面的显著进步也很大程度上归功于深度神经网络对函数的近似。

本书还将介绍把深度学习作为函数近似方法引入到强化学习的情况，同时还将详细介绍其实现方法。第 3 章将详细介绍深度学习，在第 4 章中，作为深度强化学习的示例，将进行 DQN、Actor-Critic 模型的介绍。在应用篇中，作为基于策略方法控制问题的应用，对连续行动空间的控制（第 5 章）、组合优化问题的探索（第 6 章）、序列数据生成（第 7 章）等问题分别进行介绍。

⊖ V. Mnih, A.P. Badia, M. Mirza, A. Graves, T.P. Lillicrap, T. Harley, D. Silver, K. Kavukcuoglu, *Asynchronous Methods for Deep Reinforcement Learning*. ICML 2016, pp1928-1937.

⊜ *OpenAI Baselines: ACKTR & A2C.*

3 深度学习的特征提取

本章将聚焦在深度学习相关的知识内容上。

具体包括深度学习的概念、三种基本机制（MLP、CNN、RNN），以及简单模型的使用方法，从而逐步实现深度学习。

此外，在具体讲述过程中，给出了 CNN 和 RNN 具体的例子。

3.1 深度学习

本节将介绍深度学习的概念、基本机制以及程序库的使用方法，在此基础上还将介绍一个简单的 MLP（多层感知器）的实现。

3.1.1 深度学习的出现和背景

深度学习是一种大规模的机器学习方法。在深度学习中，将模仿人脑"神经元"结构和功能的神经网络以多层叠加的形式进行大规模的应用。2012 年，在一个被称为 ILSVRC 的图像识别竞赛中，Geoffrey E. Hinton 的团队采用深度学习的方法，在众多团队中以压倒性优势赢得了竞赛的胜出。除此之外，包括读者在内的许多人可能还会记得，"Google 通过深度学习，在没有监督数据的情况下自动学会了猫的概念"，这也成了当年轰动一时的热门话题⊖。 深度学习概念本身是由 Hinton 等人在 2006 年提出的，作为一种机器学习的方法，正是因为 2012 年所取得的这些成就已成为一项重大的技术突破，并得到了广泛的认知，从而掀起了当前深度学习和人工智能的热潮。

深度学习与传统的机器学习之间存在着很大的不同，其中一个主要的不同点就在于深度学习通常不需要进行特征量的设计。在传统的机器学习中，通常需要根据任务来选择特征量提取的方法，并将其与机器学习算法结合起来实现所需要的机器学习任务。例如，在传统机器学习的图像识别与分类中，通常需要采用诸如 SIFT 和 HOG 之类的特征量提取方法来进行图像特征的提取。并且，对于究竟需要提取什么样的特征，最终还需要人工的手动调整。在此基础上，再将特征量提取方法与诸如 SVM（支持向量机）和 k 近邻之类的机器学习模型相结合，最终实现预定的图像分类等任务。

然而，在深度学习中，特征提取和机器学习通常是同时进行的，因此，深度学习的一个主要特征即为可以从头至尾使用一个被称为深度学习的组件来完成预定的一系列学习处理，如图 3.1 所示。

另外，正如稍后将要介绍的，深度学习不仅具有强大的特征提取功能，而且还具有通用函数近似器的作用，可以用于复杂函数的表达，因此在各种任务中均有突出的表现，这也引起了人们对深度学习的兴趣。

接下来将介绍深度学习的具体内容。

3.1.2 什么是深度学习?

首先可以明确的一点是，如前所述，深度学习是一种基于神经网络的机器学习方法。

其次，在介绍深度学习之前，首先需要介绍一下 Perceptron，即感知器，这是神经网络的最基本形式。

⊖ *Using Large-Scale Brain Simulations for Machine Learning and A.I.*

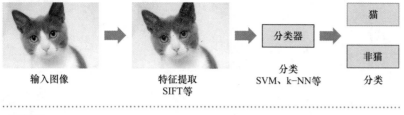

图3.1 传统机器学习与深度学习的对比

1. 感知器的基本结构

如图 3.2 所示，感知器是一个具有多个输入，仅有一个输出的结构。

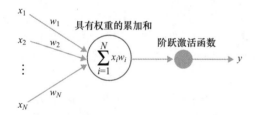

图3.2 感知器的原理图

感知器是一种最简单形式的神经元结构，如果感知器"各个输入 x_i 以权重参数 w_i 的加权累加和"大于或等于某个值 c，则感知器的输出为 1，否则其输出为 0，如式（3.1）和式（3.2）所示。另外，将以某个值 c 为边界输出 0 或 1 的函数称为 step 函数，其函数表达式见式（3.2），函数图像如图 3.3 所示。

$$y = \text{step}(\boldsymbol{x}^\text{T}\boldsymbol{w}) = \text{step}\left(\sum_{i=1}^{N} x_i w_i\right) = \text{step}(x_1 * w_1 + \cdots + x_N * w_N) \tag{3.1}$$

$$\text{step}(v) = \begin{cases} 1, & c < v \\ 0, & \text{其他} \end{cases} \tag{3.2}$$

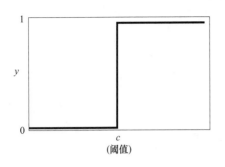

图3.3 step 函数

感知器可以进行任何一个线性可分离问题的正确表示。当在二维空间中考虑时，对于平面中两个点的集合，如果可以由一条直线将这两个点的集合进行分割，则将该问题称为线性可分离问题。如图 3.4 所示，在图中给出的几个问题中，由于问题均是由平面上黑色点的集合和白色点的集合所构成，并且可以用一条直线来进行分割，所以均为线性可分离问题。

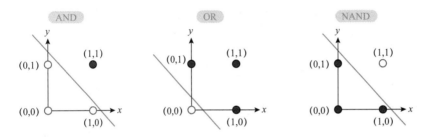

图3.4 线性可分离问题的示例（逻辑门 AND， OR， NAND）

图 3.4 中所给出的示例为逻辑电路中经常使用的逻辑门的电路，例如 AND、OR 和 NAND，均可以通过一个简单的感知器进行表示。在此处理的是基本的逻辑门电路，它们均有两个输入和一个输出。

例如，AND 是一个基本的逻辑门电路，当其两个输入均为 1 时，输出为 1，否则为 0。OR 也是一个基本的逻辑门电路，当其两个输入中的一个为 1 时，输出为 1，否则为 0。NAND 电路是 AND 电路的反相输出，即当其两个输入均为 1 时，输出 0，否则为 1，见表 3.1。在图 3.4 中，将逻辑门电路的两个输入分别用 x 和 y 轴来表示，如果电路输出为 1，则用黑色的圆圈表示，如果为 0，则用白色的圆圈表示。

表3.1 逻辑门 AND、 OR、 NAND 的输入/输出

x	y	x AND y	x OR y	x NAND y
0	0	0	0	1
0	1	0	1	1
1	0	0	1	1
1	1	1	1	0

如图 3.5 所示，可以将每个逻辑门电路表示为图形的形式。而且，在这些逻辑门电路表示图中，均可以采样之前介绍的感知器来代替图中标记为 AND、OR、NAND 的位置。

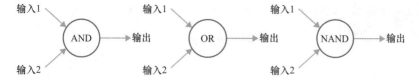

图3.5 逻辑门AND，OR，NAND

下面来实际看一个通过感知器实现的 AND 逻辑门。

根据式（3.1）定义的感知器的表达式，可以得知感知器的输出为 $step(x*w_1+y*w_2)$。

如果取权重参数的值 $w_1 = w_2 = 0.5$，step 函数的阈值取 0.8，则可以得到如下所示的输入、输出结果。

（1）$x = 0$，$y = 0$时：
$$step(0*0.5+0*0.5) = step(0) = 0$$
（2）$x = 0$，$y = 1$时：
$$step(0*0.5+1*0.5) = step(0.5) = 0$$
（3）$x = 1$，$y = 0$时：
$$step(1*0.5+0*0.5) = step(0.5) = 0$$
（4）$x = 1$，$y = 1$时：
$$step(1*0.5+1*0.5) = step(1) = 1$$

由此可以看出，通过上述权重参数 w_1 和 w_2 的选取，以及 step 函数阈值的设定，使得通过感知器表示的逻辑门电路 AND 的结果与之前的 AND 电路的输出相同，且具有与 AND 逻辑门相同的功能。类似地，OR 逻辑门电路、NAND 逻辑门电路也可以由感知器来表示。

2. 多层感知器

图 3.6 所示为线性不可分问题。

图 3.6 给出了一个被称为 XOR 的逻辑门。XOR 也是一个具有两个输入和一个输出的逻辑门电路，其输入、输出之间的关系见表 3.2。

正如所看到的，此时无法绘制一条直线并分离黑色的点和白色的点，将这样的问题称为线性不可分问题。换句话说，单个感知器无法解决线性不可分的问题，因此除非将黑白点以诸如虚线之类的非线性形式进行分离，否则无法将其完全分离。

但是，通过进一步的分析我们可以发现，对于 XOR 这样的线性不可分问题，可以由多层的感知器进行表示。如图 3.7 所示，通过一个多层的结构中连接诸如 AND、OR 和 NAND 这样的三个感知器，便可以进行 XOR 逻辑门电路的表示。通过这种方式使感知器多层化，从而可以表示线性不可分问题。

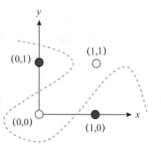

图3.6 线性不可分问题的示例（逻辑门XOR）

表3.2 XOR逻辑门电路的输入、输出

x	y	x XOR y
0	0	0
0	1	1
1	0	1
1	1	0

上述感知器中使用了 step 函数，该函数是一个仅输出 0 或 1 的不连续函数。但是，在使用被称为梯度法进行优化的深度学习中，由于无法获得 step 函数的梯度值，因此也无法很好地进行学习。为此，设计了一种 S 形的函数来代替上述 step 函数。该 S 形函数对原来的 step 函数进行了一定的平滑，因此也可以说该函数是平滑的 step 函数，也可称其为 sigmoid 函数，有时候也称为 sigmoid 形神经元。step 函数是一个在某个定值 c 处变为 1 或 0 的函数。另一方面，sigmoid 函数是输出落在 0 ~ 1 范围内的连续值的函数，如图 3.8 所示。

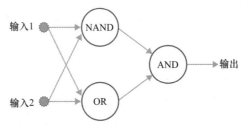

图 3.7 由 AND、OR 和 NAND 表示的 XOR

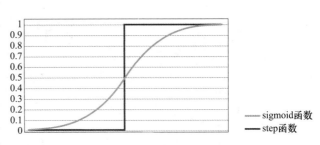

图 3.8 step 函数和 sigmoid 函数之间的对比

由此可以看出，诸如 step 和 sigmoid 这样的函数能够将感知器输入信号的线性加权累加和转换为另一个输出信号，将这种函数统称为激活函数。激活函数的一个重要特性就是其非线性，仅当输入值大于某个给定的阈值时函数才输出（激活）显著的信号。因此，所有的激活函数，包括 step 函数和 sigmoid 函数，都被定义为一个非线性函数⊖。其他众所周知的激活函数还包括 tanh 函数和 ReLU 函数。

到目前为止，已经能够看出感知器 Perceptron 的本质，并且发现仅由一个感知器只能进行线性可分离问题的表示，同时还发现通过三个感知器的组合还可以进行线性不可分问题的表示。因此，可以推测出，通过众多感知器以各种不同方式的连接可以构成一个人工神经网络，并且由于众多感知器之间的耦合关系，人工神经网络最终可能会输出更复杂的函数功能。

在这种通过众多感知器以各种不同方式连接构成的人工神经网络中，感知器相当于自然神经网络中的神经元，信息在神经元之间的传播也像自然神经网络一样进行顺序传播，因此将其称为顺序传播型人工神经网络或前馈型人工神经网络（也称为多层感知器，Multi Layer Perceptron，MLP）。在顺序传播型人工神经网络中，神经元按层进行排列，并且仅在相邻层之间进行连接。网络中的第一层被称为输入层，最后一层被称为输出层，中间的所有层被称为中间层，如图 3.9 所示。

在顺序传播神经网络中，各个神经元接收

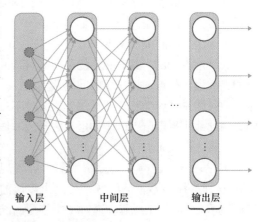

图 3.9 顺序传播神经网络

⊖ 但是，根据目标问题具体要求的不同，也有可能需要按原样输出感知器输入值。在这种情况下，可以不采用激活函数。此时，可以将其解释为应用由线性函数定义的激活函数。

来自多个其他神经元的输入信息，对这些输入信息进行加权，再将加权后的信息累加在一起，然后使用激活函数进行转换，最后将转换后的值进行输出。在之前提到的感知器中有 step 和 sigmoid 激活函数，也称其为 step 或 sigmoid 神经元。一个单一的神经元也可以说是顺序传播神经网络中的一个特例，此时神经网络的层数和神经元的数量均为 1。

在此，对之前所介绍的内容做一个总结和整理。通过之前的介绍了解到，单个的感知器能够进行诸如线性可分离问题，即线性问题的表示；通过多个感知器的组合级联可以进行诸如线性不可分问题，即非线性问题的表示。除此之外，还可以将顺序传播人工神经网络定义为多个感知器的分层扩展。通过激活函数的非线性，即使在包括非线性在内的复杂形式下，该人工神经网络也可以实现通用的函数近似，这也是深度学习的主要特征之一。

接下来，介绍神经网络的学习是如何进行的。

3. 神经网络的学习

此前已经介绍过，深度学习是一种机器学习的方法。在机器学习中，通常需要定义一个目标函数，并通过学习数据对该目标函数进行优化，以使目标函数达到最小化（或最大化）。这里提到的优化是指找到能够使得目标函数最小化或最大化的神经网络权重参数。因此，简而言之，机器学习可以看作是通过学习数据，学习到能够使得预测误差最小化的网络参数。在深度学习中，通常需要使用一种被称为梯度方法的技术来进行目标函数和神经网络权重参数的优化。梯度法即为这种算法的通用术语，该算法使用有关目标函数梯度的信息来进行优化问题中解的搜索。

在深度学习中，上述目标函数优化是通过一种被称为反向传播（反向传播方法）的操作来进行的。尽管在本书中没有对此进行详细的介绍，但所采用的深度学习方法依然是基于梯度的方法，并通过预测误差的反向传播来进行神经网络深度学习的网络参数更新。其中的预测误差是通过给定监督信息和神经网络实际预测结果计算出来的误差。反向传播法遵循一种被称为链规则的机制进行相关梯度的计算，即使是复杂的函数也可以通过这种机制进行梯度的计算。

例如，在一个简单的回归问题中，通常使用由式（3.3）所示的目标函数，该目标函数也被称为平均二次方误差（Mean Squared Error，MSE），即均方差。在该表达式中，输入数据为 x，作为正确答案的监督数据为 y，神经网络的权重参数为 w，神经网络的输出为函数 $f(\cdot)$，并以此作为预测函数的近似输出。

$$E(w) = \frac{1}{2} \sum_{n=1}^{N} \| f(x, w) - y \|^2 \tag{3.3}$$

在当前的深度学习中，神经网络权重参数学习和更新所采取的学习方法基本上是通过式（3.4）来进行的。神经网络权重参数的学习和更新的目的是为了找到使得目标函数 $E(w)$ 最小的网络权重参数 w。其中，lr 被称为学习率，它是一个需要预先通过手动进行设定的参数。

$$w = w_{\text{old}} - lr\nabla E(w) \tag{3.4}$$

但是，随着神经网络层数的增加，最优网络权重参数寻找所需的 $\nabla E(w)$ 计算会变得更加复杂。但是，在机器学习平台上有一种被称为自动微分的功能，能够自动执行此类计算。在此不对此进行详细介绍，但是通过 3.1.3 节介绍的平台，即可轻松地使用深度学习的算法，而无需自己编写复杂的反向传播计算。

还需要说明的是，根据误差的反向传播方法，中间层的权重参数是按式（3.4）进行更新的。并且，输出层损失函数的梯度 $\nabla E(w)$ 与中间层激活函数的导数之间是一个乘积的关系。如果将 sigmoid 函数用作中间层激活函数，则其导数将小于 1，因此，输出层损失函数的梯度值 $\nabla E(w)$ 将随着与输出层距离的增加而衰减。最终的结果可能是存在着中间层的权重参数由于梯度的衰减而得不到学习，从而不被更新（梯度消失问题）。

为此，可以通过使用以下表达式定义的 ReLU 函数来代替原来的 sigmoid 函数，将其作为中间层的激活函数，而不是将中间层神经元的输出值限制在 0 ~ 1 之间的函数，以此来解决上述的梯度消失问题。

$$\text{ReLU}(x) = \max(0, x)$$

该激活函数是一个部分线性函数。当 x 为负时其函数值等于 0，而 x 为正时其函数值等于 x。sigmoid 函数的最大导数为 0.25，是一个小于 1 的数值，而 ReLU 函数的梯度始终为 1，只要 x 取正值即可，如图 3.10 所示。因此，在梯度 $\nabla E(w)$ 的计算中，无论输出神经元的梯度与 ReLU 函数的导数相乘多少次，其值都不会被衰减。通过采用 ReLU 函数作为神经元的激活函数，使得原有的梯度消失问题得以缓解，从而使得人工神经网络的参数学习可以达到数十层的深度，最终使得深度学习成为可能[○]。

3.1.3 深度学习平台

如上所述，在深度学习中，通常需要通过目标函数误差的反向传播来实现神经网络参数的学习，实现复杂的反向传播机制则需要花费大量的时间，因此通常需要通过机器学习平台来实现。一般来说，使用机器学习平台主要有以下三个方面的原因和优势：

1）由于可以使用平台的自动微分功能，因此可以轻松完成所需要的梯度计算。
2）由于平台内部可以提供 GPU 计算，因此计算速度通常非常快。
3）平台具有深度学习中广泛使用的模块和算法。

目前存在的机器学习平台有很多，如 PyTorch 和 Chainer 平台等。但是本书将沿用以往的习惯继续使用 TensorFlow 来进行深度机器学习的实施。TensorFlow 是 Google 开发的最常用的深度学习研究平台。

在传统的 TensorFlow 平台中，均以 graph-mode 进行神经网络的描述，这是一种 Define-and-Run 的方法。但在 TensorFlow 的最新版本（本书撰写时的版本为 2.0）中，新增了 eager-mode Define 的神经网络描述，这是一种 Define-by-Run 的方法。用户可以在这两种类型的描述方法之间进行选择，每种方法都有各自的优点和缺点，在表 3.3 和图 3.11 中将其进行了对比。

○ V. Nair and G.E. Hinton, *Rectified Linear Units Improve Restricted Boltzmann Machines*. Proceedings of the 27th International Conference on Machine Learning, Haifa, Israel, pp.807-814, 2010.

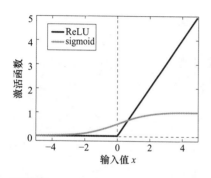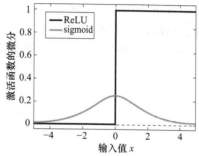

图3.10 ReLU 与 sigmoid 的对比

表3.3 graph-mode 与 eager-mode 的比较

	graph-mode	eager-mode
安装方式	Define-and-Run	Define-by-Run
步骤	1）根据具体的计算任务，需要进行相应计算图的建立 2）通过所建立的计算图，即数据流程图来进行计算的执行	可以根据数据流动的时序进行反向传播计算图的构建
优点	计算速度快	1）易于调试 2）可以建立动态的模型
缺点	1）调试很复杂 2）所建立的计算图是一个静态图，无法动态地进行模型的更改	与 graph-mode 相比，执行速度较慢

在 graph-mode 下，通过计算图（"备忘 3.1"的计算图）的构建过程和输入数据的处理相互分离，可以立即执行复杂的处理，并且可以实现高速的计算，如图 3.11 所示。

eager-mode 的优点是可以在不构建图形的情况下执行计算，因此，在希望以交互方式进行计算图构建的情况下，这种模式会使得处理变得很方便，但代价是其执行速度比 graph-mode 慢，因而也有诸如此类的缺点。

在 TensorFlow 2.0 中，新增了 eager-mode 的计算图构建处理，并且默认的处理模式为 eager-mode。但是，由于在本书编写时 TensorFlow 2.0 的正式版本尚未发布，因此本书中的计算图构建处理依然采用的是 TensorFlow 的 graph-mode 所定义的处理模式。

如果在构建图形后立即进行计算，则传输成本会很小

图3.11 graph-mode 的概述图

另外，由于 Core API 是 TensorFlow 的一个较低级的 API，并且使用 Core API 难以进行大型神经网络的描述，因此在本书中，使用 TensorFlow 的高级 API Keras，通过 Keras 与 TensorFlow 的组合共同实现更大深度的神经网络描述，从而在只需要少量代码的情况下即可以实施网络的深度学习。Keras 是主要由 François Chollet 开发的深度学习库或 API 规范。Keras

有两种不同的应用形式，第一种是与 TensorFlow 集成在一起的集成应用，第二种是通过 Theano、CNTK 等软件包支持的独立应用。

　　本书将主要使用 Keras 来进行模型的构建，并在必要时使用 TensorFlow 来进行模型的实施。

计算图

　　计算图是一个有向的无循环图（Directed Acyclic Graph, DAG），用来表示张量之间的运算，计算图也称为数据流程图。例如，图 3.12 所示的数据流程图表示神经网络中各层之间的运算关系和张量之间的计算。

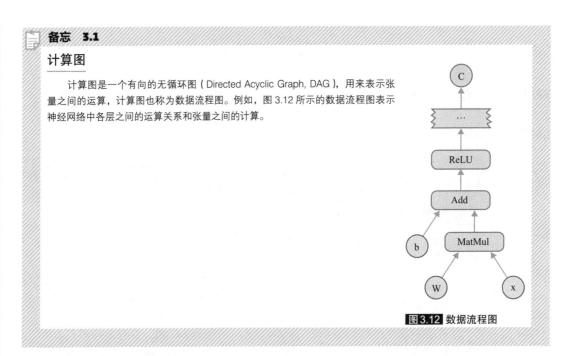

图 3.12 数据流程图

　　顺序传播神经网络的实现。在此，通过 TensorFlow 和 Keras 进行之前所介绍的 MLP 的实现。以下将要进行的是构建一个神经网络，使用的数据将以 MNIST 作为示例。MNIST 是一个数据集，并且是一个用于手写数字识别的图像识别标准数据集。其中，包含了数字 0～9 的手写字符图片，每一幅手写数字的图片均为 28×28 像素的手写数字图片，并且还附加了与该图片相对应的标签，标签的值为数字 0～9 中的一个。每一幅图片数据实际上是一个元素值在 0～255 之间的矩阵，矩阵每个元素的值分别代表图片相应像素点的灰度级数据。其中，0 和 255 分别对应于黑色和白色，如图 3.13 所示。

　　如图 3.9 所示，在 MLP 中，由于所有神经元都是紧密连接在一起的，因此在图像数据的情况下通常不能直接进行处理，所以需要将以各个像素点灰度级数据表示的图像数据转换为适合 MLP 数据输入的形式。在此，

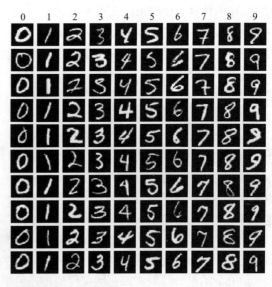

图 3.13 MNIST 数据集

为了简单起见，通过一个预处理过程的进行，将图像形式的 MNIST 数据转换为一个向量数据，然后再输入顺序传播神经网络中，最终使得神经网络能够通过图像数据实现网络参数的学习，如图 3.14 所示。这里正是使用 Keras 进行网络模型的定义，具体的代码实现见清单 3.1，该代码摘自 simple_mnist_dense.py。本节的代码是基于 simple_mnist.dense.py 的。

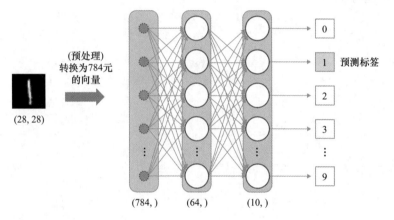

图 3.14 MLP 模型构建概述

清单 3.1 模型构建示例（simple_mnist_dense.py）

```
# 模型的构建
def build_dense_model():
    model = Sequential()
    model.add(Flatten(input_shape=(28, 28)))
    model.add(Dense(64, activation='relu'))
    model.add(Dense(10, activation='softmax'))
    model.compile(loss='categorical_crossentropy',
                  optimizer=SGD(),
                  metrics=['accuracy'])

    print(model.summary())
    return model
```

通过 Keras 的使用，可以进行如图 3.14 所示的人工神经网络的构建。

在 Keras 中进行模型构建通常有两种方法可供选择，一种是使用 Sequential API 的方法，另一种是使用 Functional API 的方法。在此使用的是 Sequential API 的方法。通过该方法，可以轻松地通过 add 方法的使用来进行神经网络层的添加，从而实现模型的轻松构建。尽管如此，在处理复杂模型时通常还是需要使用 Functional API 方法。

在这里，使用 Sequential（）来进行模型的创建，并使用 add 方法进行人工神经网络 Dense 层的添加。Dense 层表示前述顺序传播神经网络的一个层，在该层中，神经元的数量由相应的参数来指定。在图 3.14 中，第二层排列了 64 个神经元，第三层排列了 10 个神经元，从而构建了一个能够对标签 0~9 进行预测的模型。

除此之外，还可以通过模型 summary 方法的调用来查看模型各层的权重和输出形式的摘要。如清单 3.1 所示，通过代码倒数第二行中的 print（model.summary（）），可以得到清单 3.2 所示的模型摘要信息。

清单3.2 模型摘要（simple_mnist_dense.py）

```
Layer (type)                 Output Shape              Param #
=================================================================
flatten (Flatten)            (None, 784)               0

dense (Dense)                (None, 64)                50240

dense_1 (Dense)              (None, 10)                650
=================================================================
Total params: 50,890
Trainable params: 50,890
Non-trainable params: 0
```

由此也可以看出，该摘要信息与图 3.14 所示的模型相对应。

同理，可以如清单 3.3 所示，通过 Keras 对模型进行学习和训练。

清单3.3 模型的学习

```
history = model.fit(x_train, y_train,
                    batch_size=batch_size,
                    epochs=epochs)
```

如果要进行人工神经网络模型的训练，可以像清单 3.3 所示的那样，在 Keras 中调用一个被称为 fit 的模型训练方法，并将训练数据 x_train 和正确答案 y_train 作为参数。通过 Keras 的使用，可以用上述所介绍的方法进行模型的构建和训练。

本书将通过 TensorFlow 和 Keras 的结合来进行强化学习算法的实现，但是基本上来说，人工神经网络模型通常是使用 Keras 来实现的。

在随后的各节中，将通过诸如图像数据和时间序列数据等具有某种结构的数据，来观察如何构建和训练学习适用于这些特定结构数据的人工神经网络体系结构。

3.2 CNN

本节将介绍卷积神经网络（CNN）的构成要素、内部的运算处理，并进行简单CNN的实现。CNN是一种有用的神经网络体系结构，可作为类似图像的结构化数据的特征提取器。基于此特性，本节还将介绍一些有趣的任务，作为CNN的应用。

3.2.1 什么是CNN

在3.1.1节所述的深度学习的ILSVRC中，由于使用了卷积神经网络（CNN），从而赢得了图像识别竞赛的胜利，由此也开启了CNN的应用。CNN可以处理局部结构的特征数据，因此也是一种特殊结构的人工神经网络。例如，图像数据即为CNN最常用的例子。图像数据通常由纵向 × 横向 × 通道数的三维信息构成，其中包含着像素点的空间信息。在上述的MLP中，相邻层的神经元都紧密地结合在一起，所以无法保持图像数据的空间形状和结构，而是将输入图像的所有像素点都同等处理。但是在CNN中，在保持图像数据形状的同时进行数据的处理，因此适合处理图像数据，如图3.15所示。

在上一节的MLP中，除了无法保持图像数据的空间形状和结构之外，还存在着输入图像的尺寸越大，人工神经网络的参数规模越大的问题。例如，如果输入图像是一幅像素尺寸为 $200 \times 200 \times 3$（纵向尺寸为200、横向尺寸为200、颜色通道为3）的图像，那么仅神经网络第1层就至少需要 120000（$200 \times 200 \times 3$）个参数。另一方面，CNN可以利用图像数据所具有的局部结构特征来进行神经网络参数数量的削减。

一般来说，CNN通常由卷积层和池化层构成。通过像这样的卷积和池化等操作，可以实现输入图像数据特征性表现的压缩，并将压缩的图像数据特征在神经网络的中间层表现出来。除了用于图像分类外，CNN也可以用于需要通过图像的压缩特征进行图像表示的情况。

接下来我们来看看CNN的构成要素及结构。

1. 卷积层

卷积层是卷积神经网络（CNN）的核心功能层，负责进行图像特征量的提取。该层设有若干个不同尺寸的内核矩阵（过滤器），通过这些内核矩阵与以矩阵形式表示的图像数据进行卷积运算，并提取图像特征。卷积层需要优化的权重参数的数量取决于内核矩阵的数量和尺寸，因此与MLP不同，即使在图像的尺寸变大的情况下，网络参数的数量也不会随着增加。

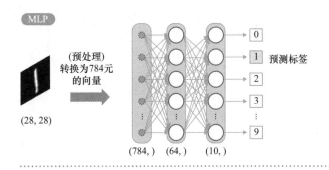

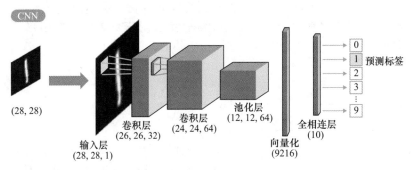

图3.15 MLP和CNN的比较图

为了了解CNN的卷积层是如何工作的，在此通过刚才给出的如图3.15所示的CNN来了解卷积层的具体处理过程。为了简单起见，这里将以一个通道的计算过程为例来进行介绍，如图3.16所示。在这个例子中，输入图像是一个5×5的矩阵，卷积内核为一个3×3的矩阵。内核矩阵在输入图像矩阵内逐个像素地移动，同时进行卷积运算。在内核矩阵和输入图像重叠的3×3区域中，卷积计算首先将3×3重叠区域中的各个元素分别进行按位相乘，然后将所得到的9个相乘结果进行累加，并作为第一个卷积运算的结果进行输出。

在此示例中，在进行卷积运算并输出计算结果的过程中，内核一共移动了9次以执行卷积计算。卷积计算中，输入图像对应于图3.16灰色部分，通过逐一移位并应用相同的操作来进行计算。具体来说，如果仔细观察如图3.17所示的第一个操作，则会看到输入图像的灰色部分和内核矩阵元素是按位分别相乘的，然后将所得到的积进行累加，即得到了卷积运算结果矩阵的一个元素。

有了这样的卷积计算，在卷积层中，通过内核矩阵的充分学习，既可以进行输入图像特征的捕捉，同时也实现了压缩的图像特征输出。在进行卷积运算的卷积层中，神经元并不是像MLP那样紧密地结合在一起，而是为了进行内核矩阵这个固定长度的权重参数的学习，所以即使在输入图像尺寸变大的情况下，网络权重参数的数量也不会变化，这是卷积层的一个重要特点。

2. 池化层

为了针对图像位置的微小变化构建更健壮的模型，卷积神经网络通过一种被称为池化的操作，从上一层中抽取具有代表性的特征值来做进一步的处理。最常用的池化方法是一种被称为最大池化的方法，最大池化的操作是将上一层分成若干个小的区域，并只获取各区域中的最大特征值，从而减少上一层结果的数量。

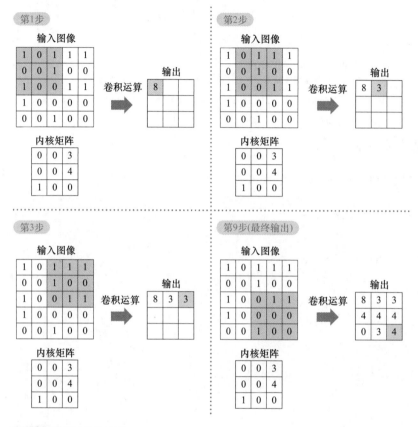

图3.16 卷积计算的流程

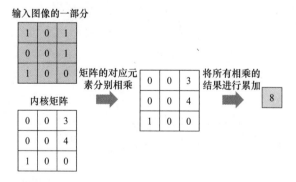

图3.17 卷积运算示例

如图 3.18 所示，具体来看对于一个 4×4 的输入，通过最大池化操作的执行所得到的结果。

通过图 3.18 所示的池化操作，在保留了输入图像 4×4 区域特征的同时，所得到的输出结果缩小到了 2×2 的区域的子图。

3. CNN 的实现

下面进行卷积神经网络（CNN）的实际实现，相应的代码为清单 3.4 所示的 simple_mnist_cnn.py。与此前所进行的 PLP 的实现一样，可以使用 Keras，

图3.18 最大池化操作示例

通过以下代码来构建一个简单 CNN。在此构建的是图 3.15 所示的模型，以此作为简单 CNN 的一个例子。simple_mnist_cnn.py 的详细代码可以按附录中所介绍的方法进行下载和查看，清单 3.4 摘录了代码中的核心部分内容。

清单3.4 图 3.15 所示模型的构建（simple_mnist_cnn.py）

```
# 模型的构建
def build_cnn_model():
    model = Sequential()
    model.add(Conv2D(32, kernel_size=(3, 3),
            activation='relu',
            input_shape=(28, 28, 1)))
    model.add(Conv2D(64, kernel_size=(3, 3),
            activation='relu'))
    model.add(MaxPool2D(pool_size=(2, 2)))
    model.add(Flatten())
    model.add(Dense(num_classes, activation='softmax'))

    model.compile(loss='categorical_crossentropy',
                optimizer=Adam(),
                metrics=['accuracy'])

    print(model.summary())
    return model
```

CNN 会创建与输出通道数量相同的内核矩阵，并执行之前介绍的卷积计算。首先，在第一个卷积层中，通过模型的 add 方法进行一个 Conv2D 层的添加，其通道数量设定为 32，内核矩阵的大小为 3×3，输入图像的尺寸设定为 $28 \times 28 \times 1$，以此进行卷积运算。在第一个卷积层的定义中，需要进行通道大小、卷积内核大小、激活函数以及输入图像数据尺寸等参数的设定，在此所设定的通道大小为 32，内核大小为（3，3），激活函数为 ReLU，输入图像数据尺寸为（28，28，1）。

在第二个卷积层中，将通道大小设定为 64，将 kernel_size 设定为（3，3），并指定 activation = relu。在第二个卷积层之后，为网络的第三层，该层为 CNN 的池化层，在此采用 MaxPool2D 的最大池化方法。在 MaxPool2D 中也需要设定池化层的大小，在这里，pool_size 被设定为（2，2）。由此，输出窗口的大小也从 24 变为 12，为原来的一半。

第四层为 CNN 的向量化层，通过 Flatten 类的添加，将 $12 \times 12 \times 64$ 的张量转换为 9216 元的向量。在 CNN 的最后一层中，为向量化层的输出添加了一个全相连 Dense 层，通过该 Dense 层可以采用 softmax 激活函数进行具有十个类的分类。至此，模型已经构建完成。

模型构建完成后，与 MLP 模型构建时一样，也可以通过 print(model.summary()) 来给出模型的摘要信息，见清单 3.5。

清单3.5 模型的摘要 （simple_mnist_cnn.py）

```
Layer (type)                 Output Shape              Param #
=================================================================
conv2d (Conv2D)              (None, 26, 26, 32)        320

conv2d_1 (Conv2D)            (None, 24, 24, 64)        18496

max_pooling2d (MaxPooling2D) (None, 12, 12, 64)        0

flatten (Flatten)            (None, 9216)              0

dense (Dense)                (None, 10)                92170
=================================================================
Total params: 110,986
Trainable params: 110,986
Non-trainable params: 0
```

通过上述模型摘要信息可以看出，所构建的模型与图 3.15 所示的模型类似。在图像处理任务中，由于随着任务的不同，CNN 的卷积输出的形状可能也会有所不同，因此检查模型是否符合预定的期望是很有必要的，特别是在 CNN 上，这一点非常重要。

到此为止，已经介绍了 CNN 所具有结构的具体形式。接下来看看 CNN 的实际应用是如何进行的。

3.2.2 CNN 的应用

如之前给出的图 3.15，包含了深度学习的机器学习，具有良好的特征提取的作用。对 CNN 而言，最重要的是 CNN 能够更好地进行图像格式和结构数据的表示，因此能够更好地进行数据特征的提取，这也意味着 CNN 是一种很重要的特征提取器。

此外，根据 Andrew Ng 等人的论文 *Convolutional Deep Belief Networks for Scalable Unsupervised Learning of Hierarchical Representations*，每一个卷积层的添加均会被认为能够提取到更高维的数据特征。在此，以图 3.19 所示的特征信息提取为例，在最初的卷积层捕捉到的仅是低维度的特征信息，通过这样的特征信息还看不出它所表现的是什么内容。但是，随着卷积层的叠加，随后就可以明白人脸的特征被捕捉到。

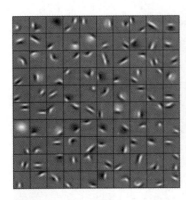 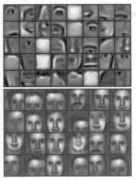

图3.19 CNN 中间层结果的可视化（左边为第一层，右上为第二层，右下为第三层）

摘自 *Convolutional Deep Belief Networks for Scalable Unsupervised Learning of Hierarchical Representations*（Honglak Lee, Roger Grosse , Rajesh Ranganath , Andrew Y. Ng ）, Figure 3.

通过以上的介绍可以看出，通过上述 CNN 可以进行图像特征的提取，以用于图像的表示，也可以用于各种不同的应用任务。

鉴于 CNN 的这种特性，以下对 CNN 可以应用到的任务类型进行简要的介绍。

1. 图像分类

在本节进行的关于 CNN 的介绍中，MNIST 的手写数字图片的分类就是图像分类的一个具体例子。传统的图像分类问题是诸如此类通过图像来识别图片中的数字 0 ~ 9 等，但是随着应用的深入，也可以扩展为通过图像来判断图片中的对象是男人还是女人的问题，这也都属于图像分类的问题。随着学习的进行，CNN 模型既能有效地进行图像数据的特征提取，同时还能进行高准确度的图像分类。

2. 目标检测

在图像分类的应用中，一张图像中一般只显示一个对象，卷积神经网络 CNN 需要进行的是识别出"这个对象是什么"。但是在目标检测的应用中，CNN 需要进行的是识别出"图像中都有哪些目标"的问题。对于目标检测，TensorFlow Object Detection API 可以提供最新的研究成果，而无需自己实现。因此，如果有数据，则可以轻松地进行目标的检测，如图 3.20 所示。

图3.20 TensorFlow Object Detection API 的示例

摘自 *TensorFlow Object Detection API*.

3. 图像分割

通过 CNN 进行的图像分割的技术原理类似于图像目标的检测，但在图像分割中不是以目标所在的矩形区域为单位，而是以图像的像素为单位进行预测的分割，如图 3.21 所示。由于图像分割是以像素为单位进行的预测，因此可能会被认为是一种比目标检测更好的高级技术，但事实也并非如此。例如，如果要对图像中目标的数量进行计数，则图像分割会因为无法区分重叠的目标，所以也并不能进行有效的计数。因此，有必要选择符合问题需求的方法，而不是仅在于技术本身。另外，正如将在 7.2 节中提到的，CNN 的图像分割通常基于所谓的编码器 / 解码器类型的 CNN 模型。

图 3.21 图像分割的示例
摘自 *COCO 2017 Object Detection Task.*

4. 强化学习的应用

通过深度学习在强化学习领域中的应用，所取得的突破之一即为可以通过 CNN 从游戏画面中巧妙地提取出强化学习所需要的特征量。例如，如图 3.22 所示，通过将游戏画面输入到 CNN，可以获得模拟器内部隐藏的状态变量（如入侵者的位置信息等）。实际上，即使是人类在玩游戏的时候也无法确切地知道游戏内部所具有的敌人的坐标和自己的坐标。但是，人类玩家可以通过游戏画面获得类似的相关信息，从而根据这些信息决定行动的策略（如向右移动等）。

本书没有直接涉及使用图像作为输入的深度强化学习，但是 CNN 也不是仅仅能够处理图像数据。即使不是图像，只要输入的是结构化数据，便可以应用 CNN 进行处理，例如，在第 6 章所介绍的 AlphaGo 中，所输入的数据为诸如围棋棋盘的二维结构数据，并在掌握了棋盘状态特征的基础上进行强化学习。通过卷积神经网络 CNN 进行的深度强化学习的优势之一是可以通过 CNN 的这种方式很好地提取到强化学习所需的特征量，从而在无需直接知道环境的内部状态的情况下解决给定任务。

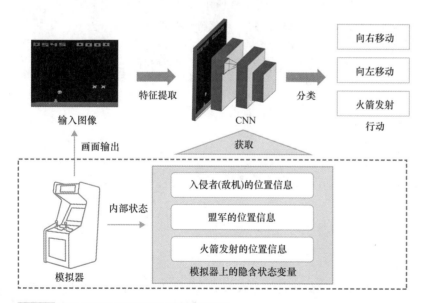

图 3.22 通过 CNN 从游戏画面中进行特征提取

3.3 RNN

> 本节将介绍一种被称为循环神经网络（RNN）的人工神经网络，及其构建模块的组成结构、内部的算术操作和简单的实现。RNN是一种有用的体系结构，适用于元素顺序有意义的数据结构，如时间序列数据。在此基础上，本节还将介绍一些有趣的任务作为RNN的应用示例。

3.3.1 什么是RNN

到目前为止，已经学习了诸如MLP和CNN的人工神经网络体系结构。那么什么样的体系结构适合于所谓的时间序列数据呢？例如文本数据和传感器采集的数据等。

RNN是一种具有信息暂存功能的循环神经网络，和CNN一样，该网络体系结构也能够考虑到数据中的结构信息。RNN所考虑数据结构信息是元素排列的顺序，具有这种结构的数据，如时间序列数据，其元素是按照某种意义进行顺序排列的。

时间序列数据的主要特征之一是假设各个数据点之间不是相互独立的，并且数据点排列的顺序具有一定的意义。例如，在显示每小时天气的时间序列数据的情况下，似乎一天中的9点与同一天10点之间的天气之间存在着某种关联。另外，在文本句子这样的时间序列数据中，数据是以离散标签作为元素的，并且有一个语法规则，通常会使得诸如"pen""thing"和"favorite"之类的名词很可能出现在子字符串"this is mine"之后。

首先来看RNN的基本概念，这里将参考一个非常清晰明了、容易理解的材料（http://colah.github.io/posts/2015-08-Understanding-LSTMs/）来介绍RNN和LSTM。

RNN的体系结构是一个具有循环的结构，如图3.23所示。

对于某个时间点 t 的输入 x_t，将其输入到单元中，并执行一些处理，然后输出一个中间状态 h_t。再将该中间状态作为下一个单元的输入，以此逐级向后传播。如果沿着时间轴将图3.23所示的RNN展开，则将看到图3.24所示的RNN展开结构。

图3.23 RNN的示意图

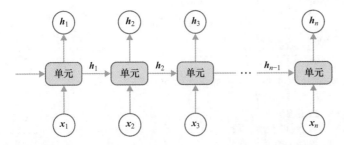

图3.24 RNN的展开示意图

例如，在图3.24中，当 $t=1$ 时，网络当前的输入为 x_1，该输入在Cell中进行某些处理，输出中间状态 h_1。然后，在 $t=2$ 时，单元将 x_2 和 h_1 作为输入，经过相应的处理后再将新的中

间状态 h_2 作为新的输出。其中，对于 $t = 1$ 和 $t = 2$ 时的输入进行处理的单元是同一个。

那么，这个单元的内容究竟会是怎样的一种结构呢？尽管根据 RNN 种类的不同其单元的结构也会有所不同，但是一个最简单的 RNN 单元是图 3.25 所示的结构。

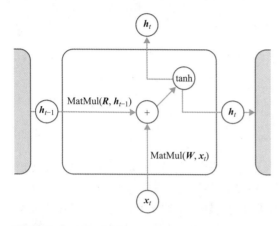

图3.25 RNN 的工作原理

$$h_t = \tanh \left(W, x_t + R, h_{t-1} \right) \tag{3.5}$$

如式（3.5）所示，循环神经网络 RNN 的神经元将当前时间点的输入 x_1 和权重参数 W 矩阵相乘，同时将上一个时间点 $t - 1$ 的状态输出 h_{t-1} 和记忆参数矩阵 R 相乘，再将上述两个乘积项的结果相加，并通过激活函数 tanh 获得当前时间点的状态输出 h_t，如图 3.25 所示。需要注意的是，本书中忽略了偏差项的描述，并且无论在哪个时间点，所使用的权重参数 W 和记忆 R 都是同一组参数。

通常采用一个矩形框来表示 $Wx_t + Rh_{t-1}$ 的运算，并用对应的激活函数作为其符号表示，从而可以将 RNN 神经元更简单地表示为图 3.26 所示的形式。

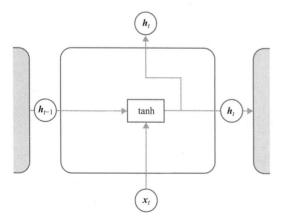

图3.26 RNN 的神经元的简化表示

下面通过一个最简单的自然语言分类处理模型的实际构建来了解 RNN 神经网络的实现。为了简单起见，在此使用了一个非常小的数据集进行电影评论的情感分析，所使用的数据为清单 3.6 所示的 movie_comment_sample.csv 数据集。

清单3.6 用于电影评论情感分析的数据集（movie_comment_sample.csv）

```
movie_comment,is_positive
"动人 的 电影",1
"悲伤 的 电影",1
"无聊",0
"不开心 的 电影",0
"开心 的 电影",1
"无趣 的 电影",0
"无聊 的 电影",0
```

在此，所使用的数据集是如清单 3.6 所示的关于电影评价的评论文本。其中，如果是积极的评价，则为其添加一个"1"的标签，以作为监督数据；如果是消极的评价，则以"0"作为监督数据。通过一个二进制分类器的创建以及分类器对上述数据的学习，进行电影评论文本情感类型的分类。在本节中，使用Keras的Tokenizer进行预处理，同时，也可以通过本节介绍的 RNN 学习预测代码 simplernn.py 进行文件代码的实际运行，但是，在书中还是以代码的基本部分进行介绍。

在上述学习数据中，将其中的六个数据用于学习，最后一个用于测试。在此，以图 3.27 所示的模型和预处理来进行实际学习。

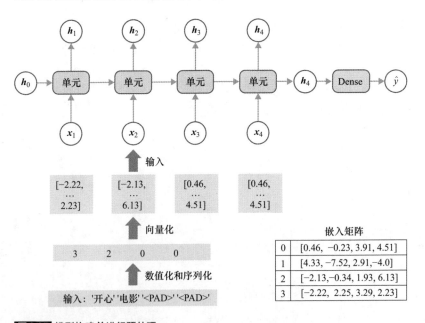

图3.27 模型构建并进行预处理

预处理的流程如下：

（1）步骤 1　数值化和序列化。首先将给定的字符串划分为若干个词，然后为各个词分配索引编号，最终将给定的字符串转换为一个数值的系列。

（2）步骤2　向量化。将步骤1得到的各个数值替换为相应的嵌入矩阵行向量。

（3）步骤3　到模型的输入。将步骤2得到的行向量作为模型输入，以时间点的顺序输入到模型。

在上述的步骤中，出现了嵌入矩阵的概念。

嵌入是将离散形式表示的数据导入到一个诸如单词表的低维数据中的方法。直观地说，通过这个嵌入处理，可以获得一个能够进行单词特征表示的向量。

例如，在上述例子中，首先通过某个规则给每个单词都分配一个索引编号，在此，"开心"这个单词的索引编号为3，"电影"这个单词的索引编号为2。然后，通过单词的索引编号在嵌入矩阵中分别抽取各个单词的行向量，并将所抽取到的第一个行向量、第二个行向量等依次输入到模型。嵌入矩阵的初值是在初始化时随机给定的一个矩阵，通过学习逐渐获得单词的特征。

✏ **专栏　3.1**

Word2Vec 示例

以自然语言处理中著名的 Word2Vec 方法为例，单词的特征量向量（单词向量）能够像 "queen" – "woman" + "man" = "king" 那样进行向量的四则运算，从而实现了与人的感觉一致的嵌入，因此也成了流行的方法。

另外，模型的输出 $\hat{y}$ 为一个概率值，预测文本句子内容表达的是积极情感（监督数据为1）还是消极情感（监督数据为0）的概率，因此该体系结构给出的模型是一个二元分类的模型。

下面来看 simple_rnn.py 中给出的模型构建实现的描述，见清单3.7。

清单3.7 RNN 的应用示例（simple_rnn.py）

```
# 模型的构建
def build_rnn_model():
    model = Sequential()
    model.add(
        Embedding(vocab_size, 2, input_length=max_length, ➡
                  mask_zero=True))
    model.add(SimpleRNN(3, activation='sigmoid'))
    model.add(Dense(1, activation='sigmoid'))
    model.compile(
        optimizer='adam', loss='binary_crossentropy', ➡
        metrics=['acc'])

    print(model.summary())
    return model
```

在 RNN 神经网络的第一层中，通过 add 方法进行嵌入层的添加。在嵌入层中，该层内部所具有的嵌入矩阵通过一系列时间序列数据的输入来进行学习。通过 mask zero 的添加，可以将填充数据设置为不包含在损失函数中（关于填充的概念，请参见"备忘 3.3"）。

第二层的 SimpleRNN 指的是 RNN 中最简单的架构，并且与图 3.27 所示的结构相同（关于 RNN 术语的含义请参见"注意 3.1"）。另外，在图 3.27 中，从左侧输入的状态参数 h_0 实际上是在 Keras 应用的情况下的一个具体实现，该状态参数实际上是 SimpleRNN recurrent reglularizer 的参数默认值。

然后，在 RNN 的最后的输出处通过 Dense 层的添加，使得网络成为一个最后输出为 1 或 0 值的架构。

📝 **备忘 3.3**

数据填充

RNN 中的数据填充是指在时间序列数据中进行一个或多个被称为 token 的 <PAD> 标记的插入，如图 3.27 所示。由于文本通常是具有可变长度的，但模型一般却具有固定的长度，所以需要通过一个或者多个不计算到损失函数的 token 的插入来实现 RNN 的学习和训练。

通过 mask_zero 的添加，模型的嵌入矩阵将不对索引为 0（即 <PAD> 对应的向量）进行学习和训练，这样就不会对损失函数产生影响。

ⓘ **注意 3.1**

术语 RNN 的应用

对于 RNN 这一术语的使用通常具有两种不同的实际意义，有必要根据上下文来加以判断。

1）表示如图 3.27 所示的 RNN。
2）一个抽象概念，不仅包括如图 3.27 所示的 RNN，还包括 LSTM、GRU 等。

在 Keras 中，为了区分以上两种情况，通常在第一种情况下，以 SimpleRNN 来对 RNN 进行命名。在本书中，对于 RNN 和 SimpleRNN 不做特别的区分。

如清单 3.8 所示，可以清楚地看到一个 RNN 神经网络中的模型构建。通过这个示例，可以发现 RNN 和 MLP、CNN 一样，也可以轻松地实现模型的构建。然而，对于一个稍微复杂一些的 RNN 神经网络，由于在 Keras 中难以实现复杂 RNN 模型的构建，所以通常需要同时结合 TensorFlow 的低层次 API 来进行构建和实现。

清单 3.8 模型的摘要信息（simple_rnn.py）

```
Layer (type)              Output Shape          Param #
=================================================================
embedding (Embedding)     (None, 4, 2)          20
_____
```

```
simple_rnn (SimpleRNN)          (None, 3)            18

dense (Dense)                   (None, 1)            4
=================================================================
Total params: 42
Trainable params: 42
Non-trainable params: 0
```

另外，到目前为止所介绍的简单 RNN 都有无法记忆时间序列数据中长时期依赖关系的问题，并且长时期时间序列数据的难以处理也是众所周知的。

3.3.2 什么是LSTM

为了学习包含以往 RNN 中比较难以处理的时间序列内的长期依赖关系，LSTM 是为此而设计的一种体系结构。与具有简单结构的 RNN 不同，LSTM 不仅保持了中间状态 h_{t-1}，还增设了一个用于信息长期记忆的存储单元 c_{t-1}，并将二者均作为下一个单元的输入。在许多任务中，LSTM 的结果比结构简单的 RNN 更好，如图 3.28 所示。

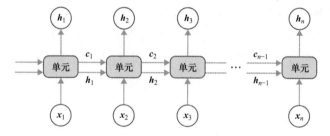

图3.28 LSTM的展开示意图

与此前的 RNN 相比，LSTM 的计算变得复杂了很多。与此前 RNN 的表示方法类似，下面来看一下 LSTM 的简化表示，如图 3.29 所示。

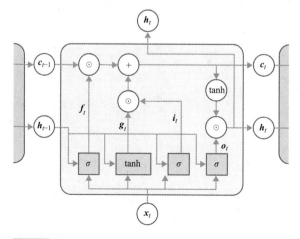

图3.29 LSTM的展开示意图

在图 3.29 中，灰蓝色的圆角矩形区域内，将进行与权重矩阵相关的计算，见式（3.6）～式（3.9）。

$$f_t = \sigma(W^f x_t + R^f h_{t-1}) \tag{3.6}$$

$$g_t = \tanh(W^g x_t + R^g h_{t-1}) \tag{3.7}$$

$$i_t = \sigma(W^i x_t + R^i h_{t-1}) \tag{3.8}$$

$$o_t = \sigma(W^o x_t + R^o h_{t-1}) \tag{3.9}$$

其中，作为中间层输出的 c_t 和 h_t 的计算见式（3.10）和式（3.11）。

$$c_t = f_t \odot c_{t-1} + g \odot i \tag{3.10}$$

$$h_t = o_t \odot \tanh(c_t) \tag{3.11}$$

需要注意的是，在上述公式中均对偏置项进行了省略，所以在式（3.6）～式（3.9）所示的各个公式中，实际上还需要在函数参数中分别添加 b_f、b_g、b_i、b_o 的项。

由此可以看出，LSTM 神经元的计算还是比较复杂的。好在虽然这些计算公式有点复杂，但是 LSTM 在 Kersa 也可以简单实现。如清单 3.9 所示，本节所介绍的 LSTM 的代码即为 simple_lstm.py。

清单3.9 LSTM 的应用示例（simple_lstm.py）

```
# 模型的构建
def build_lstm_model():
    model = Sequential()
    model.add(
        Embedding(vocab_size, 2, input_length=max_length, ➡
                  mask_zero=True))
    model.add(LSTM(3, activation='sigmoid'))
    model.add(Dense(1, activation='sigmoid'))
    model.compile(
        optimizer='adam', loss='binary_crossentropy', ➡
        metrics=['acc'])

    print(model.summary())
    return model
```

由此可以看出，在模型的构建中，只是用 LSTM 代替了此前模型构建中的 SimpleRNN。同样地，模型的摘要见清单 3.10。

清单 3.10 模型摘要（simple_lstm.py）

```
Layer (type)                    Output Shape              Param #
=================================================================
embedding (Embedding)           (None, 4, 2)              20

lstm (LSTM)                     (None, 3)                 72

dense (Dense)                   (None, 1)                 4
=================================================================
Total params: 96
Trainable params: 96
Non-trainable params: 0
```

通过上述模型摘要可以看出，LSTM 模型参数较之前的 SimpleRNN 有大幅增加。除此之外，如果实际进行模型的训练，则会发现 LSTM 模型训练所需的时间比 SimpleRNN 的模型要长。

如清单 3.9 LSTM 的应用示例（simple_lstm.py）所示，通过简单地改变模型单元的内容，即可以实现模型的改变。一般来说，使用 SimpleRNN、LSTM、GRU 三种类型 RNN 的情况较多。在 Keras 中，默认情况下每个单元都有一层实现的单元，也可以自定义单元内容来使用。

除此之外，虽然有点特殊，但是在进行自然语言处理时，为了提高模型的准确率，有时会将从左开始顺序插入 tokens 标记的结果和从右开始插入 tokens 标记的结果进行组合，以构建 RNN 模型。这种模型被称为双向模型，这种双向模型也可以通过使用 Keras 的 Bidirectional 双向包装器类来轻松地进行 SimpleRNN、LSTM 等的实现。

> **专栏 3.2**
> **关于 RNN 的学习**
>
> 本章开头提到的 Define-and-Run 和 Define-by-Run 与 RNN 的实施方式和学习结果也有很大关系。例如，因为 Define-and-Run 设想的是固定长度的模型，因此有必要通过 Padding 方法的填充，将可变长度的时间序列强制转换为固定长度的序列。因此，如果在实施学习的过程中不忽略时间序列中的 Padding 部分，那么学习的结果就不能和 Define-by-Run 的结果相同。另外，Define-by-Run 在输入长篇文本时，始终会进行状态（State）的继承，但在 Define-and-Run 的固定长度序列的模型下，长篇文本输入时需要不断将模型的状态重置到模型的初始状态中，否则学习的结果也会有所不同。

3.3.3 RNN 的应用

前文已经对 RNN 进行了一些研究，并获得了一些初步认识，这是一种应用于时间序列数据的有用架构。和 CNN 一样，RNN 也是进行时间序列数据特征的提取，并将其用于各种应用。

本小节将专门从时间序列数据特征提取和数据生成两个方面重点讨论 RNN 的应用示例。

1. 对话生成

Seq2Seq 的模型是进行对话生成的基本模型，该模型通过众多应答的会话语句对的学习，让模型学会对话，并以从问话中生成应答为目的。特别是 2015 年的 "A Neural Conversational Model"[一] 吸引了人们的注意，因为该模型表明可以通过电影字幕数据和 IT 服务台交换数据的使用来生成自然的对话语句，这一点备受瞩目。

"A Neural Conversational Model" 即为一个所谓的编码器 / 解码器型的 RNN。其中，编码器部分（上下文 Context 输入的地方）进行语句特征的提取，解码器部分（应答语句 Reply 输入的地方）给出对 Context 输入的响应，两个部分共同构成了一个语句的生成模型，如图 3.30 所示。

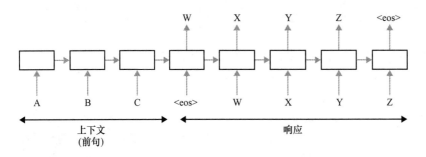

图3.30 A Neural Conversational Model

2. 机器翻译

机器翻译的历史悠久，早在 20 世纪 50 年代第一次 AI 热潮时就已经成为一个备受关注的热门研究领域。当时，这是一种基于规则的方法，但是在采用统计方法之后，现在正在进行的是基于深度学习的机器翻译方法。

在 2016 年 11 月进行的 Google 翻译的更新中，极大地提高了英日翻译的准确性，并成为热门话题。据说在这个更新中，翻译算法被使用了深度学习的方法（Google Neural Machine Translation，GNMT）所替换，如图 3.31 所示。虽然 GNMT 提出了各种不同的想法，做了各种不同的努力和改进，但其基本的模型结构仍然与编码器 / 解码器模型相同，是一个与交互式对话语句生成模型具有相同结构的模型。

3. 文本生成

文本生成模型的表现形式与对话生成模型有些不同，但是其基本模型是一个仅使用解码器部分进行文本生成的模型。文本生成模型已经作为一个重要的组件用于各种应用任务，成为各种应用程序的重要组成部分。例如，可以将文本生成模型作为上述机器翻译和对话生成模型中的解码器部分，也可以如图 3.32 所示，将文本生成模型应用于图像描述，通过输入图像来生成相应的解释性文本。

⊖　Oriol Vinyals, Quoc Le. *A Neural Conversational Model*. ICML Deep Learning Workshop 2015.

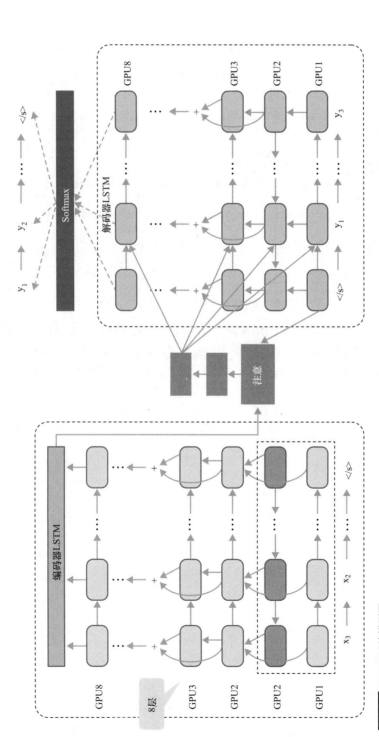

图3.31 GNMT 系统模型图

图 3.32 从图像生成特定对象描述的示例

另外，作为单独的文本生成应用程序，有诸如小说的文本生成和诗词的文本生成等功能，如图 3.33 所示。事实上，利用文本生成技术，由人工智能进行创作的"异想天开的人工智能计划——我是作家"项目正在进行中。该项目旨在通过对星志慎一作品的分析，利用文本生成技术进行相应文本的人工智能创建。在本书的 7.1 节中，还将使用一种被称为 SeqGAN 的技术来进行文本的生成。

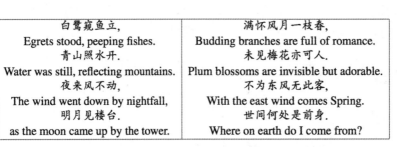

图 3.33 基于 RNN 的中国诗词生成程序所生成的诗词示例

除了以上介绍的应用以外，RNN 神经网络还可以考虑其他的应用方法，特别是与强化学习相结合，会派生出很多有趣的应用领域。本书还将介绍 SeqGAN 的文本生成（7.1 节）、使用 ActorCritic 的巡回推销员问题探索（6.2 节），以及通过 ENAS 进行神经网络结构的搜索（7.2 节）。

深度学习的特征提取

4 深度强化学习的实现

如第 3 章所述,近年来,深度神经网络在各种任务(例如图像识别和自然语言处理)中取得了出色的表现,并且将这种深度神经网络应用于强化学习所构成的框架称为深度强化学习。

强化学习实施的主要问题是如何进行策略价值函数和行动价值函数的表达和估计。例如,如果学习的结构具有与每个状态或行动相对应的值,则随着行动或状态维数的增加,两者可能的组合数量将变得巨大,因此无法在有限的计算时间内解决。

深度强化学习认识到,通过使用深度神经网络(Deep Neural Network, DNN)对这些策略和行动价值函数进行近似,可以有效地保存和更新策略和行动价值函数参数。

第 4 章首先在 4.1 节中将简要介绍深度强化学习的发展背景。第 4.2 节将介绍深度 Q 网络(Deep Q Network, DQN),该网络是基于价值基本方法的深度学习的实现(具有 DNN 近似的行动价值函数)。第 4.3 节将介绍 Actor-Critic 模型,并将其作为基于策略的方法(带有 DNN 的策略近似)。

4.1 深度强化学习的发展

本节将介绍深度强化学习的起源和发展。深度强化学习自出现以来，一直备受人们的关注。另外，本节还将介绍模拟器的作用，这是强化学习中必不可少的元素，并以最常用的模拟器之一——OpenAI Gym 为例介绍如何进行模拟器的使用。

4.1.1 DQN 的出现

DQN 是 DeepMind 公司于 2015 年开发出来的一种算法，通过该算法在 Atari2600 游戏操作中的应用，使得大多数的游戏成绩都超越了以往的玩法，并且在一半以上的游戏中发挥了与人类职业玩家同等或者以上的表现，这也一度成为当时的热门话题。Atari2600 是 Atari 公司于 1977 年在美国开发的一款电视游戏机，录制有诸如 "Space Invader" 和 "Pac-man" 等著名游戏，并且这两款游戏也被用作强化学习算法研究的基准。Atari2600 游戏的画面如图 4.1 所示。

深度学习和强化学习相结合的想法已经存在了很长时间，但却无法稳定地进行学习。DQN 通过使用各种技巧来克服这个问题，最终使得学习得以稳定进行，这也是率先实现了深度学习和强化学习相结合的稳定学习。

图4.1 Atari2600 的游戏画面

摘自 *Playing Atari with Deep Reinforcement Learning*（Volodymyr Mnih、Koray Kavukcuoglu、David Silver、Alex Graves、Ioannis Antonoglou、Daan Wierstra、Martin Riedmiller）.

4.1.2 用于强化学习的模拟器

本节介绍如何使用用于强化学习的模拟器（OpenAI Gym）（https://github.com/openai/gym）的环境进行 DQN 的实现。对于想进一步了解 Q 学习的读者，请参见 2.4.2 节的内容。

OpenAI Gym 是一个开源的物理模拟器，通常用于强化学习的开发。这些模拟器提供了可以通过强化学习算法解决的问题和环境，对于评估各种强化学习算法的性能也非常有用。

另外，在 OpenAI Gym 中，从环境中获取信息的方法是统一的，因此便于使用人员的应用和信息处理，同时也正是基于这个原因，使得该模拟器得到了广泛的应用。

在此，以 OpenAI Gym 提供的环境之一 Pendulum v0（https://github.com/openai/gym/wiki/Pendulum-v0）为例，简要介绍如何进行 OpenAI Gym 的应用。Pendulum v0 是一种倒立摆的模拟器，具有一个被称为摆锤的杆固定在其中，控制的任务是要使摆锤向上立起，如图 4.2 所示。

深度强化学习的实现

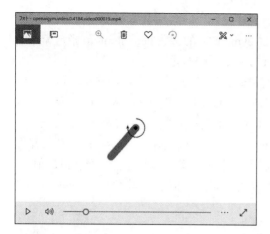

图4.2 Pendulum v0

首先，需要通过代码单元进行 OpenAI Gym 的安装，以便通过 Python 运行 OpenAI Gym。通常情况下都需要进行这样的安装步骤，需要说明的是，在如附录中介绍的 Colaboratory 环境和 Docker 环境中已经安装了 OpenAI Gym，因此可以不需要执行这样的安装代码单元。

[代码单元]

```
!pip install gym
```

在完成上述的 OpenAI Gym 安装过程后，即可以运行清单 4.1 中的 Python 代码，以使模拟器正常运行。

清单4.1 运行模拟器的指令

[In]

```
import gym
env = gym.make('Pendulum-v0')
env.reset()
for i in range(3):
    action = env.action_space.sample()
    state, reward, done, info = env.step(action)
    print("action:{}, state:{}, reward:{}".format(➡
action, state, reward))
```

[Out]

```
action:[0.19525401], state:[0.35557368 0.93464826 ➡
1.50488233], reward:-1.344980743627797
action:[0.86075747], state:[0.2442815  0.96970436 ➡
2.33498215], reward:-1.684705322164583
action:[0.4110535], state:[0.09045893 0.99590019 ➡
3.12391844], reward:-2.298405865251521
```

创建一个环境实例 env，在该环境实例 env 的创建过程中，通过 gym.make 的参数选择要运行的模拟器。在这里，env 是一个对象，并且通过 gym.make 的参数 Pendulum-v0 指定为相应的模拟器。该环境实例在使用前必须通过 env.reset 方法进行初始化。

环境的主要作用是为智能体选择的行动提供报酬的反馈以及下一个环境状态的返回，而实现这些功能所对应的方法即为 env.step。通过将适当的行动传递给 env.step，env.step 会返回相应的 state（下一个状态）、reward（报酬）以及 done（是否满足结束条件）的相关信息。

在清单 4.1 所示的示例代码中，通过 env.action_space.sample 来选择一个合适的行动，并将其传递给 env.step。只要是在环境所对应的范围内，所选择的行动可以是任何一个任意的值。

env.step 根据环境状态的不同，反馈的行动、状态、报酬的值也不同，关于 Pendulum v0 相关的设定值的说明见表 4.1。

表4.1 OpenAI Gym Pendulum v0 中设定值的说明

设定值	说明	设定值的维度、范围
状态	摆角和角速度	三维的值
行动	作用于摆的作用力	[−2, 2]
报酬	根据摆的状态和行动同时进行计算	[−16.2736, 0]
终止条件	是否达到最大步数	真或假

由于 Pendulum v0 的任务是要进行倒立摆 Pendulum 的直立，因此将 Pendulum v0 设计为摆的尖端越高，报酬就越高的状态。更多的相关详细信息可以在 OpenAI Gym github 上查找。

📝 **备忘 4.1**

关于模拟器的渲染

在诸如 Open AI Gym 之类的物理模拟器中，通常都具有通过计算机图形将模拟的执行结果可视化为视频的功能，此功能称为渲染。在本书介绍的模拟器 Open AI Gym 和 pybullet-gym 中，执行结果可以通过方法 env.render（）来进行渲染视频的呈现。

但是，由于本书推荐的环境，即 Docker 和 Colaboratory 没有用于 GUI 绘制的窗口，因此无法直接查看 env.render（）的执行结果。因此，在本书的第 4 章和第 5 章中，使用命令 xvfb-run 在虚拟显示器上进行渲染视频的绘制，并将绘制的结果输出到一个 mp4 格式的视频文件。

在执行预测控制的 predict.py 中，存在一个将执行结果输出到视频文件的过程。因此，可以如以下代码单元所示，通过执行相应的命令将在虚拟窗口中绘制的结果输出到视频文件。

[代码单元]

```
!xvfb-run -s "-screen 0 1280x720x24" python3 ➡
predict.py {weight_path}
```

4.2 行动价值函数的网络表示

本节将介绍DQN，即深度Q网络，这是一种最早获得成功的深度强化学习算法。在DQN算法中，为了在深度神经网络中实现行动价值函数的近似表示，提出了各种不同的想法，在此将介绍其中具有代表性的想法。另外，在本书的后半部分将实际使用模拟器进行DQN算法的学习和训练，并对实际实现进行详细介绍。

4.2.1 DQN算法

DQN算法是一种基于2.4.2节中所述的Q学习，将深度神经网络应用于行动价值函数的算法。

在最简单的Q学习中，将某一状态的价值以一个个表格的形式（状态价值表）保存下来，以此来表示行动价值函数。在DQN的深度Q学习中，通过深度神经网络对状态价值表的替代，所得到的改进是深度神经网络不仅可以处理连续值的状态，并且可以将图像和文本数据等直接作为状态输入来处理。

从程序处理的观点来看，图像和文本数据仅是一系列数字和符号的罗列，因此无法就其本身直接进行解释。但是，深度神经网络却擅长从难以直接解释的数据中进行特征和含义的提取，这一点在图像识别和自然语言处理中均有出色的表现。深度神经网络的这一特点在深度强化学习中也同样非常有效。目前，通过状态价值函数的深度神经网络表示，可以将从现实世界中获得的信息以几乎原样的形式直接给出，以作为算法的输入。

在DQN中，强化学习的行动价值函数是通过一个深度神经网络来近似的，但是如果只是简单地对其加以应用，那么由于各种问题，学习也将变得不稳定，并且网络参数也不会收敛。

在DQN算法中，针对这些问题考虑了几种方法，下面将就其中最基本的方法加以介绍。

$$\delta_{t+1} = R_{t+1} + \gamma \max_a Q_t(S_{t+1}, a) - Q_t(S_t, A_t)$$

$$Q_{t+1}(s, a) = Q_t(s, a) + \alpha \delta_{t+1} \mathbf{1}(S_t = s, A_t = a)$$

如式（2.30）和式（2.31）所示，在DQN中，为了更好地进行行动价值函数的近似，已经做了很多的努力，在此从以下几个方面介绍其基本内容。

1. DQN 的网络结构

在DQN中，通过深度神经网络进行行动价值函数的近似，首先存在的一个问题是究竟通过哪种类型的神经网络来对行动价值函数进行近似。如果简单考虑，则可以以行动价值函数的自变量以及函数的返回值分别作为神经网络的输入、输出，即可构建一个行动价值函数的神经网络，该网络以行动和状态的组合 (s, a) 作为输入，以行动价值 $Q_t(s, a)$ 作为输出。

但是在Q学习中，由于在进行Q函数的更新时，TD误差的计算需要求取 $\max\limits_{a \in A(s)} Q_t(s, a)$，所以需要对作为选择项的所有行动$a \in \mathcal{A}(s)$进行$Q_t(s, a)$的计算。如果采用上述提到的简单神经网络结构，则计算所需要的神经网络的数量与可供选择的行动数量相同，如图4.3所示。

　　与此相对的是，DQN的神经网络也可以采取如图4.4所示的结构，该结构与图4.3所示的不同之处在于，仅将状态作为网络的输入和输出与各个行动$a \in \mathcal{A}(s)$对应的所有行动价值$Q_t(s, a)$，从而能够一次性输出对于一个状态s所需的行动价值，人们也正在为此努力。

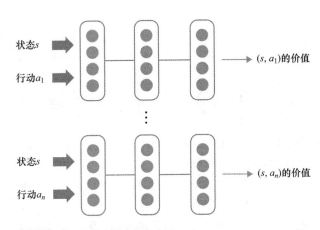

图4.3 Q函数的直接神经网络表示

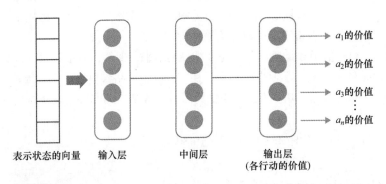

图4.4 DQN的网络结构

2. experience replay

　　experience replay（经验回放）是一种解决用于参数更新经验（观测到的状态、行动、报酬时间序列）相关性的方法。

　　因为智能体在状态转换的同时会获得一个状态、行动、报酬的时间序列，并且在各个状态之间这个时间序列具有很强的相关性。如果直接使用这个时间序列来进行学习，就会使得参数的更新偏向最新的时间序列，同时对过去的时间序列的估计就会变差，学习也会容易发生波动和分散。

　　为了避免这种情况的出现，可以预先将智能体观测到的状态、行动、报酬、下一个状态

的时间序列 $\{s,a,r,s'\}$ 进行存储，并在 Q 函数的更新过程中使用在所存储的时间序列 $\{s,a,r,s'\}$ 中采样得到的时间序列。通过这种方法，不仅可以多次利用同一个经验数据，还可以降低用于学习的时间序列之间的相关系数，这样不仅能够提高采样的效率，也使得学习更容易收敛。

在此需要注意的是，该方法只能与策略 OFF 型算法一起使用，在这种类型的算法中，当前策略不必收集用于参数更新的经验。

3. reward clipping

reward clipping 即报酬裁剪。在 Q 学习中，某个状态下的行动价值取决于所获得的报酬值，因此报酬本身的价值对行动价值函数的估计有着很大的影响。如果某个状态下的报酬值太大，则可能会高估偶然获得高报酬的行动，从而导致收敛会变得缓慢。

为了避免这种情况的发生，可以将成功的报酬值限定为 1，将失败的报酬值限定为 −1，其他情况的报酬值限定为 0。通常将这种方法称为 reward clipping，并且已知其具有稳定学习的作用。

4. double network

在 Q 学习中，行动价值函数的目标值是由 $\max\limits_{a\in A(s)}Q_t(s,a)$ 给出的，而不是由最佳行动价值函数 $q^*(s,a)$ 给出的，所以参数的更新容易受到由 $Q_t(s,a)$ 的近似带来的方向上误差的影响。因此，也容易出现目标值被估计的更高的情况，由此带来的结果是智能体的行动被过高评价的情况也会变多，从而给参数更新带来了不利的影响。

为了减少这种情况所产生的不利影响，在 TD 误差的计算中，可以将用于行动选择的神经网络和用于行动价值函数计算的目标值神经网络进行分离，分别采用相互独立的神经网络来完成不同的任务。这种分离神经网络的方法即为 Double DQN，如图 4.5 所示。其中，将用于行动选择的网络称为主网络，将用于目标值计算的网络称为目标网络。

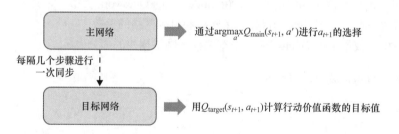

图 4.5 Double DQN 的示意图

在计算参数更新所需的 TD 误差时，$\max\limits_{a}Q_t(s_{t+1},a)$ 的计算与下式的下一时间点的行动选择不是在同一个网络中进行的，下一时间点的行动选择在主网络中进行。

$$a_{t+1} = \arg\max_{a'} Q_{\text{main}}\left(s_{t+1},a'\right)$$

所选行动相对应的行动价值函数的目标值则由目标网络来计算，如下：

$$\text{target} = R_{t+1} + \gamma Q_{\text{target}}\left(s_{t+1},a_{t+1}\right)$$

每个步骤中均需要根据 TD 误差进行的参数更新只在主网络进行，而目标网络每隔几个步骤与主网络的参数进行一次同步，在除此之外的步骤中，主网络的参数都是固定不变的。

4.2.2 DQN算法的实现

现在来实际进行 OpenAI Gym Pendulum-v0 的 Double DQN 算法的实现，并介绍其具体的实现内容。

图 4.6 所示为实现 Double DQN 算法所使用的环境配置。其中最重要两个文件是 train.py 和 model.py。

```
4-2_dqn_pendulum
    ├── agent
    │   ├── model.py      #  Q函数的神经网络实现
    │   └── policy.py     #  ε-greedy法策略的实现
    ├── train.py      #  执行智能体的强化学习
    ├── predict.py    #  使用已学习的策略执行predict
    ├── util.py       #  定义学习时使用的函数等
    └── result        #  运行结果的输出
```

图4.6 Python 代码的组成

用于行动价值函数 $Q(s, a)$ 表示的神经网络在 model.py 中实现，该网络的训练学习在 train.py 中进行。另外，在 train.py 中，根据需要会使用 agent 和 util.py 中所包含的一些函数。

1. 网络的创建

在此，首先进行 Double DQN 算法主网络的介绍。在 model.py 的 Qnetwork 类中，定义了进行行动价值函数近似所需要的模型，其中分别保存了主网络和目标网络的参数。

在清单 4.2 所示的代码中，仅给出了 Qnetwork 类中有关神经网络创建的部分内容。

清单4.2 Qnetwork 类中有关神经网络创建的部分内容（model.py）

```python
class Qnetwork:

    def __init__(self,
                 dim_state,
                 actions_list,
                 gamma=0.99,
                 lr=1e-3,
                 double_mode=True):
        self.dim_state = dim_state
        self.actions_list = actions_list
        self.action_len = len(actions_list)
        self.optimizer = Adam(lr=lr)
        self.gamma = gamma
```

```
        self.double_mode = double_mode

        self.main_network = self.build_graph()
        self.target_network = self.build_graph()
        self.trainable_network = \
            self.build_trainable_graph(self.main_network)

    def build_graph(self):
        nb_dense_1 = self.dim_state * 10
        nb_dense_3 = self.action_len * 10
        nb_dense_2 = int(
            np.sqrt(self.action_len * 10 *
                    self.dim_state * 10))

        l_input = Input(shape=(self.dim_state,),
                        name='input_state')
        l_dense_1 = Dense(nb_dense_1,
                          activation='relu',
                          name='hidden_1')(l_input)
        l_dense_2 = Dense(nb_dense_2,
                          activation='relu',
                          name='hidden_2')(l_dense_1)
        l_dense_3 = Dense(nb_dense_3,
                          activation='relu',
                          name='hidden_3')(l_dense_2)
        l_output = Dense(self.action_len,
                         activation='linear',
                         name='output')(l_dense_3)

        model = Model(inputs=[l_input],
                      outputs=[l_output])
        model.summary()
        model.compile(optimizer=self.optimizer,
                      loss='mse')
        return model

    def build_trainable_graph(self, network):
        action_mask_input = Input(
            shape=(self.action_len,), name='a_mask_inp')
        q_values = network.output
        q_values_taken_action = Dot(
            axes=-1,
            name='qs_a')([q_values, action_mask_input])
        trainable_network = Model(
            inputs=[network.input, action_mask_input],
            outputs=q_values_taken_action)
```

```
        trainable_network.compile(
            optimizer=self.optimizer,
            loss='mse',
            metrics=['mae'])
        return trainable_network
```

两个网络均内置在 _init_ 函数中，每个网络的中间层也都由全连接的神经网络层（Dense）构成。

在以上这两个神经网络中，都以状态 state 作为神经网络输入，输出对应于所有可能行动 action 选择的所有 Q 值。除此之外，主网络还将状态和行动作为神经网络输入进行参数的更新，并且在输出一个 Q 值的同时还以输出的形式创建一个 trainable_network。

2. 基于 Double DQN 的学习

基于 Double DQN 的学习主要内容将在 train.py 中实现，由于在这里进行详细的介绍有点复杂，因此为了能够进行简明地介绍，将 train.py 的处理内容以伪代码的形式摘录在清单 4.3 中。

清单4.3 train.py 的伪代码

```
# 参数设定
actions_list = [-1, 1]  # 行动 (action) 的取值范围
gamma = 0.99  # 折损率
epsilon = 0.1  # ε-greedy法的参数
memory_size = 10000
```

```
batch_size = 32
# 实例的准备
env = gym.make('Pendulum-v0')
q_network = Qnetwork(dim_state,
                     actions_list,
                     gamma=gamma)  # Double Network
policy = EpsilonGreedyPolicy(
    q_network, epsilon=epsilon)  # ε-greedy法策略
memory = []  # experience replay用存储器
for episode in range(300):
    state = env.reset()
    for step in range(200):
        # 基于策略的行动选择
        action, epsilon, q_values = policy.get_action(
            state, actions_list)
        # 从环境中取得下一个状态和报酬
        next_state, reward, done, info = env.step(
            [action])
```

深度强化学习的实现

```
        # reward clipping
        if reward < -1:
            c_reward = -1
        else:
            c_reward = 1
# 经验回放
memory.append(
    (state, action, c_reward, next_state, done))
exps = random.sample(memory, batch_size)
# 主网络的参数更新
loss, td_error = q_network.update_on_batch(exps)
# 向目标网络的部分权重同步
q_network.sync_target_network(soft=0.01)
state = next_state
```

主循环中的处理流程如下：

1）行动的选择；
2）从环境获取状态和报酬；
3）将经验保存在存储器中并进行经验的采样；
4）根据经验进行神经网络参数的更新。

以上主循环处理流程中的所有处理即为 Double DQN 学习的一个步（step），Double DQN 的学习重复进行该 step 的处理，直到满足终止条件或达到最大步数为止。此外，学习的一个剧集（Episode）是从第一个 step 开始到满足终止条件或最大步数为止的所有 step 的集合，并且每个 Episode 结束时都会进行网络状态的重置。

下面将对一个 step 内，循环 1～4 的处理逐一进行介绍。

（1）处理 1　行动的选择。行动选择是通过 ε-greedy 法策略进行的，并在作为策略方法的 get_action 函数中实现，见清单 4.4。ε-greedy 法策略以 ε = 0.1 的比例进行随机行动的选择。除此之外，ε-greedy 法策略的行动选择是通过表示行动价值函数的网络来进行的，ε-greedy 法策略将根据该网络所给出的行动价值函数，从中选择能够使得 Q 值最大的行动。

清单4.4 基于 ε-greedy 法策略的行动选择（policy.py）

```
def get_action(self, state, actions_list):
    is_random_action = (np.random.uniform() <
                        self.epsilon)
    if is_random_action:
        q_values = None
        action = np.random.choice(actions_list)
    else:
        state = np.reshape(state, (1, len(state)))
        q_values = self.q_network.main_network.predict_➡
```

```
on_batch(
            state)[0]
        action = actions_list[np.argmax(q_values)]
    return action, self.epsilon, q_values
```

（2）**处理2 状态和报酬的获取**。基于处理1所选择的行动，处理2从环境中进行"下一个状态"和"报酬"的获取。在具体实现中，对所获取的报酬进行reward clipping，即报酬裁剪。作为学习环境，Pendulum v0所给出的报酬范围为 [−16.2736044, 0]，因此将报酬值在 −1 以上的情况视为成功，将小于 −1 的情况视为失败，以此来进行报酬值的裁剪和修正。

（3）**处理3 经验在存储器中的保存**。处理3将处理2所取得的经验保存在存储器的经验列表中，以列表的形式实现经验在存储缓冲区中的存储。然后，以随机的方式从存储缓冲器中进行经验的抽取，从而消除经验之间的相关性。在实际实现中，为了有效地进行网络的学习，只对指定大小批量的经验进行采样并用于网络的更新。

这里存在的一个问题是，在 step 循环刚开始，步数还不算太小的情况下，由于经验还没有在存储缓冲区中得到充分存储，所以只能采样到相同的经验。为了避免这种情况的出现，在执行主循环之前，通常会预先进行一个 warm up 的处理，以便在存储缓冲区中进行经验的积累。warm up 处理的实现代码见清单 4.5。

清单4.5 warm up 的实现（train.py）

```
while True:
    step += 1
    total_step += 1

    action = random.choice(actions_list)
    epsilon, q_values = 1.0, None

    # 如果未设置为array, 则会发生IndexError
    next_state, reward, done, info = env.step(
        [action])

    # 报酬裁剪
    if reward < -1:
        c_reward = -1
    else:
        c_reward = 1
    memory.append(
        (state, action, c_reward, next_state, done))
    state = next_state

    if step > max_step:
        state = env.reset()
        step = 0
    if total_step > n_warmup_steps:
```

深度强化学习的实现

```
        break
memory = memory[-memory_size:]
```

　　如清单 4.5 所示，warm up 处理通过随机的行动进行经验的生成，并将其输入到内存缓冲区中。重复进行该操作，直到内存缓冲区装满为止。

　　（4）处理 4　基于经验的网络更新。处理 4 从存储缓冲器中对处理 3 所得到的经验列表进行随机采样，并以采样所得到的经验 $\{s,a,r,s'\}$ 为基础，进行行动价值函数目标值 y 的计算，同时进行网络参数的更新。因为在实现中采用了 Double DQN 网络结构，所以网络更新将按照如下所示的顺序进行：

"计算行动价值函数的目标值"

↓

"主网络的更新"

↓

"将主网络的权重参数部分反映在目标网络中"

　　在 Qnetwork 类的方法 update_on_batch 中进行行动价值函数目标值的计算和主网络参数的更新，见清单 4.6。

清单4.6 网络参数的更新（model.py）

```
def update_on_batch(self, exps):
    (state, action, reward, next_state,
     done) = zip(*exps)
    action_index = [
        self.actions_list.index(a) for a in action
    ]
    action_mask = np.array([
        idx2mask(a, self.action_len)
        for a in action_index
    ])
    state = np.array(state)
    reward = np.array(reward)
    next_state = np.array(next_state)
    done = np.array(done)

    next_target_q_values_batch = \
        self.target_network.predict_on_batch(next_state)
    next_q_values_batch = \
        self.main_network.predict_on_batch(next_state)
    if self.double_mode:
        future_return = [
```
①

```
            next_target_q_values[np.argmax(
                next_q_values)]
            for next_target_q_values, next_q_values
            in zip(next_target_q_values_batch,
                    next_q_values_batch)
        ]
    else:
        future_return = [
            np.max(next_q_values) for next_q_values
            in next_target_q_values_batch
        ]

    y = reward + self.gamma * \
        (1 - done) * future_return                          ❷
    loss, td_error = \
        self.trainable_network.train_on_batch(
        [state, action_mask], np.expand_dims(y, -1))        ❸

    return loss, td_error
```

首先，为了进行行动价值函数目标值的求取，需要进行 $\max_a Q_t(S_{t+1}, a)$ 的近似值计算。在清单 4.6 中，如代码❶所示，预先通过批次所具有的所有可能状态的输入，给出主网络和目标网络的 Q 值列表。然后，通过主网络 Q 值中最大值的索引来进行行动的选择，并在目标网络的 Q 值中，采用与所选索引相对应的 Q 值作为 $\max_a Q_t(S_{t+1}, a)$ 的近似值。

其次，基于 $\max_a Q_t(S_{t+1}, a)$ 的近似值，可以进一步计算得到 future return。如清单 4.6 的代码❷所示，通过 future return、报酬和折损率，可以计算行动价值函数目标值 y。

最后，如清单 4.6 的代码❸所示，self.trainable_network.train_on_batch 函数使用均方误差（MSE）作为损失函数来进行网络参数的更新，以使行动价值函数目标值 y 与 trainable_network 输出之间的差异最小。传递给 self.trainable_network.train_on_batch 函数的 action_mask，是将行动 action 转换成一个 one-hot 编码的向量。其中，只有实际选择的行动 action 所对应的向量元素的值为 1，向量其他元素的值均为 0。主网络输出所有可选行动所对应的行动价值，因此不能将它们直接与行动价值函数的目标值进行比较。在上述实现中，通过在 trainable_network 中取得主网络的输出和 action_mask 的内积，从而只取出与所选行动 action 对应的行动价值，与行动价值函数的目标值进行比较，进而实现网络参数的更新。

其中，train_on_batch 函数返回的是根据网络的预测值和目标值计算出的损失函数 loss 的度量值 metric。由于在网络构建时已经将损失函数设置为平均绝对误差（MAE），因此计算得出的度量值 metric 可以表示如下：

$$\text{metric} = \left| R_{t+1} + \gamma Q_{\text{target}}\left(S_{t+1}, a_{t+1}\right) - Q\left(S_t, A_t\right) \right|$$

由此可以看出，这与 TD 误差是一致的，因此也可以将 metric 指定为 MAE，以此来监视参数更新过程中的 TD 误差。

另外，在主网络更新后，部分权重将通过sync_target_network方法反映在目标网络中，见清单4.7。

清单4.7 向目标网络进行的权重同步（model.py）

```
def sync_target_network(self, soft):
    weights = self.main_network.get_weights()
    target_weights = \
        self.target_network.get_weights()
    for idx, w in enumerate(weights):
        target_weights[idx] *= (1 - soft)
        target_weights[idx] += soft * w
    self.target_network.set_weights(target_weights)
```

在清单4.7中，sync_target_network函数不是将主网络的参数完全反映在目标网络上，而是使用主网络参数和目标网络参数的加权和，以此来实现主网络参数对目标网络参数的更新。

目标网络的参数更新如下，其中，主网络参数的权重系数为soft，目标网络参数的权重系数为1−soft。

$$W_{target} = (1 - soft) W_{target} + soft * W_{main}$$

4.2.3 学习结果

基于4.2.2节中所进行的强化学习的实现，通过OpenAI Gym环境的Pendulum-v0对Double DQN进行了训练学习。为了能够直观地了解和评估倒立摆的行动价值函数是否得到了良好的训练学习，下面将进行以下三个指标的监视：

1）损失函数（loss）；
2）TD错误；
3）平均报酬。

从总体上来说，学习的目标是为了实现获得报酬值的增加。因此可以通过查看训练剧集（Episode）中的平均报酬来了解训练学习所达到的水平。

在此，损失函数表示网络参数更新中计算所得到的目标值与网络估计值之间的均方误差（MSE）。其值越低，表示网络的估计值越接近目标值。TD误差也同样表示目标值和估计值之间的误差，但是由于该误差是采用平均误差（MAE）来计算的，所以即使是在目标值和估计值之间误差较大的情况下，采用MAE计算的误差也不会像MSE那样大。

图4.7所示给出了训练学习过程中这三个指标随着剧集进行的变化曲线。

由这三个指标随剧集变化的曲线图可以看出，在每一个剧集的训练学习中都存在着一定的误差，但是当训练学习进行到90个剧集左右时，报酬值明显变大，可以看出训练学习进行得很好。另外，即使是在报酬值变得很大的情况下，损失函数以及TD误差的值却很少增加，这一点也很难得到解释。因为 Q 值是一个长尾形的分布，所以在倒立摆正好朝向正下方时，无论其向左或向右移动，在哪个方向的行动都将处于一个等效的状态，这种情况下行动的学习将是很困难的。

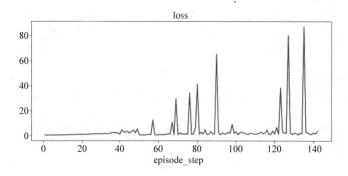

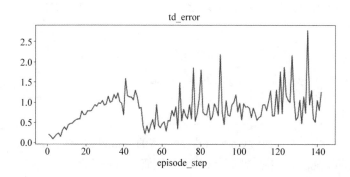

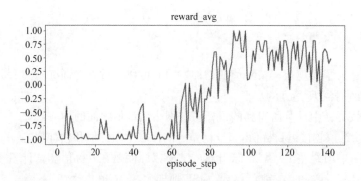

图4.7 Double DQN 控制的倒立摆学习结果

4.3 策略函数的网络表示

本节将介绍第2章的Actor-Critic模型的倒立摆控制，并以此作为基于策略的深度强化学习方法的应用示例。与4.2节的情况相同，环境模型仍然使用OpenAI Gym的Pendulum v0。在基于策略的方法中，可以进行连续变量的控制，并且可以将施加到摆锤上的扭矩直接作为连续变量使用。但在本节中，为了便于与4.2节的内容进行比较，将连续扭矩进行了二值化处理，从而将其视为离散的变量。关于行动空间连续时的控制将在第5章进行详细介绍。

4.3.1 Actor的实现

Actor即为策略概率函数 $\pi(a|s,\theta)$，在此将通过神经网络来加以实现，模型参数 θ 表现为神经网络的权重系数。输入变量是表示倒立摆状态的三维连续变量（表示倒立摆重心的二维坐标+倒立摆的角速度）。神经网络以此三维连续变量作为输入，通过全相连的三个中间层耦合和变换，最终输出一个二值化行动变量的选择概率，如图4.8所示。具体来说，对应于行动变量 $a \in \{-1, 1\}$，神经网络的输出节点通过softmax函数将神经网络的输出 $\xi(s, a; \theta)$ 转换成一个概率值。其中，行动选择的概率计算 $\pi(a|s,\theta)$ 如下：

$$\pi(a|s,\theta) = \frac{\exp\left[\xi(s,a;\theta)\right]}{\sum_{a'} \exp\left[\xi(s,a';\theta)\right]}$$

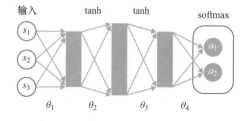

图 4.8 输出策略概率的神经网络

4.3.2 Critic的实现

Critic负责为Actor提供进行策略梯度评价所需的优势函数。因为优势函数是采用TD误差来近似表示的，所以Critic需要进行的即为对状态价值函数 $V_w(s)$ 的建模。此状态价值函数一般由另一个不同于策略函数的神经网络实现。与策略函数的实现一样，这个实现状态价值函数神经网络的输入层得到的输入也是一个三维的连续变量，输出层输出的即为状态价值函数，并且没有取值区域的限制，所以作为输出连续值的单一节点被实现，如图4.9所示。另外需要说明的是，由于状态价值函数和策略函数的输入变量都是状态变量 s，所以在进行状态价值函数和策略函数的神经网络表示中，也有选择共同的输入层和中间层进行实现的情况，如

图 4.10 所示。

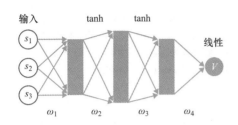

图 4.9 输出价值函数的神经网络

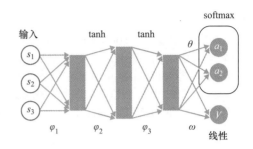

图 4.10 输出策略函数和状态价值函数的神经网络

◆ 4.3.3 示例代码的介绍

首先，介绍示例代码的整体构成。在以 4-3_ac_pendulum 命名的 src 目录中，分别存放了实施强化学习的 train.py 以及根据学习所得到的策略实施摆锤控制的 predict.py，如图 4.11 所示。与智能体相关的功能程序存放在以 agent 命名的子目录下，其中存放了包括 actor.py 和 critic.py 在内的源程序代码。这两个源程序代码分别定义了策略概率函数 $\pi(a|s, \theta)$ 和状态价值函数 $V_w(s)$ 的神经网络表示以及相应的损失函数。

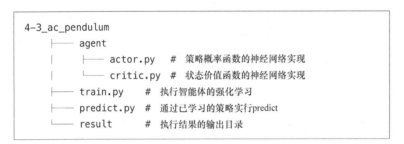

```
4-3_ac_pendulum
    ├── agent
    │       ├── actor.py    #  策略概率函数的神经网络实现
    │       └── critic.py   #  状态价值函数的神经网络实现
    ├── train.py    #  执行智能体的强化学习
    ├── predict.py  #  通过已学习的策略实行predict
    └── result      #  执行结果的输出目录
```

图 4.11 样本代码的整体构成

1. actor.py

如清单 4.8 所示，actor.py 定义了一个包含策略函数的神经网络表示和损失函数计算的神经网络结构。其中，通过 Keras 的应用，函数 _build_network 进行了一个神经网络的定义，该神经网络由一个输入层、由三个 Dense 层构成的中间层，以及通过 softmax 函数实现的全相连的输出层构成。各中间层均选择 tanh 函数作为激活函数，其输出值的取值范围为 −1 ~ 1。因为网络的层数较少，所以不使用小批量和 dropout 等正则化方法。

在函数 _compile_graph 中，对前述函数 _build_network 中所定义的神经网络，将进行神经网络损失函数的定义。该损失函数的定义是按照图 4.12 所示的 TensorFlow 的计算图进行的。该计算图通过占位符 placeholder$^{\ominus}$ 接收状态变量 state，以 1-hot 向量 act_onehot 表示的行动变量

$\ominus$　在 TensorFlow 的计算图中选择接收输入值的变量。

以及优势函数 advantage 作为输入值。接下来，根据神经网络输出的策略概率 act_prob 的对数和 1−hot 向量 act_onehot 进行交叉熵的计算。再以优势 advantage 作为加权因子，将计算所得到的结果乘以优势 advantage，从而作为一个批量平均值进行损失函数 loss 的计算。该计算过程与式（2.39）或式（2.43）所示的损失函数的定义相一致。

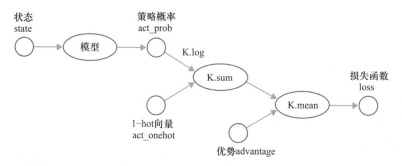

图 4.12 actor 的计算图

函数 predict 根据预测得到的策略概率 act_prob 对行动变量进行采样，并将其作为行动 action 输出。函数 update 根据函数 _compile_graph 中定义的计算图和损失函数，通过误差逆传播法对神经网络的参数进行更新。

清单 4.8 actor.py

```
# Actor 类的定义
class Actor:
    (…略…)
    # 进行Actor表示的神经网络定义的函数
    def _build_network(self):
        num_dense_1 = self.num_states * 10
        num_dense_3 = self.num_actions * 10
        num_dense_2 = int(
            np.sqrt(num_dense_1 * num_dense_3))

        l_input = Input(shape=(self.num_states,),
                        name='input_state')
        l_dense_1 = Dense(num_dense_1,
                          activation='tanh',
                          name='hidden_1')(l_input)
        l_dense_2 = Dense(num_dense_2,
                          activation='tanh',
                          name='hidden_2')(l_dense_1)
        l_dense_3 = Dense(num_dense_3,
                          activation='tanh',
                          name='hidden_3')(l_dense_2)
        l_prob = Dense(self.num_actions,
                       activation='softmax',
                       name='prob')(l_dense_3)
```

```
        model = Model(inputs=[l_input], outputs=[l_prob])
        model.summary()
        return model

    # Actor 计算模型的编译
    def _compile_graph(self, model):
        self.state = tf.placeholder(
            tf.float32, shape=(None, self.num_states))
        self.act_onehot = tf.placeholder(
            tf.float32, shape=(None, self.num_actions))
        self.advantage = tf.placeholder(
            tf.float32, shape=(None, 1))

        self.act_prob = model(self.state)
        self.loss = -K.sum(
            K.log(self.act_prob) * self.act_onehot,
            axis=1) * self.advantage
        self.loss = K.mean(self.loss)

        optimizer = tf.train.RMSPropOptimizer(
            self.leaning_rate)
        self.minimize = optimizer.minimize(self.loss)

    # Actor 采样函数的定义
    def predict(self, sess, state):
        act_prob = np.array(
            sess.run([self.act_prob],
                    {self.state: [state]}))
        action = [
            np.random.choice(self.actions_list,
                            p=prob[0])
            for prob in act_prob
        ]
        return action[0]

    # Actor 更新函数的定义
    def update(self, sess, state, act_onehot, advantage):
        feed_dict = {
            self.state: state,
            self.act_onehot: act_onehot,
            self.advantage: advantage
        }
        _, loss = sess.run([self.minimize, self.loss],
                        feed_dict)
        return loss
```

2. critic.py

critic.py 的代码见清单 4.9，包括了表示状态价值函数的神经网络的定义以及按照计算图进行的损失函数的定义。函数 _build_network 与此前介绍的 actor.py 相同，因此不再做详细介绍。唯一不同的是其输出层是由一个单一节点构成的，其激活函数是线性的。

在函数 _commpile_graph 中，按照如图 4.13 所示的 TensorFlow 计算图，定义了 _build_network 所定义的神经网络的损失函数。Critic 计算图通过占位符 placeholder 接收状态变量 state 和 TD 误差的目标值 target，并将其作为输入值。通过 tf.squared_difference 计算从神经网络输出的状态价值函数 state_value 与目标值 target 之间的均方误差，并使用该函数的计算结果作为批量平均值，以此来进行损失函数 loss 的计算。该计算过程与式（2.38）或式（2.42）所示的损失函数的定义是一致的。

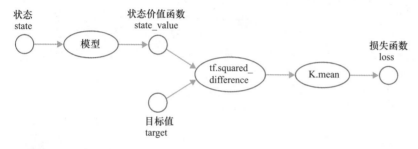

图4.13 critic 的计算图

清单4.9 critic.py

```python
# Critic 类的定义
class Critic:
    (…略…)
    # 进行 Critic 表示的神经网络定义的函数
    def _build_network(self):
        num_dense_1 = self.num_states * 10
        num_dense_3 = 5
        num_dense_2 = int(
            np.sqrt(num_dense_1 * num_dense_3))

        l_input = Input(shape=(self.num_states,),
                        name='input_state')
        l_dense_1 = Dense(num_dense_1,
                          activation='tanh',
                          name='hidden_1')(l_input)
        l_dense_2 = Dense(num_dense_2,
                          activation='tanh',
                          name='hidden_2')(l_dense_1)
        l_dense_3 = Dense(num_dense_3,
                          activation='tanh',
                          name='hidden_3')(l_dense_2)
```

```
        l_vs = Dense(1, activation='linear',
                    name='Vs')(l_dense_3)

        model = Model(inputs=[l_input], outputs=[l_vs])
        model.summary()
        return model

    # Critic计算模型的编译
    def _compile_graph(self, model):
        self.state = tf.placeholder(
            tf.float32, shape=(None, self.num_states))
        self.target = tf.placeholder(tf.float32,
                                     shape=(None, 1))

        self.state_value = model(self.state)
        self.loss = tf.squared_difference(
            self.state_value, self.target)
        self.loss = K.mean(self.loss)

        optimizer = tf.train.AdamOptimizer(
            self.learning_rate)
        self.minimize = optimizer.minimize(self.loss)

    # 基于Critic的预测函数定义
    def predict(self, sess, state):
        return sess.run(self.state_value,
                        {self.state: [state]})

    # Critic更新函数的定义
    def update(self, sess, state, target):
        feed_dict = {
            self.state: state,
            self.target: target
        }
        _, loss = sess.run([self.minimize, self.loss],
                           feed_dict)

        return loss
```

3. train.py

清单 4.10 所示的 train.py 为智能体执行强化学习的代码。在这个代码中，强化学习以前向观测的批量学习来进行。函数 _train 中的 for 语句描述了批量学习中通过重复和循环进行学习和迭代。

在此，批量学习由两个部分组成。前半部分是 while 语句描述的部分，根据策略函数和环境模型对状态、行动、报酬时间序列进行采样。对于每个步骤，将采样结果收集在字典数组，并存储在 step 中。

在后半部分中，从 step 中进行步数的追溯，同时进行 TD 误差的计算。通过标志变量 multi_step_td 来切换 TD 误差的渐进计算公式，从而可以选择两种 TD 误差中的一种。如果 multi_step_td 为真，则 TD 误差为多步 TD 误差；如果 multi_step_td 为假，则 TD 误差为 1 步 TD 误差。

清单 4.10 train.py

```python
# 批量 TD 学习法的执行函数
def _train(sess, env, actor, critic, train_config,
           actions_list):

    (…略…)

    Step = collections.namedtuple(
        "Step", ["state", "act_onehot", "reward"])
    last_100_score = np.zeros(100)

    print('start_batches...')
    for i_batch in range(1, num_batches + 1):
        state = env.reset()
        batch = []
        score = 0
        steps = 0
        while True:
            steps += 1
            action = actor.predict(sess, state)
            act_onehot = to_categorical(
                actions_list.index(action),
                len(actions_list))
            state_new, reward, done, info = \
                env.step([action])

            # reward clipping
            if reward < -1:
                c_reward = -1
            else:
                c_reward = 1

            score += c_reward

            batch.append(
                Step(state=state,
                    act_onehot=act_onehot,
                    reward=c_reward))
```

```
        state = state_new

    if steps >= batch_size:
        break

value_last = critic.predict(sess, state)[0][0]

# 一个批次采样结束后TD误差的计算
targets = []
states = []
act_onehots = []
advantages = []
target = value_last
for t, step in reversed(list(enumerate(batch))):
    current_value = critic.predict(
        sess, step.state)[0][0]

    # 一步或多步之前目标值的计算
    if multi_step_td:
        target = step.reward + gamma * target
    else:
        target = step.reward + gamma * value_last
        value_last = current_value

    # 优势函数的一步TD误差
    # 或多步TD误差计算
    advantage = target - current_value
    targets.append([target])
    advantages.append([advantage])
    states.append(step.state)
    act_onehots.append(step.act_onehot)

# 分别进行Actor和Critic损失函数的计算
loss = actor.update(sess, states,
                    act_onehots,
                    advantages)
loss_v = critic.update(sess, states, targets)

(…略…)
```

🔷 4.3.4　学习结果

　　针对批量大小 $T = 20$，50 两种情况，分别进行了 1 步 TD 误差和多步 TD 误差的学习和预测（控制），并对学习和预测的结果进行了比较。在此，将一个学习批量中经过裁剪的报酬的总和定义为分数。由于分数的波动较大，因此以学习所得分数的平均值来进行分数变化曲线的绘制，其窗口大小是学习批量数量的 0.1 倍，如图 4.14 所示。考虑到学习结果也会因实验的不同而不同，在此给出了三次实验的结果（$T = 20$）。由学习结果可以看出，1 步 TD 学习法（见左图）与多步 TD 学习法（见右图）相比，多步 TD 学习法的得分上升得更快。

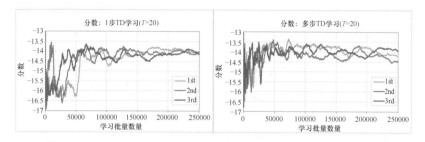

图 4.14 批量学习的分数推移（批量大小 $T = 20$ 的情况）

表 4.2 给出了依据每 50000 个批次学习所保存的学习结果得到的预测控制结果。其中，左侧的表给出的是 1 步 TD 学习法的结果，右侧的表给出的是多步 TD 学习法的结果。上部的表给出的是对每个学习结果以 200 大小的批量进行 10 次预测时所得到的分数平均值，下部的表给出的是 10 次预测后，对倒立控制成功的次数进行汇总的结果，倒立是否成功的判定是通过视频确认的。由此可以看出，当分数平均在 10 以上时，可以确保预测的成功。

表 4.2 根据批量学习结果进行的预测控制（批量大小 $T = 20$ 的情况）

批量	1st	2nd	3rd
50000	−189.8	−170.8	−182.8
100000	−191.6	−154.8	−178.8
150000	−189.8	−87.2	−102.8
200000	−10.2	−80.2	−188.6
250000	−126.4	−170.4	−124.2

批量	1st	2nd	3rd
50000	−166.2	−8	−164
100000	148.4	92.4	−117.8
150000	115.6	114.6	−77.8
200000	104.8	−60.4	−32.2
250000	119	119.4	100.6

批量	1st	2nd	3rd
50000	0	0	0
100000	0	1	0
150000	0	3	3
200000	5	1	0
250000	0	0	2

批量	1st	2nd	3rd
50000	0	6	1
100000	10	9	1
150000	10	10	3
200000	10	1	4
250000	10	10	9

在批量大小为 20 的情况下，如果采用 1 步 TD 误差的学习，则无论批量学习的数量如何，学习后的预测几乎都没有取得成功。但是，在多步 TD 误差学习中，当批量学习的次数超过 10 万次时，经过学习的预测就开始成功了。当批量学习的次数超过 25 万次时，经过学习的预测基本都是成功的。因此，通过采用多步 TD 误差学习，即使批量学习的次数较少，也能够学会任务的控制。

按照以上的实验方法，以 50 的批量大小进行了同样的实验。实验结果表明，分数变化的情况与批量大小为 20 时的情况类似，多步 TD 误差学习时分数上升较快，但与批量大小为 20 时的情况相比，两者的差异并不显著，如图 4.15 所示。

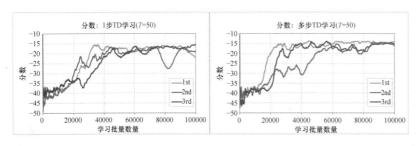

图4.15 批量学习的分数推移（批量大小 T = 50 的情况）

对于学习后的预测控制，也进行了同样的比较，见表 4.3。如果批量大小设为 50，则即使在 1 步 TD 误差学习的情况下，学习后的预测控制也能取得成功。

从以上的实验结果可以看出，在前向观测的批量学习中，通过采用多步 TD 误差学习，即使在学习批量数量较少的情况下，也能学会任务的控制。另一方面，在 1 步 TD 误差学习的情况下，如果无法保证一定大小的批量，则似乎很难进行控制的学习。

表4.3 根据批量学习结果进行的预测控制（批量大小 T = 50 的情况）

批量	1st	2nd	3rd
20000	−126	−59.4	−175.6
40000	99.4	101.6	75
60000	86	−83.8	71.2
80000	101.8	−46.4	95.4
100000	−56.8	51.2	123.6

批量	1st	2nd	3rd
20000	105.8	−56.6	−155.4
40000	109.2	−31.8	2.6
60000	144.4	132.8	105.6
80000	131.2	78.4	140
100000	−32	108.8	107.6

批量	1st	2nd	3rd
20000	0	1	0
40000	10	10	9
60000	9	0	9
80000	10	2	10
100000	3	7	10

批量	1st	2nd	3rd
20000	9	2	0
40000	10	2	6
60000	10	10	10
80000	10	8	10
100000	5	10	10

那么，对于批量大小为 1 的批量学习，即在线学习，其控制策略的学习又会如何呢？如 2.3 节中所介绍的，如果通过资格迹的引入，能够进行后向观测的 TD（λ）学习法，则 1 的批量的控制策略学习也是可能的。这是因为在后向观测的回顾性学习中，观察值随着学习的进行而增加，并且可以通过使用资格迹的多步 TD 误差进行观测值的积累。但是，如果要实现的话，对于过去出现的所有状态都需要进行状态价值函数的更新。本书中对于使用了资格迹来进行学习的实现将不做介绍。

第2部分

应用篇

介绍连续控制的应用、组合优化的应用、用于序列数据生成的应用。所有这些都是可以在实践中用作参考的开发方法

第5章 连续控制的应用

第6章 组合优化的应用

第7章 序列数据生成的应用

第5章

5

连续控制的应用

在强化学习中，如果进行对象控制的行动为一个连续的行动变量，我们将这一类的控制问题称为连续控制问题。本章将针对连续控制问题进行强化学习应用的介绍。

在 5.1 节中，在详细介绍连续控制任务的具体类型后，将阐述连续控制问题的训练学习为什么一般均通过策略梯度法进行。在 5.2 节中，作为策略梯度法的具体算法和实现模型，对 REINFORCE 算法和高斯模型的随机策略进行介绍。

作为连续控制问题的例子，在开源的 pybullet-gym 中实现了各种不同的环境。5.3 节将采用在 pybullet-gym 环境中所实现的 Walker2D，为 humanoid 步行学习过程中的步骤提供报酬反馈。5.4 节还将介绍在 Walker2D 环境中利用高斯模型实现学习算法的例子。5.5 节将介绍根据 5.4 节实施的代码进行学习的结果以及基于该结果所进行的预测控制。此外，由于在此所进行的强化学习是一种无模型的学习法，因此可以确认本章实施的代码也可以适用于 Walker2D 以外的环境。

5.1 策略梯度法的连续控制

本节将连续控制作为强化学习的一个问题，介绍作为其有效训练学习方法的策略梯度法。

5.1.1 连续控制

在第 1 部分中，作为强化学习问题的例子，分别介绍了"公司职员的 MDP"和倒立摆控制这两个问题。其中，"公司职员的 MDP"是决定"到哪里去"的问题，而倒立摆控制是决定"从多个行动选项中选择哪个行动"（例如"向左还是向右推"）的问题。换句话说，在这两个问题中，都是假设有一个离散的行动空间（离散的动作选择）。

另一方面，以连续行动空间进行对象控制的强化学习问题也很多。例如，通过强化学习来进行机器人机械臂控制的问题。在这个问题中，诸如"机械臂的关节需要旋转多大的角度"等问题，需要对具有连续值的行动做出决定。像这样，将机器人机械臂的行动等以连续变量表示的行动进行优化的问题被称为连续控制问题。一般来说，与离散行动选择相比，在连续控制问题中，可以考虑的行动空间可选择项将爆炸性地增加，因此使得训练学习变得困难，这也是显而易见的，如图 5.1 所示。

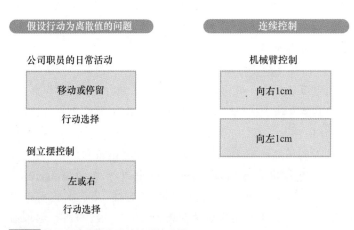

图5.1 离散行动选择及连续控制的示例

5.1.2 策略梯度法学习

在强化学习中，连续控制问题的训练学习通常采用策略梯度法来进行，其理由有以下两点：

1）Q 学习很难适用于连续控制问题的训练学习。

以下将对这两点进行详细介绍。

1. Q 学习难以应用

在 Q 学习中，行动价值函数 $Q(s, a)$ 的更新是通过 2.4.2 节中所介绍的式（2.30）和式（2.31）进行的，从而使得 TD 误差达到最小化。

$$\delta_{t+1} = R_{t+1} + \gamma \max_a Q_t\left(S_{t+1}, a\right) - Q_t\left(S_t, A_t\right)$$

$$Q_{t+1}\left(s, a\right) = Q_t\left(s, a\right) + \alpha \delta_{t+1} \mathbf{1}\left(S_t = s, A_t = a\right)$$

在式（2.30）右侧的第二项中，含有进行 $Q_t(S_{t+1}, a)$ 最大值计算的项。在进行离散行动选择的情况下，通过寻求作为选择项的所有行动，可以很容易地找到 $Q_t(S_{t+1}, a)$ 的最大值。

与此不同的是，在假设行动空间为连续空间的情况下，如果要获得 $Q_t(S_{t+1}, a)$ 的最大值，则必须将 $Q_t(S_{t+1}, a)$ 作为行动变量 a 的函数，并且在函数 $Q_t(S_{t+1}, a)$ 对于行动 a 的微分系数（梯度）为 0 的情况下，函数才取得最大值。因此，如果不知道行动价值函数的函数形式，就无法进行这种最大值的搜索。

由于如上所述的原因，在连续控制问题中很难获得行动价值函数的最大值。另一方面，也可以考虑在行动变量的取值范围上设定一个最小的刻度值，从而使得连续的行动空间离散化，进而采用离散行动选择的处理方法。但是，这种处理方法在行动空间是高维的情况下也是不现实的。因此，在连续控制问题中很难应用 Q 学习的学习方法。

2. 可以直接进行策略函数的学习

根据策略函数的定义，策略函数即为状态 s 在一定条件下采取行动 a 的概率，将其表示为条件概率 $\pi(a|s)$。策略函数是以状态变量 s 作为输入，输出选择行动变量 a 的概率的函数。因此，如 Q 学习那样，即使是在不计算状态与行动变量 (s, a) 的所有组合的 Q 函数的情况下，只要状态变量 s 一定，也可以计算选择行动变量 a 的概率。由于在连续行动变量的情况下，即使对行动空间进行离散化，行动变量可选择项的数量也会变得很大，从而使得 Q 函数的实际计算变得不可行。在这一点上，策略函数则可以根据所输入的状态变量 s 输出选择行动变量 a 的概率值，所以也并不需要进行行动空间的离散化。因此，在连续控制问题中，通过策略梯度法的应用，可以直接进行策略函数的学习。

如 2.4.3 节所述，策略梯度法考虑的是将作为目标函数的期望收益 $J(\theta)$ 最大化的问题。这个问题是由策略梯度定理决定的，即为如式（2.33）、式（2.35）等所示的策略函数的参数更新问题。

$$\theta_{t+1} = \theta_t + \alpha \nabla_\theta J\left(\theta_t\right)$$

$$\nabla_\theta J(\theta) = \mathbb{E}_\pi \left[\left(\nabla_\theta \log \pi(a \mid s, \theta) \right) q_\pi(s, a) \right]$$

如果要计算式（2.35），则需要解决两个大难以解决的问题。第一个问题是"进行期望值的计算将是很困难的"；第二个问题是"需要进行行动价值函数 $q_\pi(s, a)$ 的估计"。

首先，第一个问题的解决方法是采用蒙特卡洛法进行的近似。具体来说，即为首先按照策略概率 π 进行 T 步的行动，然后根据得到的状态、行动、报酬的观测数据进行梯度的近似，见式（5.1）。

$$\nabla_\theta J(\theta) \approx \frac{1}{T} \sum_{t=0}^{T-1} \left(\nabla_\theta \log \pi(A_t \mid S_t, \theta) \right) q_\pi(S_t, A_t) \tag{5.1}$$

其次，第二个问题的解决方法是采用 REINFORCE 算法，其详细情况将在后续的章节中进行介绍。REINFORCE 算法是采用通过观测数据计算得到的折损报酬累加和来对式（5.1）右侧出现的行动价值函数进行近似的方法。

接下来，考虑为了通过策略梯度公式（5.1）进行基于策略梯度方法的学习而必须满足的条件。首先，必须满足的第一个条件是行动价值函数 $q_\pi(s, a)$ 需要通过某种近似方法来进行计算。其次，第二个条件是将式（5.1）中的策略梯度定义为某个连续函数的导数。为了满足此条件，要求函数 $\log \pi(A_t \mid S_t, \theta)$ 必须是一个可微分的函数。

综上所述，如果能够同时满足以下两个条件，则可以通过策略梯度法进行连续控制问题的学习。

条件 1 ：行动价值函数 $q_\pi(S_t, A_t)$ 可以通过某种方法近似计算。
条件 2 ：通过某种方法进行的随机策略 π 的近似计算，必须保证函数 $\log \pi(A_t \mid S_t, \theta)$ 是一个可微分的函数。

为了满足以上两个条件，可以考虑采用以下的近似计算方法。

近似方法 1 ：采用折损报酬累加和进行行动价值函数 $q_\pi(S_t, A_t)$ 的近似（REINFORCE 算法）。
近似方法 2 ：利用基于高斯模型的随机策略（高斯策略）作为随机策略 π 的概率分布。

此外，为了使得 REINFORCE 算法学习稳定进行，作为 REINFORCE 算法学习的一种方法，这里将引入 2.4.3 节中已经介绍过的基准函数，基准函数的概念也已经介绍过[○]。下一节将详细介绍 REINFORCE 算法、具有高斯模型的随机策略以及基准函数引入。

○ 如众所周知的那样，基准函数的使用对于除 REINFORCE 算法以外的各种算法也是有效的。

5.2 学习算法和策略模型

本节将首先介绍REINFORCE算法，REINFORCE是一种基于策略梯度法的学习算法。其次，引入高斯模型作为具有连续行动变量的随机策略的策略概率分布模型。

5.2.1 算法概况

首先，如图 5.2 所示，给出在此将要介绍的学习算法的整体概况图。本章采用 5.3 节介绍的 Walker2D 作为连续控制问题的控制对象。Walker2D 是一个模拟器，可以让类人机器人学习如何移动和行走。图 5.2 也是使用 Walker2D 的连续控制算法的一个示例。

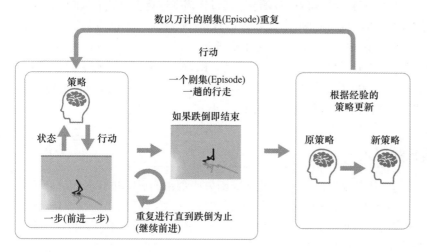

图5.2 学习算法的整体概况

1. 步与剧集的定义

图 5.2 所表示的学习算法由步和剧集（Episode）这两个模块构成。在某个状态 S_t 下，按照策略的概率选取下一个行动 A_t。通过行动 A_t 的实施，环境将转移到下一个状态 S_{t+1}，同时给出相应的报酬 R_{t+1}。将这一过程定义为如图 5.2 所示学习算法和策略模型的一个步（step）。

通过这个被称为步的过程的不断重复进行，只到直到 humanoid 跌倒或达到学习所预定的最大步数为止，将这一循环定义为一个剧集（Episode）。因此，一个剧集是由多个步构成。

2. 策略更新的时机

在随后将要介绍的 REINFORCE 算法的学习过程中，策略的更新只在每一个剧集结束时进行。换言之，REINFORCE 算法的学习只根据某个剧集得到的状态、行动、报酬，对进行行动选择的策略进行更新。

将这种只在每一个剧集结束时才进行行动策略更新的学习算法称为剧集性算法。

5.2.2　REINFORCE算法

在 5.1 节中，假定行动价值函数 $q_\pi(S_t, A_t)$ 可以以某种方式来进行近似计算。在这些近似方法中，其中的一种即为 REINFORCE 算法。具体来说，即为行动价值函数 $q_\pi(S_t, A_t)$ 由通过折损率折损后的报酬累加和 G_t 来近似，其计算过程见式（5.2）。

$$G_t = \sum_{k=1}^{T-t} \gamma^{k-1} R_{t+k}$$

$$\nabla_\theta J(\theta) \approx \frac{1}{T} \sum_{t=0}^{T-1} \nabla_\theta \log \pi_\theta(A_t \mid S_t) G_t \tag{5.2}$$

在 REINFORCE 算法中，将某个步 t 的行动价值函数 $q_\pi(S_t, A_t)$ 通过报酬的折损累加和来进行替换，该折损累加和为考虑将来能得到的报酬 R_{t+n} 通过折损率进行折损后的报酬总和 G_t。

可以理解，用折损报酬累加和 G_t 来进行行动价值函数 $q_\pi(S_t, A_t)$ 近似的方法在直觉上似乎是正确的。但是，不可否认的是，与其他更准确的行动价值函数估算的方法相比，REINFORCE 算法只是对行动价值函数的简单近似。因此，REINFORCE 算法无疑也是一种易于实现的方法。也正是因为 REINFORCE 算法的易于实现，本章将着重介绍 REINFORCE 算法，并在 5.4 节和 5.5 节中介绍其应用示例和学习结果。

5.2.3　基准函数的引入

下面就在 2.4.3 小节的"优势函数"中介绍的基准函数所带来的影响进行介绍。众所周知，通过基准函数的引入，REINFORCE 算法可以获得准确度较高的学习结果。在 5.5 节所介绍的 REINFORCE 算法实现中，也将引入基准函数的。其中，基准函数是指行动价值函数 $q_\pi(S, a)$ 给出基准的函数 $b(s)$，其意义见式（5.3）。

$$\nabla_\theta J(\theta) = \mathbb{E}_\pi \left[\left(\nabla_\theta \log \pi(a \mid s, \theta) \right) \left(q_\pi(s, a) - b(s) \right) \right] \tag{5.3}$$

如 2.4.3 节中的介绍可知，任意函数 $b(s)$ 都不会影响表达式（5.3）所表示的期望值的计算结果，但却有着能够减小期望值方差的效果。

无论是从理论上的分析还是从经验的总结来看，使用状态价值函数 $v_\pi(s)$ 作为基准函数都将是有效的。之所以采用状态价值函数 $v_\pi(s)$ 作为基准函数，其理由正如从贝尔曼方程式（2.9）可以看出的那样，是因为在某个状态 s 下的状态价值函数 $v_\pi(s)$ 是在选择行动 a 作为该状态下的行动时，通过相应的行动价值函数 $q_\pi(s, a)$ 与策略概率 $\pi(a \mid s)$ 的加权平均值来定义的。也就是说，行动价值函数 $q_\pi(s, a)$ 与状态价值函数 $v_\pi(s)$ 的差 $q_\pi(s, a) - v_\pi(s)$ 表示的意义为在状态 s 下进行行动 a 的选择比进行平均的行动选择更加有利的程度（即优势函数）。

因此，以下通过下式进行优势函数 $A^\pi(s, a)$ 的定义：

$$A^\pi(s, a) = q_\pi(s, a) - v_\pi(s)$$

将该优势函数代入式（5.3）中，并采用蒙特卡洛近似方法进行期望值的计算，可以得到式（5.4）所示的结果。

$$\nabla_\theta J(\theta) = \mathbb{E}_\pi \left[\left(\nabla_\theta \log \pi(a \mid s, \theta) \right) A^\pi(s, a) \right]$$

$$\approx \frac{1}{T} \sum_{t=0}^{T-1} \nabla_\theta \log \pi(A_t \mid S_t, \theta) A^\pi(S_t, A_t) \qquad (5.4)$$

再通过 REINFORCE 算法的应用，将优势函数中所包含的行动价值函数 $q_\pi(S_t, A_t)$ 通过折损报酬累加和 G_t 来近似，则可以得到式（5.5）所示的目标函数的梯度计算公式。

$$\nabla_\theta J(\theta) \approx \frac{1}{T} \sum_{t=0}^{T-1} \nabla_\theta \log \pi(A_t \mid S_t, \theta) A^\pi(S_t, A_t)$$

$$A^\pi(S_t, A_t) = G_t - v_\pi(S_t) \qquad (5.5)$$

在实现时，作为基准函数的状态价值函数 $v_\pi(s)$ 也可以通过诸如神经网络等函数近似器的输出 $V(s)$ 来近似计算。

在进行状态价值函数近似值 $V(s)$ 的更新时，其目标值应为折损报酬累加和 G_t。具体来说，即为通过状态价值函数 $V(s)$ 的参数更新，以使式（5.6）所示的以最小二次方误差作为损失函数最小化。

$$\sum_{t=0}^{T-1} \left[V(S_t) - G_t \right]^2 \qquad (5.6)$$

5.2.4　高斯模型的策略概率

本章中，需要在公式中将行动 a 正确地表示为一个 K 元的向量。因此，对于行动 a 的第 k（$1 \le k \le K$）个可选项，需要将其表示为该 K 元的向量的第 k 个元素，通过 a_k 来表示。需要注意的是，当采用具有下标 k 的 a 来表示行动 a 时，所表示的是以向量表示的行动 a 的第 k 个分量。同样地，在时间 t 的行动变量也是一个 K 维的向量，并且将其第 k 个元素表示为 A_{tk}。

众所周知，基于高斯模型（高斯策略）的策略概率 π 是连续控制问题中随机策略的典型代表[⊖]。高斯模型是一种随机模型，在状态 s 下，模型以该状态下行动概率的均值 $\mu(s)$ 和该状态下行动概率的协方差矩阵 $\sum(s)$ 作为模型的分布参数，从而得到一个 K 维向量的正态分布模型。K 维行动向量 a 则以符合该模型的概率分布进行采样，见式（5.7）。

$$\pi(a \mid s, \theta) \propto \frac{1}{\sqrt{\det \sum(s)}} \exp \left\{ -\frac{1}{2} \left[a - \mu(s) \right]^\mathrm{T} \sum(s)^{-1} \left[a - \mu(s) \right] \right\} \qquad (5.7)$$

⊖ 在本章讨论问题的设置中，使用了一种假定为高斯模型的策略概率分布，但实际的策略概率分布还有其他随机模型，如2.4.3节策略的参数表示中已经介绍的通过式（2.32）所表示的吉布斯策略等。

在式（5.7）中，模型的协方差矩阵 $\sum(s)$ 一般不是一个对角矩阵，因此行动向量 a 的两个不同成分分量之间会通过对角矩阵中的非对角成分相互产生影响。在这种情况下，策略函数神经网络的实现也会变得复杂。在本章中，为了简单起见，假定行动向量的不同元素之间均是相互独立的，因此也将高斯策略模型中的矩阵 $\sum(s)$ 作为对角矩阵来处理。

如果将对角矩阵 $\sum(s)$ 中的所有对角分量定义为一个 K 元向量 $\sigma^2(s)$，该向量第 k 个元素对应于对角矩阵 $\sum(s)$ 中的第 k 个对角分量，则可以将 K 维的正态分布分解为式（5.8）所示的 K 个独立一维正态分布的乘积。

$$
\begin{aligned}
\pi(a \mid s, \theta) &= \prod_{k=1}^{K} \pi(a_k \mid s, \theta) \\
&\propto \prod_{k=1}^{K} \frac{1}{\sqrt{\sigma_k^2(s)}} \exp\left\{ -\frac{\left[a_k - \mu_k(s)\right]^2}{2\sigma_k^2(s)} \right\}
\end{aligned}
\tag{5.8}
$$

其中，与一维正态分布的参数一起以状态 s 为输入函数，其特征值即为式（5.7）所示高斯策略的参数。

如 5.2.3 节所述，策略梯度法使用式（5.5）所示的近似公式进行策略参数的更新，该近似公式引入了 REINFORCE 算法和基准函数。通过采用高斯策略模型，在式（5.5）所示的近似计算公式中出现的 $\log \pi(A_t \mid S_t, \theta)$ 项可以通过式（5.9）所示的扩展公式来计算。

$$
\begin{aligned}
\log \pi(A_t \mid S_t, \theta) &= \log \prod_{k=1}^{K} \pi(A_{tk} \mid S_t, \theta) \\
&= \sum_{k=1}^{K} \log \pi(A_{tk} \mid S_t, \theta) \\
&\propto \sum_{k=1}^{K} \left(-\log \sigma_k^2(S_t) + \frac{\left(A_{tk} - \mu_k(S_t)\right)^2}{\sigma_k^2(S_t)} \right)
\end{aligned}
\tag{5.9}
$$

专栏 5.1

确定性策略方法

近年来，已经提出了一种被称为确定性策略梯度的方法。作为一种确定性最佳行动选择的方法，无需进行行动的随机抽样，并且以此为基础提出了各种不同的基于策略的方法。

5.3 连续行动模拟器

本节将介绍实现中使用的开源 pybullet-gym 模拟器以及其中实现的 Walker2D 环境。

5.3.1 pybullet-gym

对于强化学习中的对象控制，通常使用一种被称为 MuJoCo[⊖] 的物理模拟器来进行。但是，由于 MuJoCo 是一款商业软件，需要通过软件许可证进行应用的授权，因此必须先行购买才能使用。与此不同的是，有一款被称为 pybullet[⊖] 的物理模拟器是可以免费使用的。并且，其中的 pybullet-gym[⊜] 还号称为是在 pybullet 中复制了 MuJoCo 功能的开源软件。pybullet-gym 物理模拟器的 github 页面如图 5.3 所示。

除了能够免费使用之外，在实现上，pybullet-gym 还采用了与第 4 章中所介绍的 OpenAI Gym 相同的接口，这将使得在实施强化学习算法时的处理变得极其容易。在此，将介绍易于使用的 pybullet-gym 物理模拟器，并将其作为连续行动控制问题的应用示例。

pybullet-gym 的安装

下面简要介绍 pybullet-gym 的安装方法[⊛]。首先需要安装 pybullet，需要说明的是，在附加的 Colaboratory 环境和 Docker 环境中，由于已经安装了 pybullet-gym，因此不再需要进行以下的安装工作。进行 pybullet 安装的代码如下：

[代码单元]

```
!pip install pybullet
```

接下来，需要根据 github 上的 README.md 中描述的过程进行 pybullet-gym 的安装，如图 5.3 所示。在附加的 Colaboratory 环境和 Docker 环境中，同样由于已经进行了 pybullet-gym 的安装，因此这项工作也是不需要进行的。进行 pybullet-gym 安装的代码如下所示：

[代码单元]

```
!git clone https://github.com/benelot/pybullet-gym
%cd pybullet-gym
!pip install -e .
```

⊖ http://www.mujoco.org/.

⊜ https://pybullet.org/wordpress/.

⊜ https://github.com/benelot/pybullet-gym.

四 Pybullet 和 pybullet-gym 将使用本书提供的脚本进行自动安装。

在执行上述代码后将显示以下的信息，并完成安装。

[代码单元]

```
Obtaining file:///tf/pybullet-gym
Requirement already satisfied: pybullet>=1.7.8 in /usr➡
/local/lib/python3.5/dist-packages (from pybulletgym==➡
0.1) (2.5.0)
Installing collected packages: pybulletgym
  Found existing installation: pybulletgym 0.1
    Can't uninstall 'pybulletgym'. No files were found ➡
to uninstall.
  Running setup.py develop for pybulletgym
Successfully installed pybulletgym
```

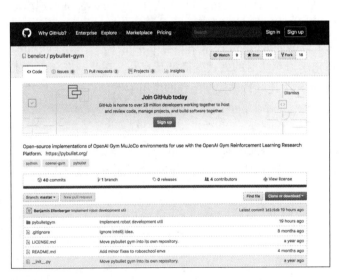

图 5.3 github 上的 pybullet-gym

5.3.2　Walker2D

为了强化学习的进行，pybullet-gym 实现了各种不同的环境（env）。在这些环境中，状态（state）、行动（action）和报酬（reward）的设置与 OpenAI Gym（env）具有相同的接口（参见"专栏 5.2"）。

其中，将使用一个名为 Walker2DPyBulletEnv-v0 的环境，如图 5.4 所示，该环境旨在进行类人机器人 humanoid 的行走训练，这是一个虚拟的机器人。在该训练境下，类人机器人 humanoid 具有两条腿，每条腿都具有三个关节。因此，为了进行该类人机器人的行走控制，需要将不同的扭矩分别施加到这些关节上，以控制类人机器人脚的弯曲和伸展。这样的关节一共有六个，表 5.1 给出了在此环境下实施的状态、行动、报酬以及终止条件⊖ 的设置⊖。

表5.1 Walker2DPyBulletEnv-v0 的状态、 行动、 报酬以及
终止条件设置

	描述
状态	身体位置、速度、姿势：8 个维度 关节角度、角速度：$2 \times 3 \times 2 = 12$ 个维度 足与地面的状态：2D 总计：22 元的向量
行动	关节扭矩：$2 \times 3 = 6$ 元的向量 （每个都是一个连续的值）
报酬	由"保持站立、行走和最小移动"三个元素组成
终止条件	humanoid 跌倒即终止

图5.4 Walker2DPyBulletEnv-v0 下的 humanoid

Walker2D 的行走

如 4.1.2 节中所提到的，在 pybullet-gym 的实现中，采用了与 OpenAI Gym 相同的接口，并且可以使用诸如 env.step（action）之类的 API 方法。 例如，在 Walker2DPyBulletEnv-v0 下，可以如清单 5.1 所示的第 12 行代码，实现类人机器人 humanoid 的随机行走。

清单5.1 实现类人机器人 humanoid 随机行走的 Python 代码 （walk_randomly.py）

[In]

```
import gym
import pybulletgym.envs

env = gym.make('Walker2DPyBulletEnv-v0')
for _ in range(1):
    state = env.reset()
    while True:
        action = env.action_space.sample()
        state_new, r, done, info = env.step(action)
        print("reward: ", r)
        if done:
            print('episode done')
            break
```

通过代码清单 5.1 的运行，将得到以下的输出结果，见清单 5.2。由运行结果可以看出，在这种随机行走的情况下，报酬仅输出了 10 次，并且剧集也已经结束。这意味着类人机器人

⊖ 当满足结束条件时，一个剧集结束。

⊖ 由于状态、行动和报酬是通过复杂的物理计算得出的，因此本书仅给出了相应的要点，并省略了详细的说明。相应的详细信息可以在 pybullet-gym/pybulletgym/envs/roboschool/robots/locomotors/walker_base.py 中找到。

humanoid 仅凭随机行动进行的行走只成功了 10 步。

清单5.2 walk_randomly.py 的运行结果

[Out]

```
WalkerBase::__init__
options=
reward: 0.4752012681885389
reward: 0.516315727334586
reward: 0.7389419901999645
reward: 1.4547716122528072
reward: 1.1988118784182007
reward: 1.6462447754427556
reward: 2.7859355212814987
reward: 2.6084579864531405
reward: 2.3177863324541246
reward: −0.3190878397595952
episode done
```

顺便说一句，如果要实现类人机器人 humanoid 行走训练的可视化，需要在 Colaboratory 环境或 Docker 环境中按以下代码单元所示的步骤进行 walk_randomly_movie.py 的运行。该程序将创建一个被命名为 test 的文件夹，并将 mp4 格式的视频文件输出到该文件夹下。

[代码单元]

```
!xvfb-run -s "-screen 0 1280x720x24" python3 walk_➡
randomly_movie.py
```

下一节将介绍一个应用示例，该示例将采用 5.2 节中所介绍的学习算法，通过数以万计的剧集反复进行学习和试错，以此来进行策略的更新，实现类人机器人 humanoid 的行走训练。

专栏 5.2

pybullet-gym 中实现的 Walker2D 以外的环境

除了 Walker2D 以外，pybullet-gym 还实现了其他的多种不同环境，例如图 5.5 所示的 Hopper 和 Ant。Hopper 环境是 Walker2D 的单腿版本；Ant 有四只脚，每只脚有两个关节。由于行动空间的维度是等于关节总数的，因此 Hopper 为一个 3D 的环境，Ant 则为一个 8D 的环境。表 5.2 分别给出了 Hopper 和 Ant 环境的状态、行动、报酬以及终止条件。在目录 PyBulletEnv-v0pybullet-gym/pybulletgym/ 下，分别给出了这些示例的详细资料，因此读者应该自己动手尝试一下。

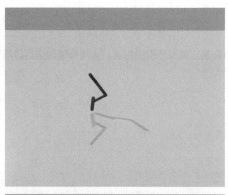

图5.5 pybullet-gym 中实现的其他环境示例

表5.2 Hopper 和 Ant 环境的状态、 行动、 报酬以及终止条件设定

	HopperPyBulletEnv-v0 (Hopper)	AntPyBulletEnv-v0 (Ant)
状态	被控对象的位置、速度、姿态：8 元 关节的角度、角速度： $1 \times 3 \times 2 = 6$ 元向量 脚与地的接触状态：1 元向量 合计：15 元的向量	被控对象的位置、速度、姿态：8 元 关节的角度、角速度： $4 \times 2 \times 2 = 16$ 元向量 脚与地的接触状态：4 元向量 合计：28 元的向量
行动	关节的转矩： $1 \times 3 = 3$ 元向量 各个元素均为连续值	关节的转矩： $4 \times 2 = 8$ 元向量 各个元素均为连续值
报酬	由三个元素构成： 保持站立、前进和最小移动	由三个元素构成： 保持站立、前进和最小移动
终止条件	Hopper 跌倒即终止	Ant 跌倒即终止

5.4 算法的实现

> 本节将实现 5.2 节中所介绍的连续控制学习算法。特别是，将以示例的形式，通过神经网络的应用和示例代码来介绍高斯模型的具体实现方法。

5.4.1 算法实现的总体构成

首先，介绍学习算法实现的总体构成，其代码的组成结构如图 5.6 所示。在以 src 命名的目录下，存放了进行强化学习的 Python 代码 train.py 和通过已经过学习的策略进行连续控制的代码 predict.py。与智能体功能相关的函数 policy_estimator.py 和 value_estimator.py 存放在以 agent 命名的子目录下。这两个 Python 代码分别进行了神经网络表示形式的定义，实现了随机策略的损失函数和高斯模型的价值函数。

```
5_walker2d
    ├── src
    │   ├── agent
    │   │   ├── policy_estimator.py  # 通过高斯模型实现的策略概率
    │   │   └── value_estimator.py   # 价值函数的实现
    │   ├── train.py    # 训练学习的主流程
    │   ├── predict.py  # 使用学习到的策略进行预测(连续控制)
    │   ├── walk_randomly.py         # 执行随机的双足步行
    │   └── walk_randomly_movie.py   # 执行随机的双足步行➡
    │                                  视频输出
    └── result          # 进行运行结果输出和保存的目录
```

图5.6 实现的整体构成

如图 5.7 所示，通过一张图给出了学习算法实现的全部内容。由该图可以看出，学习算法的整体实现与图 5.6 所示的实现代码的整体结构是相对应的。在该图中，灰色的粗箭头表示的是强化学习的主流程，在这个主流程中通过各个 step 的重复进行，完成一个剧集的训练学习，并在每个剧集结束时进行策略和状态价值函数的更新。这个主流程是通过 train.py 实现的。与智能体相关的功能包括通过优势函数进行的策略评估、通过策略梯度法进行的策略改进，以及优势函数的估计三个部分。其中，前面的两个部分由代码 policy_estimator.py 实现，最后一项由代码 value_estimator.py 实现。通过利用经过训练学习的策略来实现类人机器人 humanoid 行走的预测控制，这一功能是通过代码 predict.py 来实现的。

在随后的各小节中，将进行学习算法实现所需的各个 Python 文件的介绍。这些 Python 文件是基于 Denny Britz 的代码实现的，详细信息可参见以下链接：

Policy Gradient Methods

网址 https://github.com/dennybritz/reinforcement-learning/tree/master/PolicyGradient.

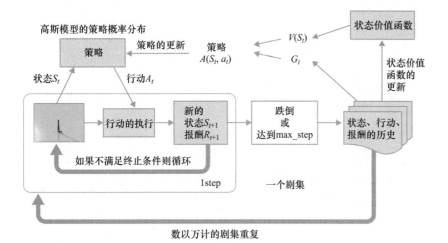

图 5.7 学习算法实现的整体内容

图 5.7 学习算法实现的整体内容

这些代码原本只支持离散行动情况下的学习和控制，由于这里将连续的行动实现为高斯策略的策略函数，因此可以将其应用在连续行动的学习和控制。

5.4.2 train.py

train.py 的代码见清单 5.3，该代码实现了一个流程，在这个流程中类人机器人 humanoid 重复进行指定 step 数的行走训练，并基于所获得的报酬进行策略的更新。

清单 5.3 train.py

```python
# 数万个剧集的反复进行
for i_episode in range(1, num_episodes + 1):
    state = env.reset()
    episode = []
    score = 0
    steps = 0
    while True:
        # 根据策略概率选取下一个行动
        steps += 1
        action = policy_estimator.predict(
            sess, state)
        state_new, r, done, _ = env.step(action)
        score += r

        episode.append(
            Step(state=state,
```

```
                        action=action,
                        reward=r))
            state = state_new  # 到此完成了1个step

            # 跌倒或者达到max_step,1个剧集(Episode)结束
            if steps > max_episode_steps or done:
                break

    # 1个剧集(Episode)结束时
    targets = []
    states = []
    actions = []
    advantages = []

    for t, step in enumerate(episode):
        # 折损报酬累加和G_t的计算
        target = sum(
            gamma**i * t2.reward
            for i, t2 in enumerate(episode[t:]))
        # baseline = V(S_t), advantage = G_t - V(S_t)
        baseline_value = value_estimator.predict(
            sess, step.state)[0][0]
        advantage = target - baseline_value
        targets.append([target])
        advantages.append([advantage])
        states.append(step.state)
        actions.append(step.action)

    # policy_estimator以及value_estimator的更新
    loss = policy_estimator.update(sess,
                                   states,
                                   actions,
                                   advantages)
    _ = value_estimator.update(sess, states, targets)
```

上述一个 step 和一个剧集所进行的处理内容如下。

1. 一个 step

对于某个时间 t 下的 step,其状态为 S_t,policy_estimator.predict(sess,state)基于行动概率 π 来进行行动 A_t 的选取,env.step(action)进行行动 A_t 的执行,同时获得环境给予的报酬 R_{t+1},然后将环境转移到下一个状态 S_{t+1}。

2. 一个剧集(Episode)

不断进行上述 step 的尝试,直至达到最大步数(max_episode_steps)或满足结束条件为止。

在一个剧集结束后，将根据该剧集中获得的每个步骤的状态、行动和报酬的历史记录来计算折损报酬累加和及优势函数，并更新高斯策略和状态价值函数 V。除此之外，通过参数 model_save_interval 的指定，在剧集进行的数量达到该值时，还需要将 policy_estimator.py 拥有的网络权重写入 train.py 中 result_dir 所指定的目录中，以进行模型参数的保存[一]。

5.4.3　policy_estimator.py

Policy_estimator.py 的实现与假设高斯模型的概率测度有关。以下将描述 policy_estimator.py 中实现的每种方法。

1. 网络体系结构的构建（build_network 方法）

网络体系结构的构建是通过一个函数来实现的，该函数以状态变量 s 为输入，输出高斯策略的参数 $\mu(s)$ 和 $\sigma^2(s)$，见清单 5.4。在这里，采用神经网络来进行函数的表示，这也是一种更具表现力的典型函数表示方法的示例。具体来说，如图 5.8 所示，将构建一个神经网络，当网络的输入为状态变量 s 时，该神经网络将输出高斯策略模型的均值 $\mu(s)$ 和方差 $\sigma^2(s)$[二]。

如 5.2.4 节所介绍的，当高斯模型随机策略 $\pi(a|s,\theta)$ 由神经网络进行表示时，高斯模型随机策略的参数 θ 可以理解为神经网络的权重系数。对于诸如神经网络层的数量和神经元数量之类的体系结构的详细实现，可以参见文献 Proximal Policy Optimization with Generalized Advantage Estimation（https://github.com/pat-coady/trpo）的相关介绍[三]。

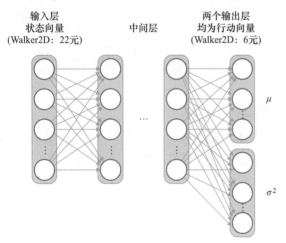

输入层 状态向量 (Walker2D: 22元)　中间层　两个输出层 均为行动向量 (Walker2D: 6元)　μ　σ^2

图5.8 policy_estimator.py 中的高斯策略神经网络

清单5.4 build_network 方法（policy_estimator.py）

```
def build_network(self):
```

[一] 相关详细信息，请参阅随附的实现代码。

[二] 确切地说，将输出对数的 log_var 而不是分布式 var。

[三] 当改变模型的体系结构，例如减少神经元的数量，并进行实验时，发现学习的进展将变得不顺利。

```
nb_dense_1 = self.dim_state * 10
nb_dense_3 = self.dim_action * 10
nb_dense_2 = int(np.sqrt(nb_dense_1 *
                        nb_dense_3))

l_input = Input(shape=(self.dim_state,),
                name='input_state')
l_dense_1 = Dense(nb_dense_1,
                  activation='tanh',
                  name='hidden_1')(l_input)
l_dense_2 = Dense(nb_dense_2,
                  activation='tanh',
                  name='hidden_2')(l_dense_1)
l_dense_3 = Dense(nb_dense_3,
                  activation='tanh',
                  name='hidden_3')(l_dense_2)
l_mu = Dense(self.dim_action,
             activation='tanh',
             name='mu')(l_dense_3)
l_log_var = Dense(self.dim_action,
                  activation='tanh',
                  name='log_var')(l_dense_3)

self.model = Model(inputs=[l_input],
                   outputs=[l_mu, l_log_var])
self.model.summary()
```

2. 网络的 loss 和 optimizer 的设置（compile 方法）

compile 方法进行损失函数 loss 的优化需要实现优化求解器 optimizer（优化器），这个优化求解器 optimizer 是进行 build_network 方法创建的神经网络更新所需要的。

在使用基准函数的 REINFORCE 算法中，式（5.5）所示的目标函数 $J(\theta)$ 的梯度可以表示为以下形式：

$$\nabla_{\theta} J(\theta) \approx \frac{1}{T} \sum_{t=0}^{T-1} \nabla_{\theta} \log \pi(A_t \mid S_t, \theta) A^{\pi}(S_t, A_t)$$

进而，根据参数 θ 的渐进表达式，可以进一步将目标函数 $J(\theta)$ 的梯度更新公式表示为式（5.10）所示的形式。

$$\theta \leftarrow \theta + \alpha \nabla_{\theta} J(\theta)$$
$$\nabla_{\theta} J(\theta) = \nabla_{\theta} \left(\log \pi(A_t \mid S_t, \theta) \right) A^{\pi}(S_t, A_t) \tag{5.10}$$
$$A^{\pi}(S_t, A_t) = G_t - V(S_t)$$

从式（5.10）可以看出，通过导数运算符进行目标函数的指定，最终可以将优化问题归结为式（5.11）所示的目标函数最大化问题。

$$\left(\log \pi\left(A_t \mid S_t, \theta\right)\right) A^{\pi}\left(S_t, A_t\right) \tag{5.11}$$

式（5.11）中出现的项 $\log \pi\left(A_t \mid S_t, \theta\right)$ 是根据式（5.9）计算的，具体计算过程见清单 5.5 的 logprob 方法。

清单 5.5 logprob 方法（policy_estimator.py）

```
def logprob(self):
    action_logprobs = -0.5 * self.log_var
    action_logprobs += -0.5 \
        * K.square(self.action - self.mu) \
        / K.exp(self.log_var)
    return action_logprobs
```

由于 TensorFlow 没有进行函数最大化的功能，因此仅支持函数的最小化。为此，将式（5.11）乘以 −1，将所得的值作为损失函数 loss，从而实现损失函数 loss 的最小化。在此，RMSprop 被用作优化求解器，见清单 5.6。

清单 5.6 compile 方法（policy_estimator.py）

```
def compile(self):
    self.state = tf.placeholder(
        tf.float32, shape=(None, self.dim_state))
    self.action = tf.placeholder(
        tf.float32, shape=(None, self.dim_action))
    self.advantage = tf.placeholder(tf.float32,
                                    shape=(None, 1))

    self.mu, self.log_var = self.model(self.state)

    self.action_logprobs = self.logprob()
    self.loss = -self.action_logprobs * self.advantage
    self.loss = K.mean(self.loss)

    optimizer = tf.train.RMSPropOptimizer(
        self.leaning_rate)
    self.minimize = optimizer.minimize(self.loss)
```

3. 网络的更新（update 方法）

更新方法所实现的功能为根据状态、行动、报酬以及优势函数的历史来进行神经网络的参数更新，从而使得损失函数 loss 的最小化。其实现的具体内容见清单 5.7。

```
def update(self, sess, state, action, advantage):
    feed_dict = {
        self.state: state,
        self.action: action,
        self.advantage: advantage
    }
    _, loss = sess.run([self.minimize, self.loss],
                        feed_dict)
    return loss
```

4. 行动选择的概率（预测方法）

预测方法所实现的功能为在环境状态为s时通过高斯策略对拟选取的行动进行采样。具体来说，预测方法实现了根据式（5.7）所示的正态分布 $[\mu_k(s), \sigma_k^2(s)]$ 对 k 元的行动向量进行采样的功能。其具体实现内容见清单5.8。

清单5.8 预测方法（policy_estimator.py）

```
def predict(self, sess, state):
    mu, log_var = sess.run([self.mu, self.log_var],
                            {self.state: [state]})
    mu, log_var = mu[0], log_var[0]
    var = np.exp(log_var)
    action = np.random.normal(loc=mu,
                               scale=np.sqrt(var))
    return action
```

5.4.4 value_estimator.py

value_estimator.py 所实现的功能包括基准函数的计算以及通过基准函数进行的状态值函数 $V(s)$ 的计算。接下来将详细介绍 value_estimator.py 中所采用的各种方法。

1. 网络体系结构构建（build_network方法）

build_network 方法实现了一个神经网络体系结构的构建，该神经网络以环境状态 s 作为输入，并输出状态价值函数 $V(s)$，见清单5.9。

清单5.9 build_network方法（value_estimator.py）

```
def build_network(self):
    nb_dense_1 = self.dim_state * 10
    nb_dense_3 = 5
```

连续控制的应用

```
nb_dense_2 = int(np.sqrt(nb_dense_1 *
                         nb_dense_3))

l_input = Input(shape=(self.dim_state,),
                name='input_state')
l_dense_1 = Dense(nb_dense_1,
                  activation='tanh',
                  name='hidden_1')(l_input)
l_dense_2 = Dense(nb_dense_2,
                  activation='tanh',
                  name='hidden_2')(l_dense_1)
l_dense_3 = Dense(nb_dense_3,
                  activation='tanh',
                  name='hidden_3')(l_dense_2)
l_vs = Dense(1, activation='linear',
             name='Vs')(l_dense_3)

self.model = Model(inputs=[l_input],
                   outputs=[l_vs])
self.model.summary()
```

2. 网络 loss 和 optimizer 的设置（compile 方法）

compile 方法针对 build_network 方法所构建的神经网络，实现损失函数 loss 的优化所需要的优化求解器 optimizer（优化器）。其中，损失函数被定义为通过式（5.6）表示的状态价值函数 $V(S_t)$ 与折损报酬累加和 G_t 之间的二次方误差，优化器采用的是 Adam 优化解算器，见清单 5.10。

清单 5.10 compile 方法 （value_estimator.py）

```
def compile(self):
    self.state = tf.placeholder(
        tf.float32, shape=(None, self.dim_state))
    self.target = tf.placeholder(tf.float32,
                                 shape=(None, 1))

    self.state_value = self.model(self.state)
    self.loss = tf.squared_difference(
        self.state_value, self.target)
    self.loss = K.mean(self.loss)

    optimizer = tf.train.AdamOptimizer(
        self.leaning_rate)
    self.minimize = optimizer.minimize(self.loss)
```

3. 网络更新（update 方法）

更新方法实现了基于状态、报酬的历史记录进行神经网络参数更新的功能，从而使得神经网络的损失函数 loss 最小化。其具如实现内容见清单 5.11。

清单 5.11 update 方法（value_estimator.py）

```
def update(self, sess, state, target):
    feed_dict = {
        self.state: state,
        self.target: target
    }
    _, loss = sess.run([self.minimize, self.loss],
                        feed_dict)
    return loss
```

5.5 学习结果及预测控制

本节将以 5.4 节的实例，介绍通过环境 Walker2DPyBulletEnv-v0 进行训练学习的结果，同时还将介绍通过已经学习过的策略进行类人机器人 humanoid 实际行走的预测控制结果。

5.5.1 学习结果

首先，通过以下代码单元所示的命令来进行代码 train.py 的执行，启动强化学习的进行。

[代码单元]

```
!python3 train.py
```

通常将用于学习训练进展定量评价的指标称为度量。在此将使用表 5.3 所示的三个度量指标来进行训练学习过程的评价。训练学习过程的进展情况通过这三个度量指标随着时间和剧集数量推移所得到的时间序列数据来显示，通常以可视化的学习曲线表示，如图 5.9 所示。

表5.3 用于学习效果评价的三个指标

#	指标	概述
1	steps/episode	在一个剧集中不跌倒所反复进行的步数，如果在剧集结束前跌倒，则步数会相应减少
2	score	一个剧集中所取得的报酬总和
3	loss	表示高斯策略的神经网络的损失函数

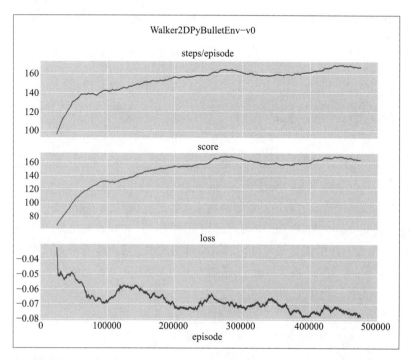

图5.9 Walker2D 中的学习曲线

结果的解释： 从图 5.9 所示的学习曲线可以看出，通过强化学习进行的连续控制问题的训练学习已经得到很好的结果，具体的解释可以参照表 5.4 中通过强化学习的三个度量指标所给出的判断。

表5.4 学习曲线的解释

#	指标	解释
1	steps/episode	该指标值随着学习的进行而增大； 这可以解释为随着训练学习的进行，humanoid 在跌倒前所行走的步数在不断增长
2	score	该指标值随着学习的进行而增大； 这可以解释为，随着训练学习的进行，在一个剧集（Episode）中所获得的奖励也在不断增长
3	loss	可以看出，在学习结束时，该指标值收敛到一个定值； 这可以解释为训练学习的稳定进行

5.5.2 预测控制的结果

接下来，通过已经经过训练学习的策略进行预测控制，实际进行类人机器人 humanoid 的行走。这里所说的预测控制是指将通过训练学习得到的策略概率模型，即 estimator.py 所具有的神经网络的权重参数来实际控制类人机器人 humanoid 的行动。具体来说，就是通过参数 path（weight_path）来指定训练学习完毕后的高斯策略的权重参数，并以此权重参数来进行 predict.py 的运行。另外，如"备忘 4.1"中所述，由于在 Docker 或 Colaboratory 中没有绘制 GUI 的窗口，所以需要在相应的命令之前加上 xvfb-run-s "-Sscreen 0 1280 × 720 × 24"，再加以执行。

[代码单元]

```
!xvfb-run -s "-screen 0 1280x720x24" python3 ➡
{weight_path}
          └──── 通过 path 指定经过学习的高斯策略的权重参数
```

图 5.10 给出了通过 50 万个剧集训练学习后的高斯策略权重参数进行预测的控制结果[⊖]。关于视频输出，在本书附带的代码文件中给出了已学习过的权重参数以及相应预测结果的视频文件（mp4 格式），可供读者参考。使用通过学习得到的策略概率模型，可以查看类人机器人 humanoid 自主行走的姿态。

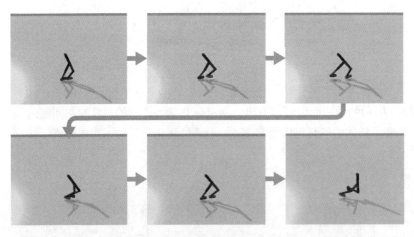

图 5.10 使用学习后的策略参数，通过 Walker2DPyBulletEnv-v0 的预测结果
（图像从 mp4 文件中摘录）

⊖ 当通过 50 万个剧集训练学习后的高斯策略权重参数进行预测控制时，作者正在进行多步行走的尝试，但是还没有进行得很好。有意义的是，在学习过程中通过这种方式将训练模型用作预测模型，可以了解类人机器人学习的进展情况。

5.5.3　其他环境模型的应用

5.2 节所介绍的学习算法，始终是一种只通过观测到的状态、行动、报酬的观测数据来进行学习的算法，因此可以说是一种没有特定环境假设模型的算法。具体来说，即为类人机器人 humanoid 在环境状态为 s、采取行动 a 时，即使在无法准确知道向下一状态 s' 转移的概率信息 $p\,(s'|s,a)$ 的情况下，也能进行算法的学习。

正如在 2.4 节中所提到的，这种不依赖环境的学习算法被称为 model-free 的无模型算法。为了进一步证明 5.2 节所介绍的学习算法是一种无模型学习，在此还给出了 Walker2D 以外环境的学习结果。具体来说，在此给出的是第 4 章中所介绍过的 OpenAI Gym 的倒立摆 Pendulum-v0[⊖]，以及 pybullet-gym 的 Hopper 和 Ant 的学习和预测结果。

首先，在三个不同环境下的学习曲线分别如图 5.11~ 图 5.13 所示。在图 5.11 所示的 Pendulum-v0 的学习曲线中，最上面的步数的曲线一直都是保持着一个定值 200。这是因为按照环境 Pendulum-v0 的规定，将试验次数的上限均设定为 200 次。

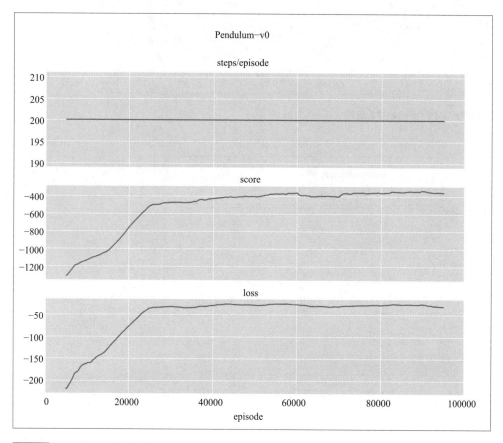

图 5.11 Pendulum-v0 的学习曲线

⊖　在第 4 章中，将连续的行动转换为离散的行动，例如向右或向左推等。但在此处的应用中，将其视为一维的连续行动。

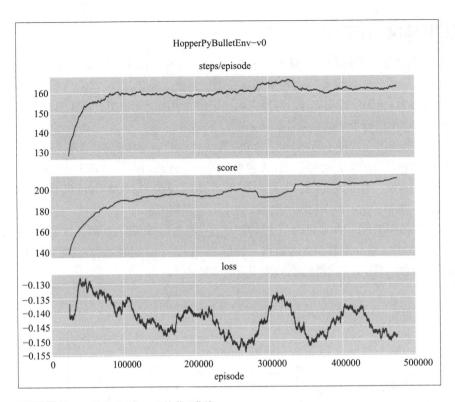

图5.12 HopperPyBulletEnv-v0 的学习曲线

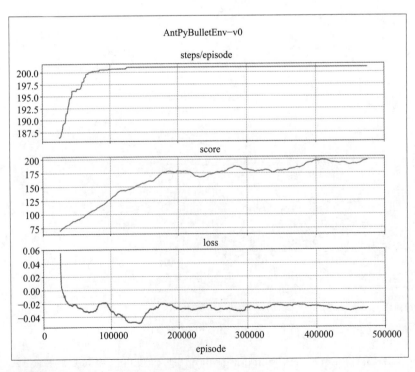

图5.13 AntPyBulletEnv-v0 的学习曲线

接下来，分别给出相应的预测结果，如图 5.14 所示。

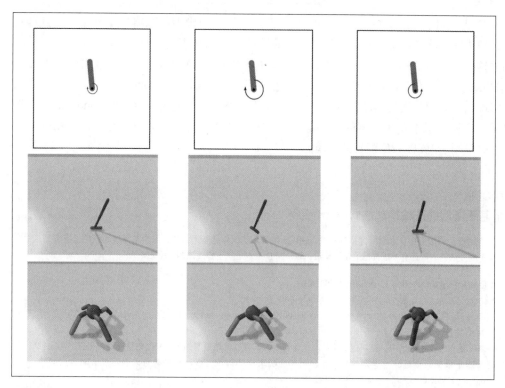

图 5.14 Pendulum-v0/HopperPyBulletEnv-v0/AntPyBulletEnv-v0 的预测结果

与 Walker2DPyBulletEnv-v0 一样，可以从本书的示例下载网站下载与上述学习和预测相关的详细信息，并查看关于预测结果的 mp4 文件。

根据以上所示的结果可以看出，对于三个不同的环境，关于算法的学习及预测结果，可以得到以下两点结论。

1）通过算法的训练学习，在图 5.11 ~ 图 5.13 中，随着学习的进行，学习所获得报酬的曲线均在不断上升。

2）从图 5.14 所示的预测结果可以看出，在三个不同的环境下，通过训练学习所进行的预测控制均取得了理想的行动表现。

从该结果可以证实，5.2 节中介绍的学习算法不是专用于 Walker2D 环境的算法，而是可以在各种环境中应用的无模型学习算法。

这个结果表明 5.2 节中所介绍的学习算法不是一种仅针对 Walker2D 环境的算法，而是一种能够适用于各种不同环境的学习算法，因此也是一种无模型学习算法。

5.5.4　总结

本章分别介绍了 REINFORCE 算法以及基准函数、高斯模型的策略概率分布，并且针对连续控制问题的策略梯度法，具体介绍了学习算法的实现和基于模型的方法。

通过这些学习算法的具体实现，可以使读者了解 Walker2D 学习环境，并且知道 Walker2D 是在 pybullet-gym 中准备的一个学习环境，旨在进行类人机器人 humanoid 的行走训练。应用示例的实现结果表明，通过 Walker2D 环境的训练学习可以实现类人机器人 humanoid 的行走控制。最后，还证明了本章所介绍的算法是一种无模型的学习算法，因此也是一种通用的学习算法，可以应用于 Walker2D 以外的环境。

专栏　5.3

其他基于策略的连续行动控制方法介绍

在连续行动的控制中，本章所介绍的 REINFORCE 学习算法仅仅是基于策略方法中最简单的一种。事实上，作为基于梯度法的方法还有一些其他的学习算法。以下所介绍的是基于梯度法的典型方法[⊖]。

Deep Deterministic Policy Gradient（DDPG）
- 论文『Continuous control with deep reinforcement learning』
   （Timothy P. Lillicrap, Jonathan J. Hunt, Alexander Pritzel, Nicolas Heess, Tom Erez, Yuval Tassa, David Silver, Daan Wierstra）

在基于随机策略的模型中，通常以环境状态 s 作为输入，通过策略概率的分布模型对行动进行采样。与此相对的是，基于最佳行动是一个确定性的行动，而非随机采样的假设，提出一种被称为确定性策略梯度算法（Deterministic Policy Gradient Algorithms，DPG）[⊖]。

当采用确定性策略 $\mu_\theta(s)$ 时，DPG 算法已经证明，在满足以下两个条件时，学习将收敛。

> 1) $Q^w[s, \mu_\theta(s)]$ 通过 TD 误差进行学习。
> 2) 策略的参数 θ 通过式 $\theta_{t+1} = \theta_t + \alpha \nabla_\theta \mu_\theta(S_t) \nabla_a Q^w(S_t, A_t)|_{a=\mu_\theta(s)}$ 进行更新。

在确定性方法中，深度确定性策略梯度（Deep Deterministic Policy Gradient，DDPG）方法是一种将确定性方法应用于 2.4.4 节中的 Actor-Critic 的方法，该方法通过深度神经网络进行函数的近似。

Trust Region Policy Optimization（TRPO）
- 论文『Trust Region Policy Optimization』
   （John Schulman, Sergey Levine, Philipp Moritz, Michael I. Jordan, Pieter Abbeel）

在传统的策略梯度算法，例如 REINFORCE 算法中，存在着学习不稳定的问题。简而言之，信任区域策略优化（Trust Region Policy Optimization，TRPO）只是一种通过策略概率的限制，以防止更新前后发生重大改变，从而使学习变得稳定的方法。具体而言，即为进行更新前后的策略概率之间的 Kullback-Leibler 信息量（KL 信息量）的计算，并将其限制在某一个阈值之内。

⊖　在此采用的数学公式的符号遵循所引用论文中数学公式的符号描述。如果想了解更多的相关详细信息，例如对于数学公式的解释等，请参阅引用的论文原文。

⊖　以下的资料会有所帮助：http://proceedings.mlr.press/v32/silver14.pdf.

$$\mathbb{E}\left\{\mathrm{KL}\left[\pi_{\theta_{\mathrm{old}}}\left(.\mid S_t\right)\mid\pi_{\theta_{\mathrm{new}}}\left(.\mid S_t\right)\right]\right\}\leqslant\delta$$

在 TRPO 方法中，与通常的策略梯度算法不同，在上式的约束下，下式表示的智能体优势最大：

$$\mathbb{E}\left[\frac{\pi_{\theta_{\mathrm{new}}}\left(a\mid S_t\right)}{\pi_{\theta_{\mathrm{old}}}\left(a\mid S_t\right)}A_{\theta_{\mathrm{old}}}\left(S_t,A_t\right)\right]$$

此外，通过将上述约束表达式视为正则化项，并将其合并到目标函数中，从而归结为以下目标函数的最大化问题：

$$\mathbb{E}\left[\frac{\pi_{\theta_{\mathrm{new}}}\left(a\mid S_t\right)}{\pi_{\theta_{\mathrm{old}}}\left(a\mid S_t\right)}A_{\theta_{\mathrm{old}}}\left(s,a\right)\right]-\beta\mathrm{KL}\left[\pi_{\theta_{\mathrm{old}}}\left(.\mid S_t\right)\mid\pi_{\theta_{\mathrm{new}}}\left(.\mid S_t\right)\right]$$

Proximal Policy Optimization Algorithms

- 论文『Proximal Policy Optimization Algorithms』
(John Schulman, Filip Wolski, Prafulla Dhariwal, Alec Radford, Oleg Klimov)
网址：https://arxiv.org/abs/1707.06347

TRPO 算法将新旧随机策略之比 $r_t(\theta)$ 定义为

$$r_t(\theta)\frac{\pi_{\theta_{\mathrm{new}}}\left(a\mid S_t\right)}{\pi_{\theta_{\mathrm{old}}}\left(a\mid S_t\right)}$$

当 $r_t(\theta)$ 远小于 1 时，可以将此时的更新解释为主要的更新。近端策略优化算法（Proximal Policy Optimization Algorithms，PPO）是一种限制目标函数 $r_t(\theta)$ 范围（$1-\varepsilon$，$1+\varepsilon$）的方法，可以解决目标函数 $r_t(\theta)$ 趋于依赖策略显著更新时的值的问题。在实际更新时，通过比较应用限制前后值最小的一个作为目标函数。

$$L^{\mathrm{CLIP}}(\theta)=\mathbb{E}\left\{\min\left\{r_t(\theta)A_{\theta_{\mathrm{old}}}\left(S_t,A_t\right),\mathrm{clip}\left[r_t(\theta),1-\varepsilon,1+\varepsilon\right]A_{\theta_{\mathrm{old}}}\left(S_t,A_t\right)\right\}\right\}$$

6 组合优化的应用

本章将通过介绍两个应用示例，将通过强化学习进行的策略学习应用于离散行动的组合优化。

在此，首先要介绍的第一个应用示例是巡回推销员的问题。在这个问题中，推销员必须找到一条路径，从而可以以最短的访问路程访问到所有需要访问的地点，并且对任何一个地点又不会重复访问。其中，访问路径是由所需要访问的地点按顺序构成的序列数据，最优路径可以通过诸如由 Seq-to-Seq 之类的序列转换模型改进得到的神经网络进行搜索。在此，还将介绍如何通过基于策略的方法（例如 REINFORCE 算法）来进行 Pointer Network 的学习，进而进行巡回推销员问题的求解，并给出相应的应用示例。

作为本章的第二个应用示例，来看一下魔方问题。将介绍一种高准确度的学习算法，该算法将策略学习与 Actor-Critic 模型以及蒙特卡洛树搜索相结合，并给出应用示例。在此，不仅进行了算法的实现，而且还实现了一个魔方仿真器，并且将根据所得到的学习结果说明魔方问题的解决效果。

6.1 组合优化中的应用

本节将对本章中处理组合优化问题的方法进行概述。

6.1.1 关于组合优化

组合优化更广义地说即为数学优化，是在根据分析结果进行商业决策的最后阶段通常需要进行的一个程序。例如，当基于对各种产品未来需求预测的结果，并考虑到诸如预算之类的限制性业务因素时，需要确定采用哪些产品的组合以及产品所占的比例才可以使得利润最大化，同时使得风险最小化。在这种情况下，通常需要采用组合优化的方法来对拟采取措施所产生的影响进行评估和分析。

其中，作为组合优化问题的典型例子，即为巡回推销员问题和背包问题⊖。除此之外，棋盘游戏也可以被认为是一个优化问题，其中需要考虑最佳的着子顺序，即所谓的策略。

在组合优化问题中，由于组合的数量通常会随着需要考虑的元素的数量呈指数增长，因此不可能通过最优解的完全搜索来找到问题的最优解。为此，需要通过数学方法的应用，以便进行更有效的搜索，从而能够在合理的时间内找到解决问题的方案。

作为组合优化问题的具体解决方案，大致可以将其分为以下两类：

1）启发式解决方案；
2）精确数值解的解决方案。

其中，对于启发式解决方案，其思想为通过与问题特性相关的领域知识的利用，以获得良好的近似解决方案。例如，在巡回推销员问题中，作为一种局部最优解搜索的 2-opt 方法，即为一种著名的解决方案。其中，对于相交路线的组合，将对其进行重新排列，并且继续采取组合消减的策略来进行搜索的推进，力求找到合理的问题解决方案。

另一方面，精确数值解方法试图采用更加通用的策略，并通过搜索方法和搜索空间的设计来获得问题的精确数值解。例如，著名的分支定界法（https://en.wikipedia.org/wiki/Branch_and_bound）通过松弛约束下的松散问题的求解，在给出解的上限并限制搜索空间的同时进行精确解的搜索。

实际上，以上两类方法都有各自的优缺点，见表 6.1。在实际问题中，需要根据解决方案的优缺点来进行权衡，并且通常将这两类方法进行组合应用。

⊖ 如果需要了解更多的详细信息，可以参阅以下的参考书：
1）"あたらしい数理最適化"（新型数学优化）。久保干雄，乔·佩德罗·佩德罗索，村松 正和，阿卜杜勒·怀雷斯，近代科学社，2012.
2）"これなら分かる最適化数学"（通俗优化数学）.金谷健一，共立出版，2005.

表6.1 启发式解决方案及精确数值解方案的优点和缺点

方案	优点	缺点
启发式解决方案	获得问题解所需的计算时间（估计时间）短	1）需要问题固有的领域知识 2）基本上是近似解
精确数值解方案	1）问题通用方法 2）可以期待问题的最优解	获得问题解所需的计算时间（估计时间）长

在此将要介绍的是基于机器学习和强化学习的解决方案，该方案是一种尝试解决组合优化问题的折衷方案。如果给出这几类方案的综合比较，则如图 6.1 所示，给出了它们的主要特征。基于机器学习的解决方案，其宗旨在于通过基于数据的重建，改进启发式解决方案中所使用的现有领域知识，从而能够获得更快速、更准确的问题求解措施和策略。

下面，作为组合优化问题的应用示例，将分别在 6.2 节中陆续介绍典型的组合优化问题——"巡回推销员问题"，在 6.3 节中介绍更具策略性的"魔方问题"。

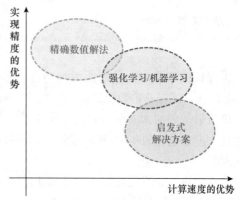

图6.1 解决方案的折中和权衡

6.2 巡回推销员问题

本节将介绍巡回推销员问题，这是一个典型的组合优化问题，并以此作为一个示例，进行强化学习解决方案的介绍。

6.2.1 通过强化学习解决巡回推销员问题

问题设定和方法

如图 6.2 的左图所示，巡回推销员问题是一个在约束条件下寻找最短距离的访问路径问题，其中的约束条件即为对每个访问点必须经过一次，且只经过一次。在此示例中，一共有 48 个访问点。即使是在这个不算大的访问点数量的情况下（因为初始点是固定的，但不会丢失一般性），仍然存在着47!，即大约10^{60}条可能的路径。因此，如果采用完全搜索法，则难以找到问题的最优解。

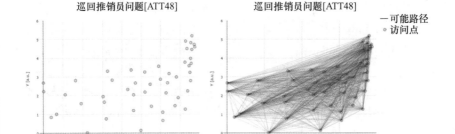

图6.2 巡回推销员问题

摘自 *TSP Data for the Traveling Salesperson Problem*，ATT48.

对该问题的启发式解决方案包括前面已经提到的 2-opt 算法以及用于累积邻近路线的 greedy 法。对于精确数值解的解决方案，包括分支定界法和割平面法（该方法是一种通用的精确数值解的搜索方法，并且已经提供了各种有偿和无偿的问题求解器，在该求解器内部，通过对搜索进行的各种巧妙处理，从而可以在不需要进行繁琐的详细实现的情况下进行问题的求解）。

在此将要介绍的是如何通过深度强化学习来解决这样的组合优化问题。深度强化学习应用于组合优化问题的求解，是由 Google Brain 于 2017 年在其发表的一篇关于强化学习在广义组合优化问题中的应用的论文 *Neural Combinatorial Optimization with Reinforcement Learning*（Irwan Bello，Hieu Pham, Quoc V. Le, Mohammad Norouzi, Samy Bengio）中提出的，后续会将该方法应用于巡回推销员问题的求解。

📝 **专栏　6.1**

强化学习和监督学习

在上述介绍的关于强化学习在广义组合优化问题中的应用的论文 *Neural Combinatorial Optimization with Reinforcement Learning* 中，将强化学习应用于 Pointer Network 的学习。实际上，在提出 Pointer Network 的论文 *Pointer Networks*（Oriol Vinyals，Meire Fortunato，Navdeep Jaitly）中，Pointer Networks 的学习是以现有解决方案的解为监督数据，以监督学习来进行的。

两种学习方式之间的主要区别在于是否有必要从外部提供正确的监督数据（监督学习），以及是否是通过自主的搜索进行学习数据的获取（强化学习）。由于两种学习方式特性的不同，这两种学习方式各自分别具有典型的优缺点，见表 6.2。

表6.2 监督学习和强化学习的优缺点

学习方式	优点	缺点
监督学习	具有较高的学习效率和数据利用率，易于取得较高的学习准确度	需要预先进行监督数据的准备
强化学习	能够通过数据的自主探索，实现自主学习	需要预先进行监督数据的准备

组合优化的应用

　　由于强化学习需要通过反复的试错来进行学习数据的搜索，因此为了实现与监督学习相同的准确度，强化学习通常需要更多的学习数据量，数据的效率通常也较低。与此相对的是，由于强化学习经历了各种详细的模型，也包括了特征较差的序列数据（错误的答案），因此也有可能最终产生出丰富的表征。事实上，参考文献给出的性能比原有的监督学习更好。

　　另一方面，强化学习的一个主要优势是它可以进行自主的学习，不需要监督数据，也不需要相关的领域知识，只需要根据所要实现的规则和预期的目标即可。本书所介绍的方法是一种进行相当于（或替代）启发式方法组合模型生成的方法，例如围棋中的 AlphaGo Zero，单从问题设定来看，即为一个与启发式方法相似（甚至替代）的模型。

　　通过以上的分析和推论，作者认为在以下所给出的一些情况下，可以应用基于强化学习的方法：

　　1）在需要解决复杂而棘手的问题，通常难以给出启发式条件。

　　2）在缺少优化专家，由于应用业务的限制，需要在短时间内获得可行解决方案。

6.2.2　实现概要

　　对于实现的完整内容请参考本书所附示例中的 "contents/6-2_tsp" 目录，在此仅对示例实现的基本内容进行简要的介绍。

1. 关于网络的构建

　　在参考论文 *Sequence to Sequence Learning with Neural Networks* 中，通过与文本序列生成类似的方式来识别要解决问题中的组成要素（在巡回推销员问题中，则是指一组或一系列的访问点的坐标），如图 6.3 所示。对于所考虑进行学习的一个神经网络，根据网络的输入特征进行网络的构建，并且将网络出的特征再次作为网络的输入，最终输出一个合适的组合模式序列（要遍历的点的序列）。

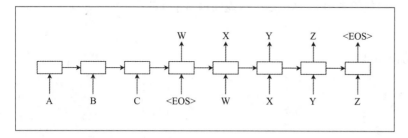

图6.3 使用神经网络进行序列到序列的学习

摘自 *Sequence to Sequence Learning with Neural Networks*（Ilya Sutskever, Oriol Vinyals, Quoc V. Le），Figure1.
网址 https://arxiv.org/abs/1409.3215.

　　特别是在网络的解码部分，因为网络必须根据当前序列的类型（由历史的访问点决定）来依次生成适当的组合模式序列，所以使用了 LSTM 这样的循环神经网络结构。

　　但是，与句子生成不同的是，在组合优化的情况下，需要在输入集中进行选择（无重复）的同时，进行输出模式序列的生成。为了实现这一目标，在此采用了一种名为 Pointer

Networks 的网络，如图 6.4 所示[⊖]。

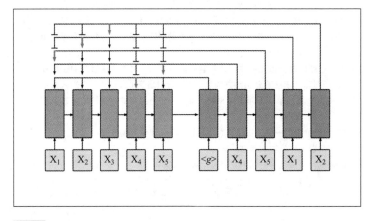

图 6.4 Pointer Networks

摘自 *Pointer Networks* （Oriol Vinyals, Meire Fortunato, Navdeep Jaitly），Figure1.

与 Seq-to-Seq 模型一样，Pointer Networks 也是由一个编码器和一个解码器构成的。其中，左侧的编码器由五层组成，右侧的解码器也由五层组成。Pointer Networks 的解码器部分具有类似于文本序列生成模型中引入的 Attention 机制[⊖] 的引用机制 (Pointing 机制)，以便从每个输出中引用编码器的输出序列，并以最有可能的引用作为解码器的下一个输入，依次进行输出序列的生成。在进行该引用时，一旦选择了某个引用，则将该引用进行屏蔽，以避免随后被重复选择。

通过数据来对这个具有 Pointing 机制的参考神经网络进行学习，再加上递归神经网络的应用，从而期待模型能够输出更好的组合模式。

其中，Pointer Networks 由一个编码器和一个解码器组成，其实现概要见清单 6.1。

首先，作为编码器，可以使用诸如 LSTM Cell（或返回输出序列的层）循环地构建一个简单的单层网络。

清单 6.1 编码器侧（agent/models.py）

```
import tensorflow as tf
from tensorflow.keras.layers import LSTMCell, LSTM
from tensorflow.keras.layers import Bidirectional
```

⊖ 在 2019 年 1 月发表的论文 *AlphaStar:Mastering the Real Time Strategy Game StarCraft II.* 中，其 AlphaStar 的策略中也使用了 Pointer Network。

⊖ 请参阅以下论文：

[1] Dzmitry Bahdanau, Kyunghyun Cho, Yoshua Bengio *Neural Machine Translation by Jointly Learning to Align and Translate.*

[2] Ashish Vaswani, Noam Shazeer, Niki Parmar, Jakob Uszkoreit, Llion Jones, Aidan N.Gomez, Lukasz Kaiser, Illia Polosukhin . *Attention Is All You Need.*

```python
class Encoder(object):

    def __init__(self, n_neurons=128, batch_size=4,
                 seq_length=10):
        # 参数设定
        self.n_neurons = n_neurons
        self.batch_size = batch_size
        self.seq_length = seq_length

        # 循环神经元的定义
        self.enc_rec_cell = LSTMCell(self.n_neurons)

    # 神经网络的定义
    # 与解码器不同,(非LSTM层)是显式的
    # Loop的记载
    def build_model(self, inputs):

        # Bi-directional LSTM层的插入
        inputs = Bidirectional(LSTM(self.n_neurons,
                               return_sequences=True),
                               merge_mode='concat')(inputs)

        input_list = tf.transpose(inputs, [1, 0, 2])
        enc_outputs, enc_states = [], []
        state = self._get_initial_state()

        for input in tf.unstack(input_list, axis=0):
            # 循环神经网络的输入、输出
            output, state = self.enc_rec_cell(
                input, state)

            enc_outputs.append(output)
            enc_states.append(state)


        # 输出的累积
        enc_outputs = tf.stack(enc_outputs, axis=0)
        enc_outputs = tf.transpose(enc_outputs,
                                   [1, 0, 2])

        enc_state = enc_states[-1]

        return enc_outputs, enc_state
```

与此对应的是,在解码器侧可以构建一个具有 Pointing 机制的神经网络,见清单 6.2。

清单6.2 解码器侧（agent/models.py）

```python
import tensorflow as tf
from tensorflow.keras.layers import LSTMCell
from tensorflow.distributions import Categorical

class ActorDecoder(object):

    def __init__(self, n_neurons=128, batch_size=4,
                 seq_length=10):
        # 参数设定
        self.n_neurons = n_neurons
        self.batch_size = batch_size
        self.seq_length = seq_length

        # 访问点屏蔽掩码
        self.infty = 1.0E+08
        # 访问点掩码bit（张量）
        self.mask = 0
        # 采样的种子
        self.seed = None

        # 初始输入值的参数变量（编码器单元的输出尺寸，
        # [batch_size, n_neuron])
        first_input = tf.get_variable(
            'GO', [1, self.n_neurons])
        self.dec_first_input = tf.tile(
            first_input, [self.batch_size, 1])

        # Pointing机制的参数变量
        self.W_ref = tf.get_variable(
            'W_ref',
            [1, self.n_neurons, self.n_neurons])
        self.W_out = tf.get_variable(
            'W_out',
            [self.n_neurons, self.n_neurons])
        self.v = tf.get_variable('v', [self.n_neurons])

        # 循环神经元的定义
        self.dec_rec_cell = LSTMCell(self.n_neurons)

    def set_seed(self, seed):
        self.seed = seed

    # 神经网络的定义
    # Pointing机制输出序列（神经网络）的构建
    # 对应对数似然的计算
```

```python
def build_model(self, enc_outputs, enc_state):

    output_list = tf.transpose(enc_outputs,
                               [1, 0, 2])

    locations, log_probs = [], []

    input, state = self.dec_first_input, enc_state
    for step in range(self.seq_length):

        # 循环神经网络的输入、输出
        output, state = self.dec_rec_cell(
            input, state)

        # Pointing 机制的输入、输出
        masked_scores = self._pointing(
            enc_outputs, output)

        # 选择各个输入访问点 (logit) 的得分多项式分布的定义
        prob = Categorical(logits=masked_scores)

        # 根据概率和相应对数似然的定义选择下一个访问点
        location = prob.sample(seed=self.seed)
        # 已选择访问点的注册
        locations.append(location)

        # 已选择访问点对数似然（张量）的计算
        logp = prob.log_prob(location)
        # 对数似然的注册
        log_probs.append(logp)

        # 下一个访问点的输入和掩码的更新
        self.mask = self.mask + tf.one_hot(
            location, self.seq_length)
        input = tf.gather(output_list, location)[0]
        下一个访问点的输入和掩码的更新

    # 初始访问点的再追加（为方便距离/报酬的计算）
    first_location = locations[0]
    locations.append(first_location)

    tour = tf.stack(locations, axis=1)
    log_prob = tf.add_n(log_probs)

    return log_prob, tour

# Pointing 机制的定义
```

```
# 从Encoder输出组 (Embedding) 信息 +Decoder输出的
# 顺序信息计算各个参考点的 (logit) 分数。
def _pointing(self, enc_outputs, dec_output):

    # Encoder输出项([batch_size, seq_length, ➡
n_neuron])
    enc_term = tf.nn.conv1d(enc_outputs, self.W_ref,
                            1, 'VALID')

    # Decoder输出项([batch_size, 1, n_neuron])
    dec_term = tf.expand_dims(
        tf.matmul(dec_output, self.W_out), 1)

    # 通过参考计算分数([batch_size, seq_length])
    scores = tf.reduce_sum(
        self.v * tf.tanh(enc_term + dec_term), [-1])

    # 在访问点的得分上加上 -infty (每个batch不同)
    masked_scores = scores - self.infty * self.mask

    return masked_scores
```

　　需要注意的是，在此为了避免对访问点的重复选择，在网络的配置中是通过一个掩码的应用，对各个已经选择的访问点进行动态的屏蔽。此外，根据 Pointing 机制给出的各个访问点所对应的下一个访问点的概率值（假设可选择访问点集符合多项分布），计算生成时间序列的似然。这个似然用于监督学习的损失函数计算，并且作为强化学习中的策略函数。

2. 关于强化学习的算法

　　接下来要进行的是关于强化学习算法的介绍。在此，为了避免进行有关细节的详细介绍，仅将参考论文中的伪代码发布到图 6.5 中，以进行学习算法的概要介绍。有关详细信息请参阅本书第 2 章的内容，以及相关的实现源代码和参考文献[⊖]。

Algorithm 1 Actor-critic training

1: **procedure** TRAIN(training set S, number of training steps T, batch size B)
2:     Initialize pointer network params θ
3:     Initialize critic network params θ_v
4:     **for** $t = 1$ to T **do**
5:         $s_i \sim$ SAMPLEINPUT(S) for $i \in \{1, \ldots, B\}$
6:         $\pi_i \sim$ SAMPLESOLUTION($p_\theta(.|s_i)$) for $i \in \{1, \ldots, B\}$
7:         $b_i \leftarrow b_{\theta_v}(s_i)$ for $i \in \{1, \ldots, B\}$
8:         $g_\theta \leftarrow \frac{1}{B} \sum_{i=1}^{B} (L(\pi_i|s_i) - b_i) \nabla_\theta \log p_\theta(\pi_i|s_i)$
9:         $\mathcal{L}_v \leftarrow \frac{1}{B} \sum_{i=1}^{B} \|b_i - L(\pi_i)\|_2^2$
10:        $\theta \leftarrow$ ADAM(θ, g_θ)
11:        $\theta_v \leftarrow$ ADAM($\theta_v, \nabla_{\theta_v} \mathcal{L}_v$)
12:     **end for**
13:     **return** θ
14: **end procedure**

图6.5 强化学习算法

摘自 *Neural Combinatorial Optimiation with Reinforcement Learning*（I.Bello，H.Pham，Q.V.Le，M.Norouzi，S.Bengio）In ICLR 2017，Algorithm1.

⊖　Richard S. Sutton, Andrew G. Barto. *Reinforcement Learning: An Introduction (Adaptive Computation and Machine)*, 2nd Edition. MIT Press, 2018.

该学习算法是一种典型的基于策略梯度的方法，被称为 Actor-Critic 或具有 Baseline 的 REINFORCE 算法。该伪代码中显示的是行动策略（Actor）的函数 p_θ 和状态价值（Critic 或 Baseline）的函数 b_{θ_v}，这些函数也是使用上述基于编码器和解码器结构的网络来实现的。

具体来说，各个函数均以一组访问点坐标作为其（编码器的）输入，并返回以下的函数值。

1）策略函数：由编码器 + 解码器组成的网络，产生全部访问点序列的似然值。

2）状态价值函数：由编码器 +FC 层等组成的网络，给出预期的报酬（巡回路径的长度）值。

此外，如清单 6.3 的代码所示，在此同样使用了一个共享的网络，该网络为策略函数和状态价值函数共享的编码器网络。

清单6.3 Agent（agent/actor_critic_agent.py）

```python
import tensorflow as tf
from agent.models import Encoder
from agent.models import ActorDecoder, CriticDecoder


class ActorCriticAgent(object):

    def __init__(self, …略…):

        (…略…)


        # 输入数据占位符placeholder的定义
        data_dim = (self.seq_length, self.coord_dim)
        input = tf.placeholder(shape=(None, *data_dim),
                               dtype=tf.float32,
                               name='input_data')
        self.p_holders = input


        # 共享编码器 (Encoder) 的网络构成
        self.encoder = Encoder()
        enc_outputs, enc_state = \
                    self.encoder.build_model(input)


        # 基于编码器输出策略函数 (Actor) 的网络构成
        self.actor_decoder = ActorDecoder()
        log_prob, tour = \
            self.actor_decoder.build_model(enc_outputs,
                                           enc_state)


        # 基于编码器输出状态价值函数 (Critic) 的网络构成
        self.critic_decoder = CriticDecoder()
```

```
state_value = \
    self.critic_decoder.build_model(enc_outputs,
                                    enc_state)

(…略…)
```

通过强化学习方法来进行序列数据生成的网络与第7章将要介绍的SeqGAN网络类似。但是，这两种网络所采用的更新方式是不相同的。在上述算法中，在每个样本序列数据生成的最后时刻，同时也会记录各个样本的似然性。然后，通过所记录的似然对网络生成的所有序列数据进行评估，并一次性进行网络的更新（因此，上述算法也是在1episode=1step时进行网络的更新）。

与此相对的是，在SeqGAN网络中，正如第7章将介绍的，通过Rollout对各个序列样本生成网络（Cell）进行评估和局部更新。

在使用Rollout的情况下，对Rollout策略的依赖性变大，但是由于不需要在时间方向上传播，因此认为不大可能发生梯度消失并且学习容易进行。另一方面，虽然此算法不会产生偏差，但在更深层的模型中学习有可能会变得不稳定。这可能类似于时间序列生成模型中Free Running和Teacher Forcing的区别。

在此，根据参考论文，采用了上述的算法。但是，根据目的和网络工作的不同，使用第7章介绍的算法进行学习可能也很有趣⊖。

最后，从强化学习的角度对各算法的各个要素进行概括，见表6.3。

表6.3 从强化学习的角度对各个要素的说明

	概要	表现
状态（state）	上一个访问点的编码器输出＋隐藏状态 ·但是，它隐式运行在解码器（Decoder）的神经网络中	（循环神经元的输出尺寸＋隐藏层的矢量尺寸）
行动（action）	下一个访问点 ·但是，它隐式运行在解码器（Decoder）的神经网络中	与访问点数量相同的维数
报酬（reward）	由访问点序列给定的巡回路径的距离	−1 × 巡回路径的距离
终止（done）	是否遍历了所有的访问点 ·但是，它隐式运行在解码器（Decoder）的神经网络中	如果遍历了所有访问点则为真，否则为False

需要注意的是，如表6.3所示，强化学习的上述各个要素在实现中并不是明确给出的，因为神经元是循环连接的，并且全部序列数据是在一步（1个step）内生成的。除此之外，神经网络也不是很简单地完成的，策略函数和状态价值函数网络的唯一输入是编码器的输入（即作为访问点的序列集），并以此创建初始的内部隐藏状态。

对于用于学习的输入访问点集，通过策略函数网络来生成一个环形的访问路径，采用上述策略梯度算法使用网络给出的似然和环形的访问路径的距离对网络进行评估，并通过网络

⊖ 在本书撰写时，在一次国际会议上发布了论文 *Attention, Learn to Solve Routing Problems!*。通过该论文可以在一定程度上看到日益活跃的发展状况。

获得的报酬实现网络参数的持续更新，进而可以获得更高的报酬。

6.2.3 运行结果

基于上述实现，对系统进行了实验训练，看能否通过强化学习实际获得一个具有较好报酬（较短路径长度）的输出序列。为了简单起见，在此，随机生成了 10 个访问点，并在这些访问点上进行训练。

首先，使用上述学习算法对策略函数 / 状态价值函数训练神经网络进行训练学习。为了简单起见，在一台本地笔记本电脑上进行该网络的训练，其中的一些剧集的学习大约需要一个小时才能完成。如图 6.6 所示，在左侧分别给出了状态价值函数的损失平均值（绿色），策略函数的损失平均值（蓝色）以及报酬的损失平均值（红色）的变化曲线（由于本书是单色印刷的，因此在此给出的是单色显示的曲线）。由此可以看出，从随机策略开始，随着剧集的进行，预期的报酬在稳定增加。另外，由于该网络的参数数量较少，因此可以以相对较小的批处理大小和较大的学习率来进行学习，但可以看到该网络能够学习到稳定的损失曲线。

另一方面，图 6.6 的右侧图给出了通过经过训练的策略函数网络，针对不同的测试数据所获得的巡回路径距离的曲线图。其中，以已经有的求解器对相似数据给出的解的距离作为分母，以此来表现经过学习的网络所给出的解的分布情况。从图中可以看出，虽然经过的是一个很短时间的学习，但是仍然可以看出，超过 90% 的解均给出了合理的访问路径，这些路径所给出的比值结果均落在最优解的 10% 之内。

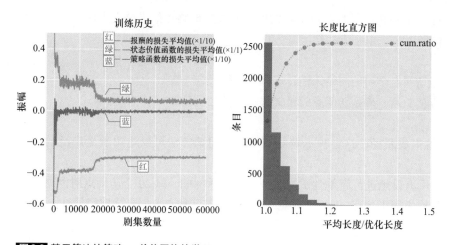

图6.6 基于算法的策略、价值网络的学习

图 6.7 给出了实际的路径估算结果。为了实现此处所示的最优路径的计算，生成了多达 100 条可能的巡回路径，并在其中选择一个最优的路径。

其中，RL Best 给出的是经过学习的网络实际估计的最优路径，OR Solver 给出的是已经有的求解器所给出的（最优）巡回路径。由此可以看出，虽然是只经过了少量数据训练学习的网络，但是仍然可以学习到能够生成最优巡回路径的网络。另一方面，RL Sample 所给出的是将估计最优路径时所生成的 100 个巡回路径简单地重叠在一起的情形。其中，颜色越深的地方表示越容易被选中的路径。另外，在此训练学习的网络不一定进行确定性的路径输出，因此也可以看出在微妙的访问点之间（特别是接近的点之间）会有一定程度的不确定性，表现为一边犹豫一边产生路径。将来可以通过增加训练学习数据，并在学习网络的设计上下功夫，从而实现网络以更少的不确定性进行最优路径的输出。

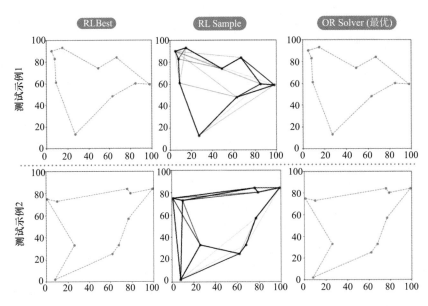

图6.7 实际推定的路径

另外，在此所生成的最优路径是经过学习的网络通过局部路径的堆叠而生成的访问点系列，即为以下两种情形：

> 1）通过经少量访问点学习的网络来估计多点巡回路径；
> 2）随着访问点的更新，剩余访问点的最优路径也随之更新。

因此可以灵活地生成路径，这也预示着我们可以设想该方法可以适用于更广泛的业务情况。

图 6.8 给出了对以上设想进行简单尝试的示例。在该示例中，以 20 个访问点对网络进行学习，并将学习过的网络用于具有 29 个访问点（地图上的实际地点）的最优路径估计。

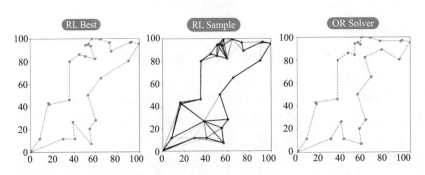

图6.8 利用较少访问点学习的网络进行多点循环路径的推定（利用6个数据点）

虽然和已有 Solver 的结果有所偏离，但还是得到了一定优化程度的访问路径。同时还可以看出，在距离较近的访问点间的访问顺序伴随着一些不确定性。在参考论文中也考虑了这种外推估算能力，并对性能进行了评价。

另一方面，如图 6.9 所示，对上述的第二种情形进行了尝试。以最初计划的 10 个访问点的巡回访问路线进行实际访问点的确定时（在此是随机选取的），每次都会选择返回到灰色圆圈所表示的最终返回点，同时也会访问其余访问点的最优路径，然后对其重新进行评价。

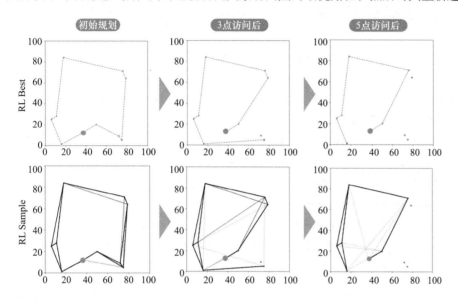

图6.9 随着访问点的更新，剩余访问点的最优循环路径也随之更新

通过使用该神经网络，只需要改变输入访问点的集合就可以很容易地对其他不同的访问点分布进行灵活的估计。另外，随着访问点的减少，可以看出进行访问路径选择的不确定性（和预想的一样）也在减少。

综上所述，已经完成了简单学习结果的介绍，并重点介绍了与这种强化学习方法有关的特殊性问题。需要说明的是，在此所采用的仅仅是一个简单的实现，以此对强化学习的方法进行了实验性的尝试。在实际的论文中，通过附加机制和搜索算法的添加，进一步改进了巡回访问路径的生成方法，即使对于超过 100 个访问点的问题，也可以使用启发式方法和监督学习，并且得到可以与精确的最优解相提并论的结果。除此之外，由于其实现方法在问题设定以及解决问题上的灵活性，在实际业务应用中遇到诸如需要提高巡回访问时间限制等情况时，可以灵活地进行应对，这在实际的业务应用程序中通常也是必需的⊖。如果读者有兴趣，可以阅读实际的论文和相关资料，论文所介绍的内容非常有趣。

🔷 6.2.4 今后的发展趋势

最后，为了对在此得到的简易结果进行进一步的改进，可以采用以下的一些途径和方法：

⊖ Michel Deudon, Pierre Cournut, Alexandre Lacoste, Yossiri Adulyasak, Louis-Martin Rousseau. *Learning Heuristics for the TSP by Policy Gradient* 2018.

1）通过长期运行和异步化等进行训练学习数据的增加，进一步推进策略和价值网络的学习。

2）学习网络的改进（例如，编码器本质上不必一定是循环神经元的序列，因此可以使用 FC、Bi-Deactional、Attention 机制等的编码器网络）。

3）如在此所进行的，一边进行学习情况的检查，一边简单地进行超参数的调整。

4）像下面介绍的 SeqGAN，使用 Rollout 进行局部学习等。

对于这些方法，随后还会进行适当的讨论。

在此所采用的方法是基于时间序列数据生成模型的。在该生成模型的领域中，不仅着重于文本数据的生成，在视频和音频数据的生成方面也有相关的应用，并且仍在积极地开发与应用相关的更精确的学习模型 / 算法。

1）*WaveNet:A Generative Model for Raw Audio.*

2）*Transformer: A Novel Neural Network Architecture for Language Understanding.*

同样地，在强化学习方面，也在继续进行更有效的学习模式 / 算法的探索。

1）*Going Beyond Average for Reinforcement Learning.*

2）*Preserving Outputs Precisely while Adaptively Rescaling Targets.*

随着这些构成技术的发展，未来有望通过这些方法的改进和新增，从而取得更进一步的发展，因此也需要继续保持关注。

6.3 魔方问题

本节将介绍鲁比克魔方（Rubik's Cube）问题，这是一个更具策略意义的组合优化问题，还将介绍使用强化学习方法的示例。

6.3.1 用强化学习解决魔方问题

问题的设定与方法

图 6.10 所示为广大读者非常熟悉的魔方。魔方是一款益智游戏器具，可以通过单个平面的旋转改变其现有的状态，并且可以通过各个平面的不断旋转最终得到用户所预想的状态。很多人小时候就对魔方很熟悉，作者在学生时代也通过排列组合对此做过一些研究，因此这也是作者非常喜欢的一款益智游戏[⊖]。实际上，魔方也可以被认为是一个组合优化的问题，在

⊖ 如果读者有兴趣可以参考以下书籍（译本）：David Joyner 著，川辺 治之 翻译. 群論の味わい —置換群で解き明かすルービックキューブと 15 パズル—. 共立出版，2010.

这个问题中，需要找到从任意状态开始到预想状态为止的旋转过程的最优组合。

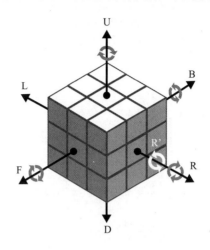

图6.10 魔方

类似于之前的巡回推销员问题，由于可能会出现组合数量激增的情况，所以简单进行的完全搜索也是不现实的。对于这个问题，已经提出了各种启发式解决方案，具有代表性的算法有以群论为基础的 Kociemba 算法和搜索为基础的 Korf 算法等。

针对这个问题，在此介绍一种使用深度强化学习的方法，该方法尝试从数据中进行合理求解算法的构建。和巡回推销员问题的情况一样，通过强化学习和机器学习方法的使用，对现有解决方案的优点和缺点进行折中，以寻求一个折中目标的解决方案。不仅如此，使用强化学习方法的特别优势还在于使用强化学习的方法仅从规则和想要达到的目的出发，在没有作为问题正确答案的监督数据和领域知识的情况下，能够通过自主学习求解问题。因此，使用强化学习的方法也是一种类似于（或替代）启发式方法的学习方法，尝试进行仅从规则开始的学习模式。

关于这个尝试，大约一年前 UCI 集团发表了一篇题为 *Solving the Rubink's Cube Without Human Knowledge*（Stephen McAleer、Forest Agostinelli、Alexander Shmakov、Pierre Baldi.）的论文。在此，将通过简单的实现示例以及相应的实验结果来对其进行概要性的介绍。

专栏 6.2

关于强化学习算法的分类

在此，使用基于无模型和策略学习的 Actor-Critic（AC）算法[⊖]作为强化学习的基本学习算法。与此相对的是，在参考论文 *Solving the Rubik's Cube Without Human Knowledge* 中，采用的是基于模型和策略学习的基于策略迭代（一种动态编程）的 Policy Iteration 算法。另外，还将在这些基础算法中学习到的策略与基于模型的蒙特卡洛树搜索（MCTS）算法相结合，进行学习后的预测处理，以进一步提高预测的准确度。

此外，将这些基本算法学习到的方法与基于模型的蒙特卡洛树搜索（Monte Calro Tree Search，MCTS）算法结合在一起作为后处理，可以进一步提高预测的准确性。

⊖ 建议参考 Sutton 的书籍，了解 Actor-Critic、Policy Iteration 和 MCTS 的基础知识。Richard S. Sutton, Andrew G. Barto. *Reinforcement Learning (Adaptive Computation and Machine Learning Series)*. 2nd Edition, MIT Press，2018.

强化学习算法能够根据各算法的特征，根据问题对象的特性对不同算法进行选择和组合。从这个意义上来说，如果能把握算法的大概分类，那么总体的前景将会有所改进。因此，通过以下的表格对当前的相关代表性算法进行简单的分类介绍，即价值/策略学习、无模型/基于模型的学习，见表 6.4 和表 6.5。除此之外，还将介绍在此所做的方法选择的背景（相关的其他重要分类，例如策略的 ON/OFF 和前向/后向观测等，请参阅本书第 2 章中的相关介绍）。

价值学习与策略学习

表6.4 价值学习与策略学习的优缺点

方法	代表算法	优点	缺点
价值学习	DQN, DDQN	学习易于稳定	策略通过状态价值间接表示
策略学习	REINFORCE, Actor-Critic	直接表达策略的最终目标	容易陷入局部最优解

价值学习算法旨在基于未来将获得的报酬来学习各个状态（＋动作）下的状态价值。在学习期间，只要能够保证状态值函数可以局部且一致地进行表示（贝尔曼误差），学习就会顺利进行，所以学习也变得比较容易。另一方面，在给定初始目标的情况下，旨在达成该目标而需要的"在某个状态下应该采取什么行动"的策略是基于状态值函数进行间接表达的，以便采取更好的行动。

与此相对的是，策略学习算法可以直接进行策略的学习（没有通过函数等的变换），从而可以最大限度地提高根据策略进行行动选取时所获得的报酬，因而可以学习到更好的策略。在以问题的初试目的为目标的直接策略学习中，存在着对训练数据（方差）的依赖性增强的趋势，同时对模型超参数的依赖性也趋于增强，因此容易陷入问题的局部最优解。

近年来，在为了弥补不同学习算法的不足，进行更好的学习算法研究的过程中，已经表现出了在一定条件下价值学习和策略学习的等效性[⊖]。实际上，不管是哪种学习算法，本质上都可以具有同样的表现。另一方面，在进行问题的应用时可以根据所要求的性能表现、需要添加的约束条件以及实际的实现制约等因素，进行易于目标任务处理的算法选择。特别是在以下两类任务的情况下更是如此：

1）诸如回合制的棋盘游戏等，需要进行复杂且策略性的行动选择的问题；
2）诸如机器人手臂执行器的连续控制等，具有高维行动空间及高度行动自由度的任务。

除此之外，对于以上两类问题，由于基于策略学习算法在策略的直接表达以及策略评价、策略设计方面的突出优势，使得该类算法的优点也正在增加，因此也更加倾向于基于策略学习算法的选择。魔方问题正是在此所讨论的第 1 类问题，因此采用了 Actor-Critic（AC）算法[⊖]，并在该算法中结合了以下基于模型的方法来进行策略网络的学习。

⊖ 请参考以下文献：

[1] John Schulman, Xi Chen, Pieter Abbeel. *Equivalence Between Policy Gradients and Soft Q-Learning*.

[2] Brendan O'Donoghue, Remi Munos, Koray Kavukcuoglu, Volodymyr Mnih. *Combining policy gradient and Q-learning*.

[3] Ofir Nachum, Mohammad Norouzi, Kelvin Xu, Dale Schuurmans. *Bridging the Gap Between Value and Policy Based Reinforcement Learning*.

[4] Tuomas Haarnoja, Aurick Zhou, Pieter Abbeel, Sergey Levine. *Soft Actor-Critic: Off-Policy Maximum Entropy Deep Reinforcement Learning with a Stochastic Actor*.

⊖ Volodymyr Mnih, Adrià Puigdomènech Badia, Mehdi Mirza, Alex Graves, Timothy P. Lillicrap, Tim Harley, David Silver, Koray Kavuukcuoglu. *Asynchronous Methods for Deep Reinforcement Learning*.

无模型与基于模型的学习

表6.5 无模型或基于模型学习的优缺点

方法	代表算法	优点	缺点
无模型	Actor-Critic、DQN	不依赖于环境，能够通过有限的数据进行学习	详细的学习需要较多的时间
基于模型	MCTS、动态规划法	可以根据环境进行详细的学习	需要全面搜索学习数据

　　无模型学习算法是指智能体在不了解环境详情（转换概率）的情况下，通过行动对环境的探索来进行学习的算法。其中，环境将返回一个报酬值，作为行动探索的反馈，并将环境的状态转移到下一个状态。在无模型学习中，环境通常被视为一个作为黑匣子的学习对象，通过环境对策略的（随机的）反应进行状态价值等的学习。虽然无模型学习能够进行仅从有限的数据中获得不依赖于特定环境的高度通用的学习，但是其数据效率较低，因此详细的学习需要更多的数据，学习也会花费更多的时间。

　　与此相对的是，基于模型的算法是以目标环境已明确建模/模型化的假定为前提，并运用模型化的环境来进行目标的预测，同时返回相应的状态序列数据，以此进行策略和状态价值的学习。在基于模型的算法学习中，虽然可以通过接近于环境的数据进行有效且详细的学习，但一般来说需要进行完全的状态搜索，从而实现对环境的建模。

　　对于一个小规模的问题（例如需要考虑的可能行动选择和行动序列只有10个的情况）来说，由于完全状态搜索的计算成本很小，所以很容易使用基于模型的方法。正是基于这个原因，在上述的参考论文中，都使用了基于模型的方法作为解决问题的基本方法。但是，对于围棋、象棋等大规模复杂问题来说，通常会采用无模型学习算法作为解决该类问题的基本方法。在此所进行的问题中，考虑到将来会向更复杂的问题发展，故决定采用基于无模型学习算法（Actor-Critic）作为解决问题的基本方法。

　　在进行实际问题解决的算法具体应用中，很多情况下也会采用基于模型的方法和无模型学习算法这两类方法的相互结合。实际上，在AlphaGo[⊖]的实现中，即采用了基于模型的MCTS算法进行学习后的预测处理，以便得到更准确的未来预测（基于经过训练学习的策略网络）。同时，基于模型的MCTS算法也是策略决策算法的重要组成部分。同样地，在上述参考论文中，通过MCTS算法在学习后预测处理过程中的应用，可以大大提高行动选择的准确性。在此所进行的问题中，也将MCTS作为学习后预测处理的基本算法，以确认仅基于基本策略的简单方法是否一定能够提高预测的准确性。

6.3.2　实现概要

　　关于示例实现的完整内容请参照本书所附文件的"contents/6-3_rubiks_cube"目录，在此只简要介绍实现的基本内容。

1. 关于模拟器环境

　　首先，介绍作为强化学习基础的模拟器。尽管许多人已经发布了魔方模拟器的实现，但是在此，出于便于状态空间的不断试错以及增强自身理解的目的，决定基于OpenAI Gym的框架，自己动手轻松进行魔方模拟器的实现。为简单起见，在此仅假设了 $3 \times 3 \times 3$ 和 $2 \times 2 \times 2$ 的魔方（order = 3，2）。其实，将其扩展到较大阶数的魔方也是很容易实现的。

⊖ *Mastering the game of Go with Deep Neural Networks & Tree Search.*

关于在此实现的魔方模拟器各个要素的介绍见表6.6。

表6.6 在此实现的魔方模拟器各个要素的介绍

	概 要	表 现
状态（state）	在各个面的各个图块所对应的字段中，分别设置了代表各种不同颜色的向量元素，以表示图块的状态	通过 one-hot 向量表示的图块颜色，表现为 order × order × 6(face) × 6(color) 维的向量
行动（action）	在不考虑完全旋转 (保持固定块 / 轴) 的情况下，可能的面 / 块的旋转操作，如图 6.10 所示	1）2 × 2 × 2:(F, R, U)， 2）3 × 3 × 3:(F, R, U, B, L, D) + 反向旋转（逆时针旋转 ），等
报酬（reward）	与状态对应的报酬	如果为终止状态则为 +1，否则为 −1
终止（done）	魔方是否处于预定状态	如果是则为 True，否则为 False

作为旋转操作的实现，将与操作有关的周边图块映射为一个（order+2，order+2）的矩阵，并通过 NumPy 的矩阵运算实现魔方的 90° 旋转。另外，考虑到操作的对称性，在此没有进行整个魔方的全局旋转，只进行了指定面（切片）的旋转操作，如图 6.11 所示。

由于旋转操作的对称性以及魔方自身的结构约束，原本应该考虑的状态向量也可以在较小的维度中表示。因此，为了简单起见，在此采用了上述最简单的 one-hot 向量来表示。

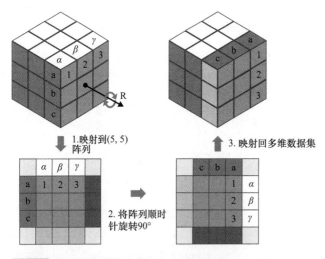

图6.11 旋转操作实现的示意图（以 R 旋转为例）

在以下的实现中，针对一个 2 × 2 × 2 的魔方，采用了（F，F′，R，R′，U，U′）（X 的反向旋转操作用 X′ 表示）的六个 90° 旋转操作环境（称为 quarter-turn metric[⊖]），并以此进行魔方的实现。

2. 关于网络和学习的构建

在 AC 算法中，策略网络和价值网络的更新和学习是分别进行的。但是在此实现中，采用

⊖ 还有一种被称为 half-turn metric 的标准，不仅具有 90°（X）、270°（X′）的旋转，还具有 180° 的旋转（X+X）。另外，上述 God's Number 是 quarter-turn metric，26（14）for 3 × 3（2 × 2）cube。另一方面，half-turn metric 中有 20（11）for 3 × 3（2 × 2）cube。参见 *Optimal Solutions for Rubik's Cube*.

了一个共享的共用网络来进行网络的学习。该网络以魔方的状态作为输入，同时进行行动策略（下一个行动的概率）和价值（输入状态的价值）两个要素的学习。因此，在该网络的后半段，分别配置了不同的网络及输出，如图 6.12 所示。

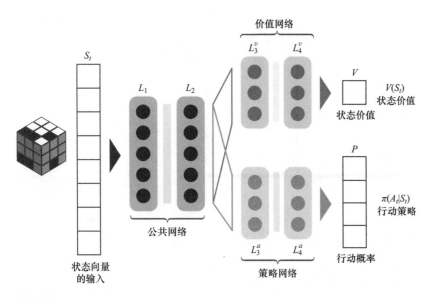

图6.12 学习的网络

在原始的 AlphaGo 中，考虑了通过监督学习进行的对预学习结果的迁移利用，并将其用作独立的网络。但是在不使用预学习的 AlphaGo Zero 论文[⊖] 中，与使用其他网络的情况相比，通过一种高通用性表示能够取得较高的计算效率和多种用途的通用性，从而获得更好的结果。虽然网络的转换也很容易，但是在此为了简单起见，使用了具有两个网络段的共用网络来进行算法的学习。

对于以学习为目的的数据生成 / 探索，从初始的求解状态开始，从可能的旋转操作中随机进行某个旋转操作的选择，用来实现以状态作为输入，执行强化学习的试错步骤的探索。但是，这种随机的行动探索只进行指定的次数。对于随机操作的次数，根据参考论文，是通过 1/操作次数进行加权而生成的，从而使得更接近解 (=操作次数少) 的样本变得更多（通过这种加权，一定可以学习到准确度更高的策略）。

图 6.13 给出了 AC 学习算法的概要。

在学习的过程中，首先根据当前的策略网络（启用策略）选择行动，在访问环境的同时进行自主学习和探索（self-play）。其次，使用通过自主学习探索所获得的报酬信息，进行策略和价值网络的权重参数的更新。像在此所进行的问题一样，在学习进行序列数据学习的过程中，需要进行序列信息的显式保存 [如 TD(0) 而不是 TD(λ)]，并将其用于学习中，这对于学习效率的提高来说是非常重要的。在此，通过一个剧集内所获得的报酬信息的保存，可以在网络更新时期进行折损报酬累加和 G_t 的重新构成，并通过所谓的前向观测更新网络，见清单 6.4。

⊖ *AlphaGo Zero: Learning from scratch.*

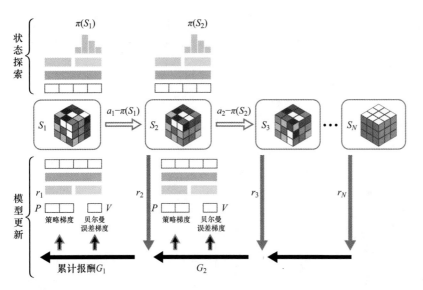

图6.13 AC学习算法的概要

清单6.4 Actor-Critic算法的定义（train.py, agent/actor_critic_agent.py）

```
### 摘录自 train.py
import tensorflow as tf
from gym_env.rubiks_cube_env import RubiksCubeEnv
from agent.actor_critic_agent import ActorCriticAgent
from agent.memory import Memory


# 主要处理流程
# --- PRE-PROCESS ---
# 会话开始
sess = tf.Session()


(…略…)


# 实例创建
env = RubiksCubeEnv()
st_shape, act_list =\
    env.get_state_shape(), env.get_action_list()
agent = ActorCriticAgent(st_shape, act_list)
memory = Memory()


(…略…)


# --- TRAIN MAIN ---
# 剧集循环


(…略…)


for i_episode in range(n_episodes):
```

```
# Cube 环境的初始化
env.reset()
# Cube 的随机重置
_, state = env.apply_scramble_w_weight()
# Step 的循环
for i_step in range(n_steps):

    # （策略网络）给智能体的行动建议
    action = agent.get_action(sess, state)

    # 对应于行动选择，从环境中获取的报酬值等
    next_state, reward, done, _ = env.step(action)

    # 经验的存储
    memory.push(state, action, reward,
                next_state, done)

    state = next_state

    if done[0]:
        break


# --- POST-PROCESS (EPISODE) ---
# 从存储器取得经验数据
memory_data = memory.get_memory_data()

# 使用经验数据的智能体更新
_args = zip(*memory_data)
losses = agent.update_model(sess, *_args)


(…略…)


# 为下一个剧集，进行内存的初始化
memory.reset()



### 摘录自 agent/actor_critic_agent.py
# 智能体类的定义
class ActorCriticAgent(object):

    def __init__(self, …略…):
        (…略…)


    # 模型更新
    def update_model(self, sess, state, action,
                    reward, next_state, done):
```

```
(…略…)

# 状态值和TD误差的计算
# TD(0)法时
if 0:
    next_st_val = self.predict_value(
        sess, next_state)
    target_val = np.where(done, reward,
                          reward +
                          self.gamma * next_st_➡val)
# TD(λ)法时
if 1:
    (…略…)

    # 根据累计报酬值计算 G_t
    target_val = []
    for i_step in range(len(reward)):
        rwd_seq = [self.gamma**i * i_rwd[0]
                   for i, i_rwd in enumerate(
                       reward[i_step:])]
        (…略…)

        g_t = np.sum(rwd_seq)
        target_val.append([g_t])

st_val = self.predict_value(sess, state)
td_error = target_val - st_val

(…略…)

# feed_dict 的定义
feed_dict = {
    input: state,
    val_obs: target_val,
    td_err: td_error,
    act_obs: action_idx
}

# 价值网络的更新
_, losses = sess.run(
    [v_optim, self.losses], feed_dict)
# 策略网络的更新
_, losses = sess.run(
    [p_optim, self.losses], feed_dict)

return losses
```

3. 策略学习后的预测过程

接下来，在 AC 算法学习完成后，使用通过 AC 算法学习过的策略网络进行行动的预测。

如在关于强化学习算法的分类中所述，据相关文献报道，通过蒙特卡洛树搜索（MCTS）在学习后预测处理过程中的添加，预测准确度会有很大的提高。与直接使用策略网络的预测相比，蒙特卡洛树搜索（MCTS）的添加也必然会延长搜索的时间。在此使用的 MCTS 是一种完全信任，并且利用了一个被称为 PUCT 算法（不使用 Rollout）的网络学习算法。在 AlphaGo Zero 中也使用了该方法（但是 AlphaGo Zero 不仅在学习后的预测处理中，而且在 self-play 的学习目标生成中也使用了同样的 MCTS）。

该 MCTS 搜索的概要如图 6.14 所示，主要包括以下四个步骤：

1. Select：进行报酬信息的收集，同时根据各个节点的值（V）选择概率（P），以及某些选择条件从现有搜索树中进行子节点的顺序选取。

2. Expand：当到达终端节点时，子节点被进一步扩展，并且基于估计策略给出每个节点的选择概率（P）。

3. Evaluate & Backup：利用所通过的行动路径 / 行动序列获得的报酬信息以及终端节点的估计状态价值来进行该路径价值的评估，同时更新各相关节点的价值（V）。

4. Repeat：回到 1。

重复以上步骤所构成的过程，反复进行搜索树的搜索，直到满足结束条件为止。由于使用了已经通过估计策略和估计状态价值学习的策略网络和状态价值网络，因此可以有效地进行状态的搜索和评价，同时可以缩小搜索的范围，而无需进行搜索树的完全搜索。

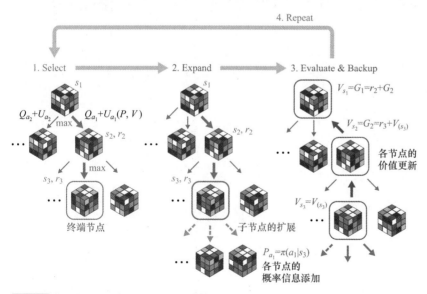

图6.14 蒙特卡洛树搜索（MCTS）的概要

有关节点选择条件的详细信息，请参阅上述所给出的参考论文。其基本的策略是根据上述 P、V 对各节点算出其平均状态值 $[Q(s,a) \propto$ 报酬累加和 / 节点访问数] 以及节点搜索值

$[U(s,a) \propto$ 选择概率 / 节点访问数 $]$。并且根据 $a_t = \text{argmax}_a[Q(s_t, a_t) + U(s_t, a_t)]$，在保持搜索和利用率平衡的同时进行行动的选择，见清单 6.5。

清单6.5 蒙特卡洛树搜索算法（util/mcts.py）

```python
# MCTS 类别的定义
class MCTS(object):

    # 函数的构建
    def __init__(self, agent):
        self.env = RubiksCubeEnv()
        self.agent = agent


        (…略…)


    # 搜索的执行
    def run_search(self, sess, root_state):

        # --- PRE-PROCESS ---
        # 搜索根节点的生成
        root_node = Node(None, None, None)

        # 最优路径记录缓冲区
        best_reward = float('-inf')
        best_solved = False
        best_actions = []

        # --- SEARCH MAIN ---
        n_run, n_done = 0, 0
        start_time = time.time()

        # 路径的反复搜索
        while True:

            # 路径搜索的初始化
            node = root_node
            state = root_state
            self.env.set_state(root_state)

            weighted_reward = 0.0
            done = [False]
            actions = []

            # 根据选择规则进行搜索树的搜索
            n_depth = 0
            while node.child_nodes:
                # 根据选择规则进行子节点的选择
```

```
        node = self._select_next_node(
            node.child_nodes)


        # 进行所选择节点、搜索步骤的评价
        next_state, reward, done, _ =\
            self.env.step(node.action)
        weighted_reward += self.gamma**n_depth * \
            reward[0]


        n_depth += 1
        state = next_state
        actions.append(node.action)

    # 现有探索树子节点的展开
    if not done[0]:
        # 计算各行动的概率
        action_probs = self.agent.predict_policy(
            sess, [state])
        # 与各行动对应的子节点的生成
        node.child_nodes = [
            Node(node, act, act_prob)
            for act, act_prob in zip(
                self.act_list,
                action_probs[0])
        ]


    # 整个搜索路径的评价
    if not done[0]:
        # utilize state value
        if 1:
            # 终端节点的评价
            _v_s = self.agent.predict_value(
                sess, [state])
            weighted_reward +=\
                self.gamma**n_depth * \
                _v_s[0][0]


            # 未得到问题解时的报酬
            _penalty = self.unsolved_penalty
            weighted_reward += _penalty


    (…略…)


# 最终路径评价对所经过节点的反馈
while node:
    node.n += 1
```

```
                node.v += weighted_reward
                node = node.parent_node

            # 最优路径的更新
            if best_reward < weighted_reward:
                best_reward = weighted_reward
                best_solved = done[0]
                best_actions = actions

            # 路径探索的结束条件
            n_run += 1
            if done[0]:
                n_done += 1
            duration = time.time() - start_time
            if n_run >= self.max_runs or duration >= ➡
self.time_limit:
                break

        (…略…)

        return best_reward, best_solved, best_states, ➡
best_actions

        (…略…)

# Node类的定义
class Node(object):

    def __init__(self, parent, action, prob):
        # 父节点的注册
        self.parent_node = parent
        # 达成行动的注册
        self.action = action

        # 达成行动选择概率的记录
        self.p = prob
        # 节点的状态值
        self.v = 0.0
        # 节点的访问次数
        self.n = 0

        # 子节点的扩展
        self.child_nodes = []
```

🔷 6.3.3　实现结果

基于到目前为止所进行的算法介绍，可以有效提高 $2 \times 2 \times 2$ 魔方问题的学习结果，并获得了如图 6.15 所示的实现结果。在此将着重介绍各种算法并掌握其基本趋势，因此采用的是很简单的学习。

1. 基于 AC 算法的学习 / 预测结果

首先，通过 AC 算法进行了策略 / 价值网络的学习。为了简单起见，该学习是在本地笔记本电脑上完成的，其中所具有的剧集数量大约需要一个小时的学习时间。如图 6.15 所示，其左侧的图给出了平均损失和平均报酬的变化曲线。由此可以看出，从随机策略开始，可以看到预期的报酬是随着剧集的进展而一致提高的。另外，在此所进行的网络更新是在每个剧集上进行的（批量大小为 15 个步长），并且还发现由于价值网络中基准函数的引入，可以使学习受到一定程度的抑制，从而实现了一定程度的平衡学习。

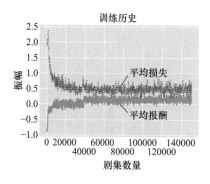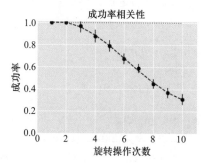

图 6.15 魔方的学习结果

图 6.15 的右图给出了经过学习的策略网络针对其他测试数据，所得到的魔方问题的解决程度。在此，仅使用了经过学习的策略网络，该策略网络根据网络所输入的状态输出当前状态下的行动选择概率，以通过下一个行动的选择来改变魔方的状态。其中，横轴表示的是从魔方的解状态开始随机旋转操作的次数，纵轴表示其中获得实际解的比例。由预测曲线图可以看出，通过所给剧集的学习，对于从魔方的解状态开始随机旋转操作 1、2 次的情况，网络能够很好地进行问题的求解。但是，当这种随机旋转操作达到 6、7 次时，网络只能实现 5 成左右的问题求解 [需要注意的是，在随机策略的情况下，问题求解的比例大约为 $(1/6)^n =$ $(0.17)^n$]。

图 6.16 给出了几个实际的操作示例。其中，自左向右的变化表示的是随机旋转操作的记录，自右向左的变化表示的是策略网络所选择的旋转操作。并且，在每个状态下还给出了价值网络给定的状态值。

随机旋转次数：2 次，成功率：536/536

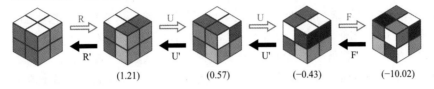

随机旋转次数：4次，成功率：496/518

图6.16 AC算法的学习/预测结果

2. 达成解的实例

以下为简单起见，将以命令行的形式给出一些达成了预定解的实例。

[实现结果]

```
随机旋转次数：2 次，成功率：536/536
 G | ——[R']——> ——[F']——> | S
 G | <——[R]—— (1.31) <——[F]—— (0.29) | S


 随机旋转次数：4次，成功率：496/518
 G | ——[R]——> ——[U]——> ——[U]——> ——[F]——> | S
 G | <——[R']—— (1.21) <——[U']—— (0.57) <——[U']—— (−0.43) ➡
 <——[F']—— (−10.02) | S


 随机旋转次数：6次，成功率：342/486
 G | ——[F]——> ——[F]——> ——[F']——> ——[U']——> ——[U']——> ——[F']——> | S
 G | <——[F']—— (1.13) <——[U]—— (2.01) <——[U]—— (−1.22) ➡
 <——[F]—— (−12.02) | S


 随机旋转次数：8次，成功率：248/496
 G | ——[R']——> ——[U]——> ——[U]——> ——[F']——> ——[U]——> ——[R']——> ➡
 ——[F']——> ——[F]——> | S

 G | <——[R]—— (1.31) <——[U']—— (0.20) <——[U']—— (−0.06) ➡
 <——[F]—— (−10.18) <——[U]—— (−12.67) <——[U]—— (−11.84) ➡
 <——[U]—— (−17.50) <——[R]—— (−16.78) | S
```

由此可以看出，在随机旋转次数较少的情况下，能够获得较高的求解比例。在随机旋转次数较多的情况下，随机操作中包含了（$F' \to F$）这样的冗余操作，因此实际包含的随机操作也较少，能得到解的比例也较高。此外，策略选择的操作也容易包含 $U \leftarrow U \leftarrow U(=U')$ 等的冗余操作。

3. 未达成解的实例

[实现结果]

```
随机旋转次数：4次，成功率：22/518
 G|--[R]--> --[F']--> --[U']--> --[R']-->|S
 * <--[R]-- (-8.44) <--[R]-- (-10.68) <--[U']-- (-3.49) ➡
 <--[U]-- (-10.68) <--[R']-- (-8.44) <--[R]-- (-10.68) ➡
 <--[F]-- (-10.60) <--[U]-- (-12.93) <--[F']-- (-10.13) ➡
 <--[F]-- (-12.93) <--[F]-- (-11.18) <--[R]-- (-10.36) ➡
 <--[U]-- (-7.00) <--[U]-- (-13.74) <--[U]-- (-7.81)|S

随机旋转次数：6次，成功率：144/486
 G|--[F']--> --[R]--> --[R]--> --[U]--> --[F]--> --[U']-->|S
 * <--[R']-- (-12.14) <--[U]-- (-12.96) <--[U']-- (-12.14) ➡
 <--[R]-- (-15.32) <--[R']-- (-12.14) <--[R]-- (-15.32) ➡
 <--[F]-- (-15.66) <--[U]-- (-13.88) <--[U]-- (-12.74) ➡
 <--[U]-- (-11.92) <--[F]-- (-8.69) <--[F']-- (-11.92) ➡
 <--[F']-- (-10.07) <--[U]-- (-11.29) <--[R]-- (-15.29)|S

随机旋转次数：8次，成功率：250/498
 G|--[U]--> --[R]--> --[R]--> --[R]--> --[R']--> --[U]--> --[R]--> ➡
 --[U']-->|S
 * <--[R']-- (-9.04) <--[R]-- (-8.03) <--[R']-- (-9.04) ➡
 <--[R]-- (-8.03) <--[R']-- (-9.04) <--[R]-- (-8.03) ➡
 <--[R']-- (-9.04) <--[R]-- (-8.03) <--[R']-- (-9.04) ➡
 <--[U']-- (-10.61) <--[R']-- (-6.85) <--[R']-- (-10.02) ➡
 <--[U']-- (-9.74) <--[R]-- (-12.29) <--[U]-- (-11.78)|S
```

根据在此所给出的报酬的定义，如果正确估计了状态价值（或策略），则随着魔方状态与预定解的偏离，各状态的价值大概会减少到 -1。但是，从上述的例子中可以看出，如果预先的随机旋转次数超过了 2、3 次，则赋予各个状态的状态价值的值与相应的预期值会有很大的出入，说明这些状态价值还没有通过网络正确地估计出来。

特别是在没有达成预定解的例子中，可以清楚地看到，随着行动的实施，相应的状态价值却没有增加，并且对于各个状态来说，也没有正确估计出其状态价值以及适当的策略。因此可以预期，如果通过进一步的学习能够正确估计这些状态价值估计，则上述得到预定解的成功率曲线会有所改进。

6.3.4　AC+MCTS算法的预测结果

接着，对于测试数据，基于在 AC 中学习到的策略 / 价值网络，利用 MCS 算法进行后处理，得到的结果如图 6.17 所示。

接下来，在之前进行的 AC 学习所得到的策略 / 价值网络的基础上，再通过蒙特卡洛树搜索的 MCTS 算法的引入，对测试数据进行学习后的预测处理，得到了图 6.17 所示结果。

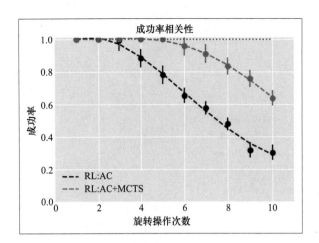

图6.17 AC+MCTS算法的预测结果

由预测结果的曲线可以看出，达成预定解的成功率曲线明显有很大的提高。
与上述所进行的一样，在此也给出了以下状态变化的具体例子。

1. 达成解的实例

[实现结果]

随机旋转次数：6次，成功率：504/526
G | --[F']--> --[R']--> --[U]--> --[R']--> --[R']--> --[U]--> | S
G | <--[F]-- (0.89) <--[R]-- (0.06) <--[U']-- (−0.29) ➡
<--[R']-- (−11.72) <--[R']-- (−14.34) <--[U']-- (−19.36) | S

随机旋转次数：7次，成功率：471/515
G | --[F']--> --[F']--> --[R']--> --[F']--> --[R]--> --[R]--> ➡
--[U']--> | S
G | <--[F']-- (1.13) <--[F']-- (0.14) <--[R]-- (−1.69) ➡
<--[F]-- (−7.61) <--[R']-- (−10.43) <--[R']-- (−9.58) ➡
<--[U]-- (−12.97) | S

随机旋转次数：8次，成功率：404/527
G | --[F]--> --[F]--> --[R']--> --[F']--> --[U]--> --[F]--> ➡
--[R]--> --[U']--> | S
G | <--[F]-- (0.89) <--[U']-- (0.78) <--[R']-- (−0.87) ➡
<--[U]-- (−8.39) <--[F]-- (−12.67) <--[U]-- (−15.65) | S

随机旋转次数：9次，成功率：358/472
G | --[F]--> --[R']--> --[R]--> --[U']--> --[U']--> --[U']--> ➡
--[R']--> --[R']--> --[F]--> | S
G | <--[F']-- (1.13) <--[U']-- (−0.04) <--[R']-- (−1.04) ➡
<--[R']-- (−7.84) <--[F']-- (−15.58) | S

由此可以看出，对于一个较长的操作序列以及具有冗余操作的序列，尽管也存在由于状态价值评估不足而出现的使得状态价值暂时降低的操作，但是算法还是能够预测出更加有效的操作序列（例如用 U′ 替代 U′×3 的操作）。除此之外还可以看到，在预先随机旋转 8 次的示例中，出现了更短的操作序列（6 个操作），与此前的逆向序列有所不同。

2. 未达成预定解的实例

[实现结果]

```
随机旋转次数：7次，成功率：44/515
 G | --[U']--> --[R']--> --[F]--> --[U]--> --[F']--> --[R]--> ➡
--[U']--> | S
 * <--[U']-- (–7.49) <--[F]-- (–12.53) <--[U]-- (–16.16) | S


随机旋转次数：8次，成功率：87/527
 G | --[F']--> --[U]--> --[U]--> --[F']--> --[R]--> --[R]--> ➡
--[F]--> --[F]--> | S
 * <--[F']-- (–7.45) <--[U']-- (–5.17) <--[F']-- (–6.55) ➡
<--[U]-- (–6.71) <--[F']-- (–10.45) <--[U]-- (–14.78) ➡
<--[R]-- (–10.14) <--[F']-- (–19.06) | S


随机旋转次数：9次，成功率：114/472
 G | --[U']--> --[R]--> --[U']--> --[F']--> --[F']--> --[U]--> ➡
--[U']--> --[U']--> --[U']--> | S
 * <--[F']-- (–4.30) <--[U']-- (–3.19) <--[F]-- (–5.79) ➡
<--[F]-- (–6.82) <--[U']-- (–12.63) <--[R']-- (–12.41) ➡
<--[U']-- (–19.56) | S


随机旋转次数：10次，成功率：179/495
 G | --[U]--> --[F]--> --[R]--> --[R]--> --[F]--> --[R']--> ➡
--[U]--> --[U]--> --[R]--> --[F]--> | S
 * <--[R']-- (–2.27) <--[F]-- (–8.30) <--[U']-- (–5.89) ➡
<--[F]-- (–8.38) <--[U]-- (–15.96) <--[U]-- (–16.01) | S
```

另一方面，如上所述，在没有达成预定解的实例中，仍然有一些行动序列系列尚未找到问题的解。还没有发现解决策略的时间序列在一定程度上得到了确认。但是，从最终状态的状态价值来看，似乎可以通过网络的改进、超参数的调整以及搜索时间的延长等进行改进。

与之前进行简单预测时的情况一样，网络对状态价值的估计仍然存在着估计不足的问题。但是，在引入蒙特卡洛树搜索的 MCTS 算法的情况下，通过适当的树搜索利用所将进行的搜索，可以考虑到状态估计值之间的微小差异。在此可以看到，通过这种微小的状态估计值差异的考虑（利用），当状态价值朝着下降方向摆动时，（搜索）则转换到以有效地发现预期解的方向进行（需要注意的是，实际结果很大程度上取决于搜索运用的加权参数、搜索时间之类的超参数。关于本次搜索的时间，网络进行预定解搜索的时间为0.1s，同时设定MCTS算法允许以 10 倍的搜索时间，即 1.0s 左右，进行环境的估计）。

以此方式，即使在所学习到的策略较为粗糙的情况下，也可以看出，通过蒙特卡洛树搜索 MCTS 算法的引入，仍然可以获得较高质量的解决方案，并且可以大大提高性能。在 AlphaGo Zero 中，更加积极地运用了这一思想，在进行策略 / 价值网络学习的目标生成时即引入了蒙特卡洛树搜索的 MCTS 算法，并采用了协同学习的思想，如图 6.18 所示。

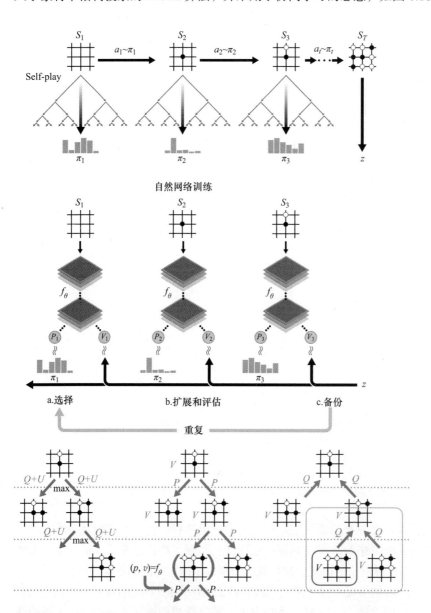

图6.18 AlphaGo Zero 的学习算法概要图

摘自 *Mastering the game of Go without human knowledge*（David Silver, et al.），Figure1.

对于以上所得到的实现结果，在我们此前给出的参考论文中也给出了相同内容的报告。报告称，基于强化学习的方法，通过引入蒙特卡洛树搜索 MCTS 算法所进行的问题求解和预测，从预测准确度和预测速度两个方面来看，首次获得了超越现有最佳启发式方法的结果。需要说明的是，关于魔方问题，通过完全探索可以得到解决任意随机状态所需旋转操作数的上限，该任意随机状态所需旋转操作数的上限值也被称为上帝数字（God's Number）。参考论文也从这一观点出发，通过与问题求解上限值上帝数字的比较，探索已得到的解决方案以及启发式解决方案如何进一步提供更好的解决方案，从而显示出非常有趣的结果。另外，在已经学习到的解决方案中也包含了很多众所周知的定式模型。读者如果有兴趣的话，可以进行进一步的相关阅读。

3. 监督学习的学习 / 预测结果

最后，为了对通过 AC 算法进行的策略学习进行比较，在此给出了通过监督学习进行的策略网络学习的结果。在监督学习中，将随机旋转过程中得到的各种状态作为预定解，并以此作为监督数据进行学习。与强化学习一样，需要在接近解的位置对样本进行适当的加权。并且，如图 6.19 所示的曲线，是通过与 AC 算法学习相同程度样本数量的数据所获得的学习结果。

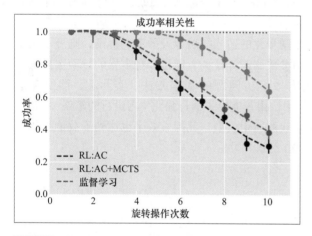

图6.19 监督学习的学习/预测结果

正如预想的那样，可以看到与强化学习（AC）相比，监督学习有助于数据利用率的提高，这在 AlphaGo Zero 的报告中也显示出了监督学习良好的初始学习效率。因此，在考虑实际任务的应用时，首先采用有监督学习的方法，并将其作为初始方法（如 AlphaGo 的例子）来进行有针对性的策略学习，这似乎是一个比较合理的方案。

另一方面，也有报告显示，不依赖监督数据的强化学习最终也可以以较少的数据浪费获得更好的策略。在与此时进行的类似任务中，正如在上述部分示例中已经看到的那样，按照随机旋转过程的逆方向进行的行动顺序也不一定总是最优的，并且可以通过更多细节的探索来获得相同的趋势，这也是完全可以预期的。另外，在此进行的是与监督学习的比较，但是作者认为将数据效率与参考论文中使用的策略迭代方法进行比较也将是很有趣的。

6.3.5 今后的发展趋势

最后，为了能够对在此通过简单学习得到的结果进行进一步的改进，给出了以下的一些改进方法：

> 1）通过长时间运行和并行优化来进行学习数据的积累，使得原有的策略／价值网络变得更聪明。
>
> 2）如在此进行的那样，一边检查行动学习效果，一边调整 AC 以及 MCTS 算法学习的超参数。
>
> 3）在学习数据上下功夫（例如，排除诸如 X + X' 之类的冗余组合。实际上，在当前进行的环境下，反向操作的概率为 1/6。因此，如果连续进行 10 次操作，则 80% 或更多的操作序列中总是包含有冗余操作的）。
>
> 4）如 AlphaGo Zero 那样，在学习过程中采用 MCTS 进行（目标）的学习。

诸如此类的方法希望今后也能够进行适当的讨论。

另外，正如在各算法要素的介绍中经常出现的那样，在此给出的参考论文（S. McAleer, F. Agostinelli, A. Shmakov, P. Baldi, *Solving the Rubik without Human Knowledge.*）也受到了 AlphaGo 方法的很大影响，并且各构成要素也基本相同。

对于在此介绍的算法，如果能够进行非同步化的适当扩展以及效率的提高，则可以应用于更复杂的竞技棋盘游戏的策略学习以及超参数调谐等任务，通过多种多样的行动选择来寻求问题的最优解，并因此可以考虑作为有效解决问题的基本方法。实际上，即使是在 AlphaZero 于 2018 年 12 月最新发布的版本[一] 中，由于突出了通过强化学习进行的策略／状态价值的学习，使其能够成为适应于各种棋类游戏的通用模型，其探索效率也达到了数量级的提高，因此能够进行更加广泛的搜索，如图 6.20 所示。

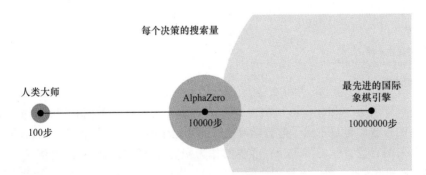

每个决策的搜索量

人类大师 — AlphaZero — 最先进的国际象棋引擎
100步 — 10000步 — 10000000步

图 6.20 最新的 AlphaZero 版本

就这种发展潜力而言，可以认为 Rubik's Cube 魔方问题给出了良好的问题基础，也正是因为这个原因，在此以魔方问题为例进行强化学习的实现。

对于在此介绍的这些强化学习算法，目前仍然在积极进行更有效搜索算法的探索和研究，以寻求更好的强化学习方法[一]。同时，由于技术开发联盟和社区的积极贡献，使得实施强化学

㊀ *AlphaZero: Shedding New Light on the Grand Games of Chess, Shogi and Go.*

㊁ Hao-Tien Lewis Chiang, Aleksandra Faust, Marek Fiser, Anthony Francis. *Learning Navigation Behaviors End-to-End with AutoRL.*

习的门槛大大降低[⊖]。可以预见的是，未来会不断涌现出更多更好的强化学习算法以及问题的解决方案，并将其加以实现。因此，应该对这些发展方向及进展继续进行密切、深入的跟踪和监测，并研究和探索其实际的适用性。

6.4 总结

> **在此进行本章内容的总结。**

在本章中，通过巡回推销员问题和魔方问题介绍了通过机器学习，特别是强化学习来解决组合优化问题的方法。虽然在此所给出的仅仅是一些相关的简单尝试，但是对于组合优化问题的长期研究来说，如果能够很好地理解在此所介绍的两种解决问题的方法，从而能够考虑将机器学习的方法应用于组合优化的话会，这将是很有益处的。如我们所介绍的实例一样，通过机器学习，能够从数据开始进行现存领域知识的重新构建，基于领域知识的机器学习同时又能促进数据的积累。通过这种互相作用，能够探索出更有效的实际应用。这样的情况，今后会越来越多。

⊖ 参见以下的论文和github：

[1] Peter Buchlovsky, David Budden, Dominik Grewe, Chris Jones, John Aslanides, Frederic Besse, Andy Brock, Aidan Clark, Sergio Gómez Colmenarejo, Aedan Pope, Fabio Viola, Dan Belov. *TF-Replicator: Distributed Machine Learning for Researchers*.

[2] *TF-Agents: A library for Reinforcement Learning in TensorFlow*.

7 序列数据生成的应用

本章将介绍两个使用基于策略的方法进行时间序列数据生成的示例。

首先介绍的第一个示例是使用一个被称为 Sequence GAN（SeqGAN）的模型生成的文本序列数据。该模型中有一个被称为生成对抗网络（Generative Adversarial Network, GAN）的生成模型，可以处理连续数据。该 GAN 的特征是其同时具有一个进行图像生成的模型和进行生成结果评估的模型，并且这两个模型同时进行对抗学习，以改进 GAN 生成模型的性能。通过应用在文本生成中所使用的循环神经网络作为生成模型，使得相应的 GAN 模型能够生成诸如文本和乐曲之类的离散时间序列数据，将这种生成模型称为 SeqGAN。

作为第二个示例，将介绍一种称为 ENAS 的方法。这是一种将深度神经网络中的各个网络层的排列视为时间序列数据，并通过基于策略的强化学习搜索其最优排列顺序的方法。在该强化学习过程中，为了对策略进行建模，使用了带有 LSTM 的循环神经网络，该网络在文本处理模型中享有很高的声誉。在此，在作为优化对象的神经网络中，使用了在语义分割中经常使用的卷积神经网络。

7.1 根据SeqGAN的文本生成

本节将介绍SeqGAN，该模型是一个应用循环神经网络方法构建的GAN生成模型。

7.1.1 GAN

本小节将首先进行 GAN 框架的简单介绍。

GAN是 2014 年由 Ian Goodfellow 等人设计的[○]，通过这个框架，可以进行如图 7.1 所示的图像生成。

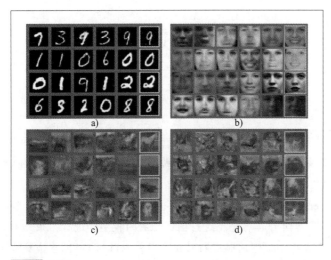

图7.1 GAN

摘自 *Generative Adversarial Networks*（Ian J. Goodfellow, Jean Pouget-Abadie, Mehdi Mirza, Bing Xu, David Warde-Farley, Sherjil Ozair, Aaron Courville, Yoshua Bengio, 2014）, Figure 2.

在 GAN 生成模型的框架中，分别具有两个相对独立的模型，一个被称为生成器，另一个被称为鉴别器。生成器的功能是进行数据的生成，而鉴别器的功能是通过学习来识别其输入数据是来源于原始数据还是来源于生成器。这两个模型始终保持着一边对抗一边学习的状态。这种学习被称为 Adversarial Learning，在日语中被称为"对抗学习"。一般来说，GAN 生成模型的目的是通过不断的学习来获得鉴别器无法正确鉴别的数据生成器。图 7.2 给出了 GAN 生成模型框架的组成框图。

○ Ian J. Goodfellow, Jean Pouget-Abadie, Mehdi Mirza, Bing Xu, David Warde-Farley, Sherjil Ozair, Aaron Courville, Yoshua Bengio. *Generative Adversarial Networks*, 2014.

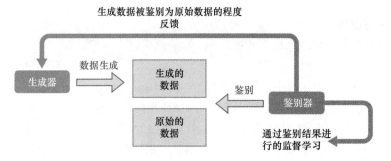

生成数据被鉴别为原始数据的程度
反馈

图7.2 GAN生成模型框架的组成框图

这个框架的提出最初是通过伪造纸币事件的例子来进行介绍的，在此也介绍一下这个例子。

在这个例子中，生成器相当于一个伪造纸币的团伙，鉴别器则是负责鉴别纸币真伪的警察。伪造团伙在观测真币的基础上，制作出了非常相似的伪造纸币。警察需要对真的纸币和伪造纸币进行鉴别。通过伪造团队和警察之间的不断对抗，双方的技术都得到了提高，最终期待的是伪造团队制作的伪造纸币与真的纸币无法区分。

对于图像这样的连续数据的生成，GAN的学习方法取得了成功。但是，要使之应用于文本数据生成这样的离散时间序列数据的生成，其生成器的学习存在着两个主要问题。

首先的一个问题是传统GAN生成模型的应用范围仅限于生成连续数据。例如，GAN生成模型可以生成图像像素数据，图像像素数据可以由各个像素值所构成的集合来表示。在这种情况下，可以通过对生成像素值数据的更新来生成数据。例如，假如在上次生成的数据为1.0的情况下，则可以在下一次的数据更新中将像素值稍微变化到1.0001。与此相对的是，在需要输出诸如文本数据的离散数据集合的情况下，与连续的图像像素数据不同，不能像连续数据的更新那样，仅通过0.0001这样的微小变化来改变文本数据中的单词和文字。

其次的第二个问题是在传统的GAN生成模型中，鉴别器只为所有的生成数据提供了一个损失函数。也就是说，如果用于时间序列数据的生成，则鉴别器只能对已经完成的时间序列数据进行识别和评价。但是，由于时间序列数据中的顺序关系是具有意义的，所以对中间生成的数据进行评价也是必要的。

针对传统的GAN生成模型难以进行离散时间序列数据生成的问题，Yu Lantao等人提出了解决此难题的方法[⊖]。改进的GAN可以用于生成离散时间序列数据的生成，并将其称为SeqGAN。以下将简要介绍SeqGAN是如何解决这些困难的。

7.1.2 SeqGAN

将传统的GAN生成模型应用于离散时间序列数据时，所面临的困难主要有以下两个方面：

⊖ Lantao Yu, Weinan Zhang, Jun Wang, Yong Yu. *SeqGAN: Sequence Generative Adversarial Nets with Policy Gradient*, 2016.

针对以上这两方面的困难，分别提出了以下的解决办法。

首先，针对第一个困难，提出了通过应用强化学习来进行 GAN 生成模型框架中生成器的学习。也就是说，将 GAN 生成模型框架中的生成器视为一个具有策略的模型，并且这个策略的特征可以采用连续值的策略参数来表示。这样一来，生成器的学习便可以通过连续策略参数的更新来实现。在生成器所处理的数据是诸如文本数据的离散时间序列数据的情况下，文本数据的生成即可转换为选择哪个单词或者文字的选择概率的更新。SeqGAN 生成模型中的连续策略更新示意图如图 7.3 所示。

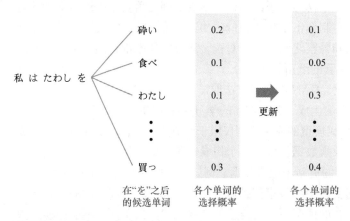

图7.3 策略更新示意图

其次，针对第二个困难，提出通过使用一种被称为蒙特卡洛搜索的方法来进行时间序列数据中间状态的评价。蒙特卡洛搜索是指对基于生成的中间状态的时间序列数据，按照 Rollout 方法模拟得到的多个时间序列数据进行搜索的过程。

在此，通常以与进行生成器定义的策略不相同的策略来进行 Rollout 的设定。蒙特卡洛搜索的示意图如图 7.4 所示。通过蒙特卡洛搜索，使得分类器能够对 Rollout 模拟输出的众多完整的时间序列数据进行评价，从而改善强化学习的价值，有利于报酬的提高。除此之外，蒙特卡洛搜索方法还提供了中间状态下的局部行动选择的一致性，并且在对行动选择进行长期评价后，还能够根据评价结果选择正确的行动。

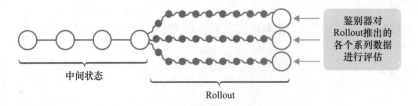

图7.4 对 Rollout 方法根据中间状态模拟得到的多个数据进行蒙特卡洛搜索

通过基于策略的强化学习和蒙特卡洛搜索方法的结合，可以实现离散时间序列数据生成模型 GAN 生成器的学习。

为了使生成器能够在强化学习的框架下学习，SeqGAN 具有在第一部分给出的图 2.1 所示的结构，相关公式化的详细内容将在稍后进行介绍。

最后，关于 SeqGAN 的完成结构可以用图 7.5 所示的示意图来表示，这也是稍后将要介绍的 SeqGAN 执行脚本 main.py 的整体构成[一]。

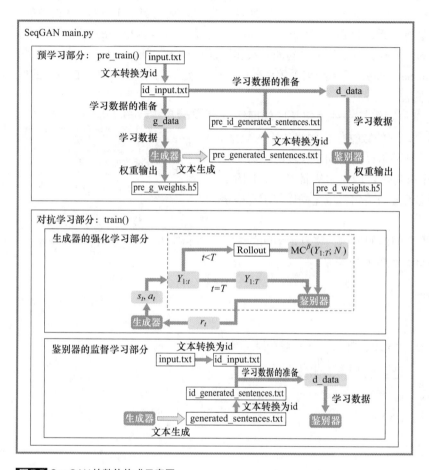

图7.5 SeqGAN 的整体构成示意图

本章将以离散时间序列数据，即文本数据作为 SeqGAN 生成模型的输入数据。

7.1.3 输入数据

作为用于学习的输入数据，需要准备文本数据。其中，将每个文本语句拆分为单词的序列，并且具有预定的开始和结束标识。在此，单词是构成语句的一个不可再分的基本单位。这里准备了夏目漱石的作品"Kokoro"作为输入数据的样例（参见"备忘 7.1"）。

一 这里指的是 https://github.com/tyo-yo/SeqGAN 下的实现代码。

📝 **备忘 7.1**

关于样例数据

《青空文库》(https://www.aozora.gr.jp/) 中获取的样例数据，并进行了相应的加工和处理。

在读取文本数据时，需要创建一个词典，该词典是单词及其 id 的对应关系表。通过该对应关系表，即词典的使用，可以将句子从以单词序列表示的形式转换为以 id 序列表示的数据，从而使学习变得容易进行。无论是在从单词转换为 id，还是从 id 转换为单词的过程中，都是使用词典来进行转换的。另外，分别代表语句的开头和结尾的 BOS（Begin of Sentence，语句开始）和 EOS（End of Sentence，语句结束）等也预先保存在默认的词典中。默认词典中的单词及其 id 的对应关系见表 7.1。

由于在此使用的神经网络是一种固定长度的网络结构，所以需要使用固定长度的数据作为网络的输入数据。因此，在一个语句达不到网络设定的固定长度时，需要通过 Padding 操作对这个语句进行填充，从而将一个非固定长度的语句转换为固定长度的语句，填充操作使用空格字符来进行。

图 7.6 给出了根据所创建的词典，将日语语句的输入转换为所对应的单词 id 系列的对应关系。

表 7.1 单词与 id 的对应关系

单词	id	意义
\<PAD>	0	空格
\<S>	1	文本的开始
\</S>	2	文本的结束
\<UNK>	3	单词未在词典中

输入文本(单词序列)

\<S>私 は たわし を わたし た 。\</S> \<PAD>\<PAD>

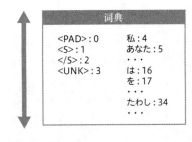

词典

\<PAD> : 0　　私 : 4
\<S> : 1　　あなた : 5
\</S> : 2　　・・・
\<UNK> : 3　　は : 16
　　　　　　を : 17
　　　　　　・・・
　　　　　　たわし : 34
　　　　　　・・・

文本(id)

1　4　16　34　17　53　109　10　2　0　0

图7.6 单词与 id 相对应的示例

如果实际将上述的样例作品"Kokoro"（见清单 7.1）转换为 id 序列数据，则将得到类似于清单 7.2 所示的结果。

清单7.1 将原始文本拆分为单词序列的文本数据

私 は その 人 を 常 に 先生 と 呼ん で いた 。
だから ここ でも ただ 先生 と 書く だけ で 本名 は 打ち明け ない 。

これは世間を憚かる遠慮というよりも、その方が私に➡
とって自然だからである。
私はその人の記憶を呼び起すごとに、すぐ「先生」といい➡
たくなる。
筆を執っても心持は同じ事である。
よそよそしい頭文字などはとても使う気にならない。
私が先生と知り合いになったのは鎌倉である。

清单7.2 将单词序列转换为以 id 表示的文本数据

```
12 7 25 40 11 665 28 14 502 15 21 5 6
248 253 81 95 28 14 821 69 15 4600 7 446 20 6
131 7 318 11 2328 2976 690 14 82 75 16 9 25 64 13 12➡
470 293 29 22 15 53 6
12 7 25 40 4 275 11 1097 3135 1567 8 9 110 23 28 26 14➡
84 295 93 6
643 11 3184 10 16 180 7 108 31 15 53 6
4738 6544 187 7 1069 1039 80 8 73 20 6
12 13 28 14 1106 8 55 5 4 7 952 15 53 6
```

为了使得输入数据保持固定的长度，还需要在进行单词到 id 的转换时，对长度不足的文本数据通过 Padding 操作进行处理，再将加工后的数据用于学习。在此，将固定长度设定为 25，将用于学习的文本的单词数也设定为 25 以下。因此，可以期待能够生成一个以以结束符结尾的文本语句。

7.1.4 使用的算法及其实现

在此将介绍用于 SeqGAN 实现的整个目录结构，并说明算法的设置及其实现。

1. 目录的结构

图 7.7 给出了完整的目录结构，并说明各个目录的功能。

如果要执行 SeqGAN 的代码，则需要转移到目录 SeqGAN 下，并在代码单元中输入以下的命令：

[代码单元]

```
!python3 main.py
```

接下来看看通过执行这个命令，究竟执行了哪些相应的算法。这个命令启动的是可执行文件 main.py 的执行，该文件的内容可分为预学习和对抗学习两个部分。接下来对这两个部分分别进行介绍。

```
7-1_seqgan
    |- main.py
    |    – 进行算法执行的文件
    |- datagenerator.py
    |    – 用于语句预处理类文件的保存
    |- agent.py
    |    – 包含生成器网络和策略的文件
    |- environment.py
    |    – 包含鉴别器网络和策略的文件
    └ data
        |- input.txt
        |    – 原始文本数据
        |- id_input.txt
        |    – 原始文本数据已转换为id序列※
        |- pre_generated_sentences.txt
        |    – 由预学习的生成器生成的文本数据※
        |- pre_id_generated_sentences.txt
        |    – 由预学习的生成器生成的文本数据的id序列※
        |- generated_sentences.txt
        |    – 经过强化学习的生成器生成的文本数据※
        |- id_generated_sentences.txt
        |    – 经过强化学习的生成器生成的文本数据的id序列※
        └ save
            |- pre_d_weights.h5
            |    – 预学习的鉴别器的权重参数※
            |- pre_g_weights.h5
            |    – 预学习的生成器的权重参数※
            |- episode_n_generated_sentences.txt
            |    – 在第n个剧集时生成器生成的文本数据※
            └ episode_n_id_generated_sentences.txt
                 – 在第n个剧集时生成器生成的文本数据的id序列※
```
标有※的文件夹是在执行main.py时创建的。

图7.7 总体目录结构及其功能

2. 预学习部分

　　首先，介绍预学习部分。SeqGAN 进行的预学习是为了预先让生成器通过学习，从而在一定程度上了解应进行怎样的数据生成。在 SeqGAN 进行预学习，在传统的 GAN 生成模型的学习中，预学习不是必须的。但是，在刚刚给出的例子中所介绍的纸币伪造的情况下，需要通过预学习来了解应该进行什么样的纸币伪造，才能有效地进行伪造的实施。在预学习的部分，生成器和鉴别器均通过监督数据来进行学习。

　　图 7.8 所示给出了预学习部分所进行的学习过程。

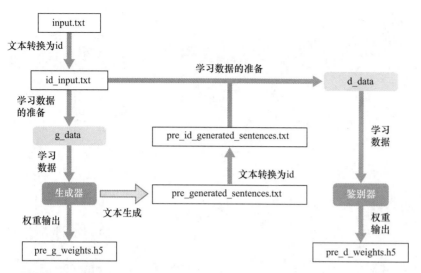

图7.8 预学习部分构成示意图

在预学习部分，将进行如下的学习处理：

> 1）从原始文本（input.txt）开始进行词典的构建，然后根据所构建的词典将原始文本转换为单词 id 表示的的数据（id_input.txt）。
>
> 2）构建生成器和鉴别器。
>
> 3）创建数据（g_data），以便通过以单词 id 形式表示的文本数据（id_input.txt）对生成器进行预学习。
>
> 4）生成器完成预学习过程，并在预学习完成后，保存生成器所学到的权重参数（pre_g_weights.h5）。
>
> 5）生成器进行文本语句（pre_generated_sentences.txt）的生成。
>
> 6）通过词典，将所生成的文本语句转换为以单词 id 形式表示的文本数据（pre_id_generated_sentences.txt）。
>
> 7）根据生成器生成的文本语句 id 数据和原始文本语句 id 数据创建分类器的训练数据（d_data）。
>
> 8）鉴别器执行预学习，在预学习完成后，保存鉴别器所学习到的权重参数（pre_d_weights.h5）。

在上述的学习处理过程中，1）、2）两项的内容是在 main.py 的开始部分，分别通过 Vocab 类、Agent 类以及 Environment 类的实例化来进行。因此，可以通过 Agent 类的对象（agent）来调用生成器的方法和实例变量。同样地，也可以通过 Environment 类对象（env）来调用鉴别器的方法和实例变量。除此之外，在 main.py 的开始部分，还构建了测试器 tester。为了在预学习结束后的强化学习过程中，鉴别器能够对生成器的性能进行评价，在此进行了该测试器的准备。

其余的 3）～ 8）项所给出的过程是通过 main.py 中的 pre_train（）来进行的，其代码见清单 7.3。

```
def pre_train():
    g_data = DataForGenerator(
        id_input_data,
        batch_size,
        T,
        vocab
    )
    agent.pre_train(
        g_data,
        g_pre_episodes,
        g_pre_weight,
        g_pre_lr
    )
    agent.generate_id_samples(
        agent.generator,
        T,
        sampling_num,
        pre_id_output_data
    )
    vocab.write_id2word(pre_id_output_data,
                        pre_output_data)
    d_data = DataForDiscriminator(
        id_input_data,
        pre_id_output_data,
        batch_size,
        T,
        vocab
    )
    env.pre_train(d_data, d_pre_episodes, d_pre_weight,
                  d_pre_lr)
```

上述预学习处理过程中的 3）~ 8）项分别对应于 pre_train( ) 中相应的块。另外，在表 7.2 中，给出了 pre_train( ) 中相关参数的说明。这些参数在 main.py 的顶部分别通过常量来定义。

表7.2 pre_train（ ）中相关参数的说明

参数名称	说 明
id_input_data	输入数据转换为 id 数据文件的保存路径
T	生成的文本语句的最大长度（单词的数量）
g_pre_episodes	生成器预学习的剧集（Episode）数
g_pre_weight	在生成器的预学习结束时，权重参数保存为参数文件的文件存储路径
g_pre_lr	生成器预学习的学习率
sampling_num	生成器生成的文本行数

（续）

参数名称	说　　明
pre_id_output_data	预学习结束时，生成器生成的 id 文本文件的保存路径
pre_output_data	预学习结束时，生成器生成的文本文件的保存路径
d_pre_episodes	鉴别器预学习的剧集数
d_pre_weight	在鉴别器的预学习结束时，权重参数保存为参数文件的文件存储路径
d_pre_lr	鉴别器预学习的学习率

如目录结构图中所介绍的，这个 pre_train（ ）部分中将输出和保存四个输出文件。其中，有两个文件分别用于生成器和鉴别器预先学习结束时保存所学习到的权重参数的文件（pre_g_weights.h5，pre_d_weights.h5）。另一个文件则用于保存预学习过程中生成器所生成的文本（语句）数据文件（pre_generation_sentences.txt）。最后一个文件用于保存该文本（语句）数据转换为以单词 id 表示的文本数据文件（pre_id_genic_sentences.txt）。在这些文件中，生成器所生成的文本（语句）数据文件（pre_generation_sentences.txt）是以文本形式保存的，所以可以方便地查看结果。

至此，关于预学习部分的介绍就完成了，接下来将介绍对抗学习部分。

3. 对抗学习部分

这里将 main.py 中的 train（ ）部分解释为一个对抗学习的部分。SeqGAN 是一个通过将强化学习框架应用于传统的 GAN 生成器的模型。在这个模型中，鉴别器的学习则是通过监督学习来进行的。首先，介绍生成器的强化学习。

生成器是通过鉴别器的判别来学习的，随着学习的进行，生成器最终可以生成鉴别器无法分辨真假的序列数据 $Y_{1:T} = (Y_1, Y_2, \cdots, Y_T)$。在此，生成器作为强化学习中的智能体，并通过策略参数 θ 来进行策略 π_θ 的表示和描述。另一方面，鉴别器则作为强化学习中行动所作用的环境，将相应行动的报酬反馈给生成器。接下来，需要在状态、行动、报酬等所构成的强化学习框架下，定义相关元素量值。

首先，生成器的强化学习是通过策略参数的更新来进行的。策略参数每一个剧集更新一次，每个步都可以进行状态、行动、报酬的决定。下面来进行 t 步的状态 S_t、行动 A_t 和报酬 R_t 的定义和表示。首先，给出状态 S_t 的定义，见式（7.1）。这是指时间序列数据生成过程中的中间状态。

$$S_t = \begin{cases} Y_0, & t = 1 \\ Y_{1:t-1} = (Y_1, \cdots, Y_{t-1}), & t > 1 \end{cases} \tag{7.1}$$

其中，初始状态 Y_0 即为 7.1.3 节输入数据中所介绍的 BOS。行动 A_t 则是根据策略函数 $\pi_\theta(A_t|S_t)$ 决定的行动概率来选择的下一个单词 Y_t。也就是说，行动 A_t 可以表示为式（7.2）所示的形式。

$$A_t = Y_t \tag{7.2}$$

因此，环境的下一个状态可以由式（7.3）决定。

$$S_{t+1} = Y_{1:t} = (Y_1, \cdots, Y_t) \tag{7.3}$$

其中，下一个状态的状态转移概率由式（7.4）决定。

$$P(s' \mid s, a) = \begin{cases} 1, & s' = (s, a) \\ 0, & \text{其他} \end{cases} \tag{7.4}$$

由此表明，下一个状态由当前状态以及当前状态下的行动决定。

报酬 R_{t+1} 是由鉴别器根据对生成器所生成序列数据的评价而确定的。在此，鉴别器只对具有固定长度 T 的完整时间序列数据进行评价。但是，这里的目的不仅是要对序列数据的中间状态与其之前单词 Y_{t-1} 的一致性进行评价，而且还要对进行当前单词 Y_t 选择的未来潜力进行评价，从而实施策略的更新。因此，使用蒙特卡洛搜索法来进行时间序列数据中间状态的评价。接下来，具体看一下蒙特卡洛搜索中所进行的工作。

假设当前的 step 步为 t，此时的状态可以表示为式（7.5）所示的形式。

$$S_t = (Y_1, \cdots, Y_{t-1}) \tag{7.5}$$

在该状态下，如之前所述，通过策略进行行动 $A_t = Y_t$ 的选择，然后环境转入到下一个状态，见式（7.6）。

$$S_{t+1} = Y_{1:t} = (Y_1, \cdots, Y_t) \tag{7.6}$$

此时，如果状态 S_{t+1} 中的元素个数正好为 T，则表明这是一个完整的状态序列数据，相应的行动和报酬的时间序列数据也是长度为 T 的完整序列数据。因此，鉴别器可以按原样对这些时间序列数据进行评价。

由于在除此之外的其他情况下，时间序列数据并不是一个完整的系列数据，因此需要通过某个策略 π_β 对其余尚未生成的部分进行虚拟生成，从而形成完整的系列数据。这个方法称为 Rollout，并将其进行虚拟生成所采用的策略 π_β 称为 Rollout 策略。如果 Rollout 策略是完全随机的，则无法正确评价行动选择的前景。因此，在此采用生成器的策略来作为 Rollout 策略。在蒙特卡洛搜索中，从状态 S_{t+1} 开始，通过 Rollout 给出派生的多个模型，并将由此获得的完整时间序列数据集合表示为式（7.7）所示的形式。

$$\mathrm{MC}^\beta(Y_{1:t}; N) = \{Y_{1:T}^1, \cdots, Y_{1:T}^N\} \tag{7.7}$$

其中，整数 N 为 Rollout 的分支数量。例如，由 Rollout 完成的时间序列数据集合的第 n 个元素可以表示为式（7.8）所示的形式。

$$Y_{1:T}^n = Y_{1:t} + Y_{t+1:T}^n \tag{7.8}$$

同时，鉴别器对所得到的各个序列数据 $Y_{1:T}$ 进行评价，并返回该序列数据来自原始数据的概率。如果采用 $D_\phi(Y_{1:T})$ 来表示该概率值，则作为 step 步 t 反馈行动选择，所得到的报酬 R_{t+1} 可以通过以下的分项公式来表示，见式（7.9）。

$$R_{t+1} = \begin{cases} \dfrac{1}{N}\displaystyle\sum_n D_\phi(Y_{1:T}^n), & t < T \\[2mm] D_\phi(Y_{1:T}), & t = T \end{cases} \tag{7.9}$$

也就是说，当时间序列数据处于尚未完全形成的中间状态时，鉴别器对通过 Rollout 方法获得的 N 个虚拟生成的完整时间序列数据进行评价，并以评价所得到的平均值作为报酬。当实际得到完整的时间序列数据后，鉴别器则对该时间序列数据进行评价，并将该评价结果直接作为报酬。

图 7.9 给出了一个 step 步中，通过 Rollout 方法所进行的状态、行动、报酬的实现情况。

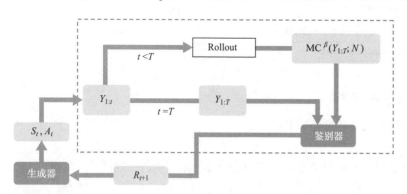

图7.9 生成器强化学习部分的示意图

在一个剧集中，将进行 T 个 step 步的重复。换句话说，通过一个剧集的学习，生成器将生成一个固定长度的时间序列数据。

除了 Rollout 部分和鉴别器的反馈只有报酬 R_{t+1} 之外，生成器强化学习的结构与图 2.1 相同，表示为一个强化学习的框架。如果将虚线框所围的部分理解为环境，则会更加容易理解。

在生成器的强化学习部分，进行的处理过程如下：

1）在当前状态 S_t 下，生成器通过策略 π_θ 进行行动 A_t 的选择；

2）根据具体情况和条件，根据状态和行动进行 Rollout；

3）鉴别器根据 Rollout 的结果将报酬 R_{t+1} 返回给生成器；

4）逐步进行以上操作，重复至 T 步。

生成器策略 π_θ 的更新要经过多个剧集的学习后进行。

众所周知，作为目标函数的生成器策略参数 θ 的微分由策略梯度定理（第 2.4 节定理 2.3）给出，可以表示为式（7.10）所示形式。

$$\nabla_\theta J(\theta) = \mathbb{E}_\pi[\nabla_\theta \log \pi_\theta(A_t \mid S_t) \cdot R_{t+1}] \tag{7.10}$$

使用此方法进行参数更新的表达式见式（7.11）。

$$\theta \leftarrow \theta + \alpha \nabla_\theta J(\theta) \tag{7.11}$$

其中，α 为学习率。每经过多个剧集的学习后，进行一次生成器策略 π_θ 的更新，并且在多个剧集的学习过程中，Rollout 的策略 π_β 反映为生成器的策略 π_θ。

接下来，介绍鉴别器监督学习。train（）部分的监督学习所进行的处理过程也基本上和预学习所进行的过程相同。图 7.10 给出了鉴别器监督学习部分所做处理的示意图。

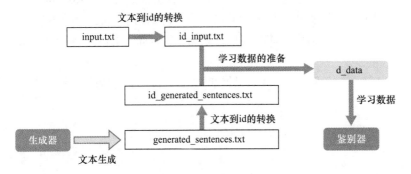

图7.10 鉴别器监督学习部分所做处理的示意图

鉴别器监督学习部分进行的处理过程如下：

1）通过生成器强化学习过程中所生成的文本以及构建原始文本的鉴别器学习数据（d_data）；

2）使用所构建的学习数据（d_data）进行鉴别器的学习。

在 main.py 中，train（）部分的代码见清单 7.4。

清单7.4 main.py中train（ ）部分的代码

```python
def train():
    agent.initialize(g_pre_weight)
    env.initialize(d_pre_weight)
    for adversarial_num in range(adversarial_nums):
        for _ in range(g_train_nums):
            g_train()

        for _ in range(d_train_nums):
            d_train()

        if adversarial_num % frequency == 0:
            sentences_history(
                adversarial_num,
                agent,
                T,
                vocab,
                sampling_num
            )
```

在 main.py 的 train（）部分代码中，首先对生成器及其相应的 Rollout、鉴别器进行初始化。此时，生成器及其相应的 Rollout 将继承生成器预学习过程中所学到的生成器权重参数。同样地，鉴别器也将继承鉴别器预学习过程中所学到的鉴别器权重参数。

在接下来的代码中，首先给出的是一个与 adversarial_nums 相关的 for 循环语句，以进行 adversarial_nums 个剧集的循环对抗学习。在每一个剧集的对抗学习中，通过一个与 g_train_nums 相关的 for 循环语句，反复进行生成器强化学习部分中学习过程的执行。同时，通过另一个与 d_train_nums 相关的 for 循环语句，反复进行鉴别器监督学习部分中学习过程的执行。通过对抗学习的进行，最终会使得生成器策略和 Rollout 的策略趋于一致。并且，在对抗学习的过程中，会根据 main.py 的开始部分通过语句 sentences_histrory() 设定的频率，以一定的频率将强化学习中生成器生成的文本数据另存为文件 adversarial_n_id_generated_sentences.tx 和 adversarial_n_generated_sentences.txt。

表 7.3 给出了 train（）相关参数的说明。

表 7.3 train（）相关参数的说明

参数名称	说　　明
adversarial_nums	对抗学习的循环次数
g_train_nums	生成器强化学习的循环次数
d_train_nums	鉴别器训练学习的循环次数
frequency	一个频率参数，用于设定生成器生成文本的保存频率

7.1.5　实现结果

通常很难确定 GAN 学习是否成功，且难以平衡生成器和分类器的强度。回到之前伪钞的例子中，如果伪钞制作得足够精美，使得警察也无法进行有效的区分，那么即使是在伪钞欺骗了警察的情况下，也无法确定究竟是生成器进行了高质量的生成还是鉴别器没有能够做到有效的区分。因此，在一个 GAN 生成模型的学习中，仅凭鉴别器反馈的报酬还不足以确认学习效果，对实际生成文本语句的检查也是很重要的。在此，为了进行 GAN 学习效果的检查，分别给出了经过预学习的生成器所生成的文本语句（见清单 7.5）和经过强化学习的生成器所生成的文本语句（见清单 7.6）。通过两者的比较可以看出，在经过预学习的生成器所生成的文本语句中，有很多语法不自然的语句，但经过强化学习的生成器所生成的文本语句在语法上基本是正确的。

清单 7.5 经过预学习的生成器所生成的文本语句

```
親類 は 注意 した 。 </S> <PAD> <PAD> <PAD> <PAD> <PAD> ➡
<PAD> <PAD> <PAD> <PAD> <PAD> <PAD> <PAD> <PAD> <PAD> ➡
<PAD> <PAD> <PAD> <PAD>
父 は あなた に なく 、とうとう 帰る ところ で 、叔父 の 眼 を 突い ➡
て 起上がり ながら 、屹 と K の 態度
```

彼ら は そう だ と いわせた くらい で 、奥さん を 軽蔑 して いる ➡
K と は 違い ない の です 。

私 の 性質 た 何 です が 、人間 として 所 むしろ 考えれ ば 、私 が ➡
私 の 苦 に いらっしゃる 時 も 当座

私 は やや と もすると ただ 机 と 放り出して 、幽谷 から 喬木 に ➡
移った よう が その 感じ も 何とも いった だけ

たまに 寝た 私 は 、すぐ 事実 で いた の です 。 </S> <PAD> ➡
<PAD> <PAD> <PAD> <PAD> <PAD> <PAD> <PAD> <PAD> <PAD>

私 は 私 の 鄭寧 に 裹 まれて いたかった 。 </S> <PAD> ➡
<PAD> <PAD> <PAD> <PAD> <PAD> <PAD> <PAD> <PAD> <PAD>

けれども 考える 前 な 仏 性 として それ を 想い 浮べて 、眼 は ➡
斥候 長 の 蒲団 通り まで だった と 男

奥さん は もう 何時 も 見えて も 、批評 的 の うち に 外套 を 脱が ➡
せて それ で 頼り に する よう

平生 から 私 は きっと 郵便 を 隠す ため に も 今 に 融けて 行っ ➡
た 。 </S> <PAD> <PAD> <PAD> <PAD> <PAD> <PAD>

私 は たしかに 彼 は 無言 から 覗き 込んだ と 全く 思い たくしま ➡
した 。 </S> <PAD> <PAD> <PAD> <PAD> <PAD> <PAD>

その 時 の 私 は その 時分 から 突然 仕方 が どう の もの で は ➡
ない だろ う という 簡単 な 言葉 で あっ

先生 は 卒業 ない の だ と 、私 は 猿楽 べき 調子 が 善良 でしょ ➡
う 。 </S> <PAD> <PAD> <PAD> <PAD> <PAD> <PAD>

電報 に は 人間 の 田舎 者 の 変った 私 は 、ただ 人 の 病気 を ➡
信じ て いる らしかった の です

下女 も その 子供 で も 思う だろ う か 、じりじり 生 が いう の ➡
も 、財産 家 の 代表 者 として すでに

「 あなた も 医者 に 手紙 を 信じ て いました 。 私 に 対して 奥さん ➡
と いわせる の です 。 張 ね 」

清单7.6 经过强化学习的生成器所生成的文本语句

私 が 新しく 交際 の 間 に 物 を 解きほどいて 断った の です 。 ➡
</S> <PAD> <PAD> <PAD> <PAD> <PAD> <PAD> <PAD> <PAD>

玄関 から 違って 、それ で は まだ 長く 話される の です 。 </S> ➡
<PAD> <PAD> <PAD> <PAD> <PAD> <PAD> <PAD> <PAD> <PAD>

そうして 封じる 晩 の 時刻 は 次第 に 衰えた 。 </S> <PAD> <PAD> ➡
<PAD> <PAD> <PAD> <PAD> <PAD> <PAD> <PAD> <PAD> <PAD> ➡
<PAD> <PAD> <PAD>

「 愉快 だった の で も 見えました よ 」 と 身体 を わざわざ わざわ ➡
ざ 見えて くれた 銀杏 に は 、

K は 真宗 の 坊さん を 打つ の 一語 で 、いつ 人間 を 極めた 複雑 ➡
な 意義 さえ 手 だ 。 </S> <PAD>

私 が 先生 に 、奥さん に 対する 書いて 私 を お嬢さん を 開けた 。 ➡
</S> <PAD> <PAD> <PAD> <PAD> <PAD> <PAD> <PAD> <PAD>

私 は その 問題 を 与えた の と いいました 。 </S> <PAD> ➡

```
<PAD> <PAD> <PAD> <PAD> <PAD> <PAD> <PAD> <PAD> <PAD> ➡
<PAD>
奥さん には 万事 を もって 見極めよう と する と 、決して 東京 ➡
の 一部 に 伴う 特別 な 蛇 の ごとく どう
もし 今 まで 経過 して よかった 私 も あった の です 。 </S> ➡
<PAD> <PAD> <PAD> <PAD> <PAD> <PAD> <PAD> <PAD> <PAD>
大した 風 がち な 意味 で 拵えた の です 。 </S> <PAD> <PAD> ➡
<PAD> <PAD> <PAD> <PAD> <PAD> <PAD> <PAD> <PAD> <PAD> ➡
<PAD> <PAD>
私 も 、「 両手 で 話 を 手 に 出そう か 」と いった 。 </S> ➡
<PAD> <PAD> <PAD> <PAD> <PAD> <PAD>
少し でも お嬢さん も K の 心 を 待つ たび に 止めた 通り でした ➡
。 </S> <PAD> <PAD> <PAD> <PAD> <PAD> <PAD> <PAD> <PAD>
が さがさ に 簡単 な 父 は 、世話 を 頼む よう に 、人間 の 寄せ ➡
華山 は 彼 に 顔 だから 、止し
その 時分 は それ より 以上 でした 。 </S> <PAD> <PAD> <PAD> ➡
<PAD> <PAD> <PAD> <PAD> <PAD> <PAD> <PAD> <PAD> <PAD> ➡
<PAD> <PAD> <PAD>
彼 は そう だ と 、お嬢さん の K の 傍 に は いられ なく なった ➡
の です 。 </S> <PAD> <PAD> <PAD>
私 は ついに 手 から 来た 。 </S> <PAD> <PAD> <PAD> <PAD> ➡
<PAD> <PAD> <PAD> <PAD> <PAD> <PAD> <PAD> <PAD> <PAD> ➡
<PAD> <PAD> <PAD>
```

上述的文本语句是在超过 4000 行的输出结果中选取的一部分[○]。除此之外，在通过强化学习的生成器所产生的结果中，还可以看到如清单 7.7 所示，生成了具有一定文学性的文本语句，非常有趣[○]。

清单 7.7 生成器生成的文学句

```
「 善 は 罪悪 です かね 」と か いった 。
私 は 猛烈 で いる 事 を よく 知って いました 。
私 は 想像 した 自分 の 身体 を 持て余した 。
比較的 上品 な 嗜好 を 得 なかった くらい です 。
そうして 漲る 愛 だ の 年 を 踏み外して いる 所 へ 父 に も 黙って ➡
いた 。
私 は その 悲劇 の 枕元 に 行き詰り ました 。
私 は 冬休み を K の ため に ちょっと そわそわし ました 。
お嬢さん は すぐ 剛情 を 折り曲げる よう に なりました 。
お嬢さん は 死 と 手 を 貸して くれ ました 。
```

○ 由于文本是以语句为单位生成的，因此没有形成一个完整的结构。另外，由于每次实现时，代码采用随机数作为语句的固定长度，因此每次执行都会得到不同的输出结果。

○ 在清单 7.7 中，省略了以 Padding 方式插入的字符，以便于语句更加易于阅读。

本节对 SeqGAN 生成模型进行了介绍，该模型通过将基于策略的强化学习框架应用于传统的 GAN 生成模型，实现了离散时间序列数据的处理。在 SeqGAN 生成模型的 GAN 学习中存在着两个难点，其一是难以进行生成器学习和分类器学习的平衡，其二是强化学习难以收敛。如在所做的各种尝试中所看到的，学习中参数的微调会极大地影响学习的效果。

除了上述问题之外，还有如何对 GAN 生成模型生成的数据进行定量评价的问题。本书仅对其进行了定性的评价，但为了具有更好的可操作性，有必要对其实施定量评价的方法。

7.2 神经网络架构的搜索

> 本节将进行神经网络架构搜索的介绍，并以此作为通过强化学习进行时间序列数据生成的第二个应用示例。

近年来，作为人工神经网络自动设计的一个尝试，神经网络体系结构搜索（Neural Architecture Search，NAS）已经得到了广泛的应用。神经网络体系结构搜索的目标是为了减少解决机器学习问题所需要的人力劳动的付出和人员知识的储备。目前，该领域的发展已经实现了与人类专家所生成的模型可比拟的自动模型创建，并在其中结合了强化学习的算法。

本部分的目的是介绍一种被称为高效神经网络体系结构搜索（Efficient Neural Architecture Search，ENAS）的方法，以进行人工神经网络架构的自动搜索。该 ENAS 方法的底层采用的强化学习算法是 REINFORCE 算法，这是一种基于策略梯度的方法。

ENAS 方法最初的实现侧重于图像分类和应对自然语言处理模型挑战。但是，在这里对其进行扩展，成为一种能够处理以图像语义分割作为目标任务的方法。

7.2.1 神经体系结构搜索

进行人工神经网络创建时的挑战之一即为网络体系结构的选择。由于在这些网络的体系结构中存在着无限多的可能组合，因此建议不要尝试使用暴力搜索的解决方案，例如简单的完全探索。解决这类任务的一种常见方法是采用一些先进的人工神经网络体系结构，然后看看哪种体系结构可以达到最佳的效果。尽管这绝对是一种可行的方法，但是这种方法也存在着自身的不足，即使存在着某种可能会产生更好结果的未知体系结构，通过这种方法却不一定能找到它。另一方面，像人工神经网络训练学习中的超参数调整一样，进行无数种神经网络结构组合尝试的过程也是非常耗时且乏味的。这就是引入机器学习来进行人工神经网络架构自动化搜索的原因，通过机器学习进行网络架构搜索可以自主进行神经网络架构的探索和更新。

序列数据生成的应用

在 2016 年，Zoph 等人[一] 将强化学习算法应用于人工神经网络体系结构的自动化搜索（NAS）过程，以生成一个基于 CIFAR-10 数据集进行图像分类的神经网络架构。他们通过强化学习对智能体进行训练学习，以最大限度地提高使用 RNN 构建的模型的预测准确性。该人工神经网络体系结构自动搜索的过程和方法如图 7.11 所示。最终得到的结果非常令人满意，实现了 3.65% 的测试误差率。这个结果与人类专家所设计的模型相当，比以往的最新模型提高了 0.09%，并且在速度上也提高了 1.05 倍。

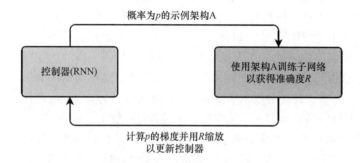

图 7.11 神经网络体系结构搜索概要图

继此成功之后，Pham 等人[二] 于 2018 年在传统 NAS 的基础上提出了一种更加有效的神经网络体系结构搜索方法，即 ENAS。这种改进的 NAS 方法比原来的 NAS 方法快 1000 倍以上，但依然可以提供与 NAS 相同的性能。

7.2.2 语义分割

图像分类任务的目标是决定图像属于多个对象类别中的哪一个。也就是说，对于一幅图像，始终仅可以为其分配一个标签。例如，对于某些包含有马和人的图像，如果人工神经网络确定人在图像中的表现更为突出，则会将该图像分类为人的类别，如图 7.12 所示。

与此相对的是，在图像语义分割的任务中，需要分别为图像中的各个像素分配一个类，以便有效地确定一幅图像中多个对象的精确坐标以及它们的位置，如图 7.13 所示。

图 7.12 图像的分类　　　　　**图 7.13** 图像的语义分割

㊀ Barret Zoph, Quoc V. Le. *Neural Architecture Search with Reinforcement Learning.*

㊁ Hieu Pham, Melody Y. Guan, Barret Zoph, Quoc V. Le, Jeff Dean. *Efficient Neural Architecture Search via Parameter Sharing.*

为了解决语义分割问题，迄今为止，已经设计出了各种不同的人工神经网络模型结构，并将其应用于具体的语义分割问题。本节为了介绍NAS方法的，将参考一种称为U-Net[⊖]的简单人工神经网络体系结构来实现 ENAS。

7.2.3　U-Net

2014 年，Long 等人[⊖]为了解决图像的语义分割问题，提出了一种全卷积网络（Fully Convolutional Network，FCN）结构的人工神经网络模型，并将其应用于图像的语义分割问题。在这种 FCN 结构中，所有的网络层仅由卷积层组成，以便对图像中的每个像素进行分类。通常，随着输入图像通过卷积层在神经网络的传播，作为神经网络的中间输出所获得的图像特征的大小将逐渐减小。因此，为了获得与输入图像大小相同，并且按照预定对象类别的数量最终逐像素输出各个像素所属的类别标签，需要通过上采样来增大图像特征。为此，Long 和他的合作者在其论文中为其所设计的网络体系结构引入了反卷积层（转置卷积层）。

作为全卷积网络 FCN 的一个修改版，存在一个具有层间跨越连接的网络，通过该跨越连接将来自下采样路径（编码器）和上采样路径（解码器）的图像特征进行连接，以对其进行汇总或总计。通过这种层间的跨越连接，能够将神经网络的上下文信息和空间信息结合在一起，以实现更准确的输出。

Ronnebergers 于 2015 年创建了一个增强版本的全卷积网络 FCN，被称为 U-Net 架构，并将该架构用于细胞等生物医学图像，以进行图像的语义分割。通过这种增强版本的全卷积网络 FCN 的应用，即使是在使用少量的图像对网络进行学习训练的情况下，U-Net 架构的网络也能够对图像进行准确的语义分割。U-Net 架构网络的关键变化之一，是其对图像特征进行上采样的通道数量众多，从而使得网络即使是在更高分辨率的层之间，也可以通过跨越连接进行网络上下文信息的传播。由于这种层间跨越连接的存在，要求编码器和解码器在结构上必须彼此相互对称，最终使得网络呈现出 U 形的结构，如图 7.14 所示。

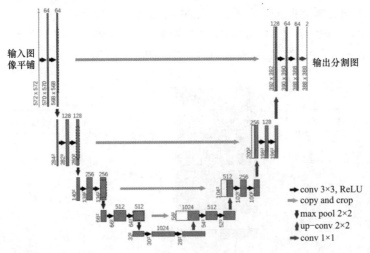

图 7.14 U-Net 架构

⊖ Olaf Ronneberger, Philipp Fischer, Thomas Brox. *U-Net: Convolutional Networks for Biomedical Image Segmentation.*

⊖ Jonathan Long, Evan Shelhamer, Trevor Darrell. *Fully Convolutional Networks for Semantic Segmentation.*

7.2.4　文件目录结构

在此，通过 Python 来实现 ENAS 方法，并将其应用于图像的语义分割。在实现的过程中，参考了作为 ENAS 论文之一的 Melody Guan 的以下代码：

Efficient Neural Architecture Search via Parameter Sharing.

在此，实现代码所给出的文件目录结构如图 7.15 所示。

```
7-2_enas
    |- main.py
    |    - 进行算法执行的代码
    |- agent.py
    |    - 进行搜索智能体定义的代码
    |- environment.py
    |    - 进行语义分割环境准备的代码
    |- utils.py
    |    - 通过图形等进行学习结果可视化的代码
    |- LICENSE.md
    |    - 与代码使用相关的授权及版权协议书
    |- notebook.ipynb
    |    - 使用通过学习获得的体系结构进行模型的构建，并执行语义分割的
    |      notebook 文件
    |
    └ data    ※ 可以通过下页代码单元的指令来进行下载
        └ VOC2012    进行语义分割的图像数据
            |- JPEGImages
            └ SegmentationClass
```

图7.15 文件目录结构

7.2.5　输入数据

本节将使用 Visual Object Classes Challenge 2012（VOC2012）数据集作为训练学习的图像数据。该数据集提供的图像数据如图 7.16 所示，可以通过以下命令的执行下载此数据集：

[代码单元]

```
!curl -O http://host.robots.ox.ac.uk/pascal/VOC/➡
voc2012/VOCtrainval_11-May-2012.tar
```

VOC2012 数据集一共具有 22 个不同的类。其中，除了 20 个作为图像数据的类以外，还包括作为图像背景的类和表示边界的 void 类。这些数据被广泛应用于各种图像分类任务的评价。

本小节所介绍的图像语义分割任务仅需要使用 /JPEGImages 目录（以图片文件给出的原始图像）和 /SegmentationClass 目录（带有标签的图像数据）中的图像数据文件，如图 7.16 所示。在此，需要将这两个文件夹的内容复制到 /data/VOC2012 目录中。

图7.16 原始图像（左图）， 标签图像（右图）

带有标签的图像数据可以轻松地转换为通过相应类的 1-hot 编码表示的向量。这是通过使用 Python 图像库（Python Image Library，PIL）来实现的，该库可以通过调色板的使用来进行图像文件的自动读取。也就是说，在调色板中可以将某些颜色自动解释为相应的整数，见表 7.4。

如清单 7.8 所示，可以对作为预测结果的向量进行 1-hot 编码，从而使得只有与适当的类相对应的像素值才为 1，其余像素值均为 0。需要注意的是，在此手动添加了代表图像边界的 void 类。

表7.4 将色彩元素转换为整数值的示例

颜色	调色板编号
	1
	2
	3

清单7.8 作为预测结果的向量的 1-hot 编码（ environment.py 中的 _build_data 方法）

```python
# 调用PIL，并将它们转换为1-hot向量
def read_labels(lbl_filename):
    train_lbl = Image.open(
        self.lbl_path +
        lbl_filename.decode("utf-8"))
    train_lbl = train_lbl.resize(
        (height, width))
    train_lbl = np.asarray(train_lbl)

    # 将对应于 "void" 的索引更改为 255
    train_lbl = np.where(train_lbl == 255,
                         21, train_lbl)

    # 向量的1-hot编码
    identity = np.identity(category,
                           dtype=np.uint8)
    train_lbl = identity[train_lbl]


    return train_lbl
```

如清单 7.9 所示，作为输入数据的图像到神经网络模型的传递是通过使用 tf.data API 来进行的。对于该 API，TensorFlow 的开发人员已对其进行了优化，以提高所构建输入管道的效率和性能。

清单7.9 tf.data API（environment.py 中的 _build_data 方法）

```
# 创建TensorFlow数据集
train_data = tf.data.Dataset.from_tensor_slices(
    (train_img_filename_list,
     train_lbl_filename_list))
valid_data = tf.data.Dataset.from_tensor_slices(
    (valid_img_filename_list,
     valid_lbl_filename_list))
test_data = tf.data.Dataset.from_tensor_slices(
    (test_img_filename_list,
     test_lbl_filename_list))
```

最后，如清单 7.10 所示，将数据集以 7:2:1（训练数据:验证数据:测试数据）的比例进行了分割。

清单7.10 数据集的分割（environment.py 中的 _build_data 方法）

```
# 70% 训练数据，20% 验证数据，10% 测试数据
num_images = len(img_filename_list)
num_train = int(num_images * 0.7)
num_valid = int(num_images * 0.2)
num_test = num_images - num_train - num_valid
train_img_filename_list = img_filename_list[
    0:num_train]
valid_img_filename_list = \
    img_filename_list[num_train:num_train + num_valid]
test_img_filename_list = \
    img_filename_list[num_images - num_test:num_images]
train_lbl_filename_list = lbl_filename_list[
    0:num_train]
valid_lbl_filename_list = \
    lbl_filename_list[num_train:num_train + num_valid]
test_lbl_filename_list = \
    lbl_filename_list[num_images - num_test:num_images]
```

由于考虑到内存和速度的问题，在此将所有的原始图像和带标签的图像调整为 128×128 的像素尺寸。

如前面所介绍的，NAS 在过去的几年中取得了长足的进步，并且能够自动生成用于解决图像分类和自然语言处理问题的高准确度模型。但是，由于这种神经网络架构探索模型中具有大量的参数，从而使得神经网络更新计算的速度非常缓慢，因此往往可能需要数周的时间才能获得一个较为良好的网络。

为了解决这一问题，作为 NAS 的后继模型，2018 年提出了称为 ENAS 的新方法。这种方法不仅大大减少了 NAS 所需的时间，同时还能够发现具有较少参数的模型而又不影响模型的准确性。

ENAS 的主要原理就是采用了参数共享的思想，即在不同的环境模型之间进行权重参数的共享。ENAS 高效神经体系结构搜索可分为两种类型，即微观搜索和宏观搜索，分别对应于两个不同的搜索空间。微观搜索是在整个神经网络的全局范围内进行基于微小单元（神经元）的搜索，而宏搜索则可以将这些微小单元组合在一起，从而形成一个完整的网络。为简单起见，在本节中仅采用宏观搜索来进行网络架构的搜索。在不进行微观搜索的情况下，可以通过现有的单一神经元最佳位置的搜索来进行所需的解决特定任务的网络架构搜索。除此之外，尽管在此不进行跨越连接的搜索，但仍将采用一个预定的长跨越连接，该连接将如 U-Net 所进行的那样实现编码器和解码器的连接。

1. LSTM

如 3.3.2 节所介绍的，长短时记忆神经元 LSTM 能够根据先前的经验来生成新的输出。其中，sigmoid 层通过输出 0 ~ 1 之间的值来调整保存在神经元中数据的量。

首先，通过神经元状态进行的信息量的遗忘由以下因素决定：

$$f_t = \sigma(W_f[h_{t-1}, x_t] + b_f) \tag{7.12}$$

然后通过式（7.13）和式（7.14）的结合，确定在新的状态下神经元要通过 C_t 存储哪些新的信息。

$$i_t = \sigma(W_i[h_{t-1}, x_t] + b_i) \tag{7.13}$$

$$\tilde{C}_t = \tanh(W_c[h_{t-1}, x_t] + b_c) \tag{7.14}$$

$$C_t = f_t * C_{t-1} + i_t * \tilde{C}_t \tag{7.15}$$

最后，按照式（7.16）和式（7.17）计算输出 o_t 和 h_t。

$$o_t = \sigma(W_o[h_{t-1}, x_t] + b_o) \tag{7.16}$$

$$h_t = o_t * \tanh(C_t) \tag{7.17}$$

接下来，可以基于策略的概率模型，通过随机采样的方式选择行动（进行神经网络层的处理，以下称为节点的操作）。

2. REINFORCE 算法

通过强化学习，智能体将学习如何生成最优神经网络架构策略方法，通过策略梯度的方法，应用 REINFORCE 算法进行智能体的策略学习。该算法应用策略梯度定理（2.4 节定理 2.3）来进行目标函数的最大化，该目标函数的梯度由式（7.18）给出。

$$\nabla J = \mathbb{E}_{\pi}[\nabla_{\theta} \log \pi(a \mid s, \theta) G_t] \tag{7.18}$$

由于每个机器学习的一个纪元都相当于强化学习的一个剧集，并且在学习过程中还进行着蒙特卡洛采样，因此以每个剧集结束时获得的折损报酬累加和 G_t 来验证环境模型的准确性。

此外，还使用了基准函数来实现方差的显著减少，而这也一直是蒙特卡洛方法存在的问题，见式（7.19）。

$$b_{t+1} = \gamma_b b_t + (1 - \gamma_b) G_t \tag{7.19}$$

其中，b_t 为基准函数，γ_b 为基准函数的衰减因子。该公式意味着基准函数是采用指数平滑法得到的折损报酬累加和 G_t 的移动平均值。

通过基准函数的引入，可以将式（7.18）改写为式（7.20）的形式。

$$\nabla_{\theta} J = \mathbb{E}_{\pi}[\nabla_{\theta} \log \pi(a \mid s, \theta)(G_t - b_t)] \tag{7.20}$$

并且，网络参数的更新通过式（7.21）来进行。

$$\theta \leftarrow \theta + \alpha \nabla_{\theta} J \tag{7.21}$$

其中，α 为学习率。

3. 参数共享

ENAS 方法的一个重要改进就是引入了参数共享的思想。为简单起见，在此考虑图 7.17 所示的两个均具有四个网络层的模型（分别以黑色和灰色箭头表示）。

1）Layer 0：由于两个模型分别进行的是不同节点的操作，因此也不可能进行任何的参数共享。

2）Layer 1：虽然两个模型进行的是相同节点的操作，但由于平均池化的节点操作本身并不包含任何参数，因此也不能进行模型的参数共享。

3）Layer 2：由于两个模型具有相同的节点操作（具有 3×3 内核的可分离卷积运算），因此可以进行卷积核的参数共享。

4）Layer 3：由于两个模型分别进行的是不同节点的操作，因此也不可能进行任何的参数共享。

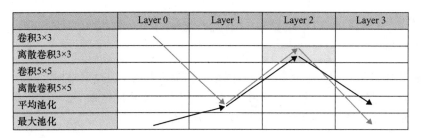

	Layer 0	Layer 1	Layer 2	Layer 3
卷积3×3				
离散卷积3×3				
卷积5×5				
离散卷积5×5				
平均池化				
最大池化				

图7.17 黑色和灰色箭头路径分别定义了两个不同的模型。 其中的浅蓝色单元格表示两个模型共有的参数

这实质上意味着，在多个模型进行参数共享的情况下，如果其中一个模型被正确训练，则与该被训练神经网络共享参数的其他模型也得到了部分的训练。因此，一旦进行参数共享模型的所有参数都得到了设置，就可以立即对任何新的神经网络架构进行评价（包括非最优的神经网络架构）。

在进行共享参数的编码中，将根据当前的神经网络层号及其操作类型为每个节点操作分配一个唯一的名称。通过调用同一参数名称，新生成的体系结构可以获得与先前体系结构相同的权重参数。其中，虽然池化操作也遵循这种相同命名的约定，但是由于池化操作本身并不具有任何内部参数，因此也无法进行任何的参数共享，见清单7.11。

清单7.11 模型构建期间的参数共享 （environment.py中的 _enas_layer 方法）

```
with tf.variable_scope("operation_0"):
    y = self._conv_operation(
        inputs,
        int(self.kernel_size[0]),
        is_training,
        out_filters,
        out_filters,
        start_idx=0,
        conv_type="astrous",
        rate=int(self.dilate_rate[0]))
    branches[tf.equal(count, 0)] = lambda: y
with tf.variable_scope("operation_1"):
    y = self._conv_operation(
        inputs,
        3,
        is_training,
        out_filters,
        out_filters,
        start_idx=0,
        conv_type="separable")
    branches[tf.equal(count, 1)] = lambda: y
with tf.variable_scope("operation_2"):
    y = self._conv_operation(
        inputs,
```

序列数据生成的应用

```
        int(self.kernel_size[1]),
        is_training,
        out_filters,
        out_filters,
        start_idx=0,
        conv_type="astrous",
        rate=int(self.dilate_rate[1]))
    branches[tf.equal(count, 2)] = lambda: y
with tf.variable_scope("operation_3"):
    y = self._conv_operation(
        inputs,
        5,
        is_training,
        out_filters,
        out_filters,
        start_idx=0,
        conv_type="separable")
    branches[tf.equal(count, 3)] = lambda: y
```

4. 智能体

在强化学习的问题中，智能体学习的目标就是要根据所学习到的内容来选择最佳行动。例如，在机械手臂控制的情况下，智能体需要决定是否要向左或向右移动机械手臂，以便能够以尽可能少的操作步骤达到预定的目标状态。在网络体系结构搜索的情况下，智能体需要进行的是通过随机采样来选择实现高性能网络模型的最佳体系结构。

在继续进行下一步的实现操作之前，有必要为各个不同的节点操作分配一个相应的类型值，以便在采样过程中引用节点操作。在所给出的示例程序中，节点操作类型值的分配见表 7.5。

例如，通过上述节点操作类型值的分配，如果体系结构编码为 [0 5 2 5]，则所对应的节点操作如图 7.18 所示。

表7.5 各种节点操作类型值的分配

节点操作	值
卷积 3×3	0
离散卷积 3×3	1
卷积 5×5	2
离散卷积 5×5	3
平均池化	4
最大池化	5

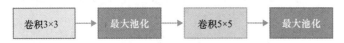

图7.18 [0 5 2 5] 所定义的节点操作

在此，智能体通过 LSTM 进行其行动的采样。如图 7.19 所示，智能体通过 LSTM 网络的输出 h，为网络中每一层的节点操作进行采样，以此来实现网络层节点操作的选择。与此同时，该 h 值与内部单元状态 C 一起反馈到 LSTM 网络，并作为 LSTM 网络的新输入，以此生成下一个网络层节点操作。重复此过程，直至得到所需数量的节点操作为止。需要注意的是，在本节中，仅将解码器的结构定义为编码器的镜像，因此在这里只需要生成编码器的节点操作序列即可。

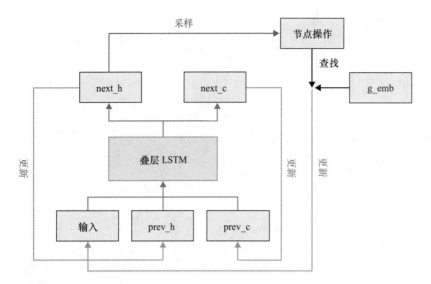

图7.19 通过LSTM进行节点操作的生成

其中，可以如清单 7.12 所示，计算对数概率 $\log\pi(a|s)$。

清单7.12 对数概率 $\log\pi(a|s)$ 的计算（agent.py _build_sampler 方法）

```
log_prob = tf.nn.sparse_softmax_cross_entropy_with_logits(
    logits=logit, labels=node_operation)
```

由于一个行动是通过一个完整的节点操作序列来定义的，因此行动的对数概率将取该序列中包含的所有节点操作对数概率的总和，见清单 7.13。

清单7.13 一个行动所对应的对数概率和（agent.py 的 _build_sampler 方法）

```
log_probs.append(log_prob)
(…略…)
log_probs = tf.stack(log_probs)
self.sample_log_prob = tf.reduce_sum(log_probs)
```

为了有利于搜索的进行，在此还引入了熵的计算，并且以与对数概率相同的方式对其进行求和，见清单 7.14。

清单7.14 熵的计算（agent.py 的 _build_sampler 方法）

```
entropy = tf.stop_gradient(log_prob * tf.exp(-log_prob))
entropys.append(entropy)
(…略…)
entropys = tf.stack(entropys)
self.sample_entropy = tf.reduce_sum(entropys)
```

然后，通过行动的对数概率、熵以及报酬、基准函数基进行合并计算，得到最终的损失函数。该损失函数的最小化等同于策略梯度方法中目标函数的最大化，见清单 7.15。

清单 7.15 损失函数计算（agent.py build_trainer 方法）

```
self.reward = self.env.valid_shuffle_acc
self.reward += self.entropy_weight * self.sample_entropy

self.sample_log_prob = tf.reduce_sum(
    self.sample_log_prob)
self.baseline = tf.Variable(0.0,
                            dtype=tf.float32,
                            trainable=False)
baseline_update = tf.assign_sub(
    self.baseline, (1 - self.bl_dec) *
    (self.baseline - self.reward))

with tf.control_dependencies([baseline_update]):
    self.reward = tf.identity(self.reward)

self.loss = self.sample_log_prob * (
    self.reward - self.baseline)
```

5. 环境

在典型的强化学习问题中，环境模型通常是静态的。换句话说，如果在相同的环境状态下执行相同的操作，则也将获得几乎相同的报酬。但是，在 ENAS 高效神经体系结构搜索的情况下，环境模型可能会处在不断发展和变化（由于神经网络权重参数的更新）之中，因此在相同状态下执行相同的操作，很有可能将产生完全不同的环境结果。

如在前面所介绍的，在 ENAS 的情况下，环境模型是由智能体基于神经网络层节点操作采样所构建的神经网络体系结构，并且该体系结构还存在着权重参数的共享。与原始的 ENAS 实现一样，在这里的实现中也存在着跨越连接以及最大池化等的交替执行，以定期将输入尺寸进行减半。此外，这些下采样层与使用转置卷积获得的相应上采样层也通过最大池化连接在一起，如清单 7.16 和图 7.20 所示。

清单 7.16 环境模型的构建（environment.py 中的 _model 方法）

```
with tf.variable_scope(self.name, reuse=reuse):
    layers = []

    out_filters = self.out_filters
    with tf.variable_scope("stem_conv"):
        w = self.create_weight(
            "w", [3, 3, 3, out_filters])
        x = tf.nn.conv2d(images, w, [1, 1, 1, 1], "SAME")
        x = self.batch_norm(x, is_training)
```

```
        layers.append(x)

start_idx = 0

# 创建编码器
for layer_id in range(self.num_layers):
    with tf.variable_scope(
            "encoder_layer_{0}".format(layer_id)):
        x = self._enas_layer(
            layers, start_idx, out_filters,
            is_training)
        if layer_id in self.pool_layers:
            x = tf.layers.max_pooling2d(
                inputs=x,
                pool_size=[2, 2],
                strides=[2, 2],
                padding="same")
        layers.append(x)
    start_idx += 1
start_idx -= 1

# 用long skip创建解码器
for layer_id in reversed(
        range(self.num_layers)):
    with tf.variable_scope(
            "decoder_layer_{0}".format(
                2 * self.num_layers -
                layer_id - 1)):
        x = self._enas_layer(
            layers, start_idx, out_filters,
            is_training)
        if layer_id in self.pool_layers:
            with tf.variable_scope(
                    "concat_layer"):
                x = tf.image.resize_nearest_neighbor(
                    x,
                    size=[
                        x.get_shape()[1] * 2,
                        x.get_shape()[2] * 2
                    ],
                    align_corners=True)
                w = self.create_weight(
                    "w", [
                        1, 1,
                        2 * out_filters,
                        out_filters
```

```
                    ])
            x = tf.concat([
                x, layers[layer_id - 1]
            ],
                        axis=3)
            x = tf.nn.conv2d(
                x, w, [1, 1, 1, 1],
                "SAME")
        layers.append(x)
    start_idx -= 1

with tf.variable_scope("end_conv"):
    w = self.create_weight(
        "w", [1, 1, out_filters, 22])
    x = tf.nn.conv2d(x, w, [1, 1, 1, 1],
                    "SAME")
```

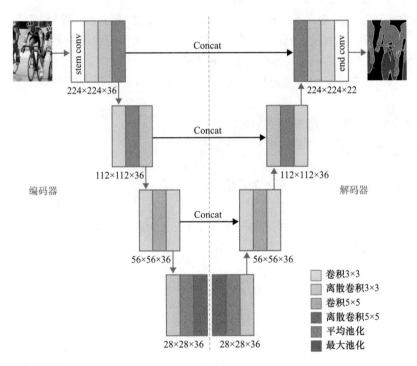

图 7.20 通过ENAS生成的U-Net类型网络的示例

在此，通过 ENAS 高效神经体系结构搜索所构建的模型，其输出通道的数量与当前数据集中所具有的类的数量相同。通过将 softmax 函数用作最终输出层中的激活函数，可以确定针对每个像素被分类为各个类的概率。然后，可以使用均方误差或交叉熵函数来计算模型损失函数，并通过误差的反向传播进行损失函数的最小化，以提高模型的预测准确度，见清单 7.17。

清单7.17 损失函数的计算 （environment.py中的_build_train方法）

```
# 计算损失与均方差
# 或交叉熵(CE)
if self.loss_op == "MSE":
    truth = tf.cast(self.y_train, tf.float32)
    mse = tf.metrics.mean_squared_error(
        labels=truth, predictions=probs)
    self.loss = tf.reduce_mean(mse)
elif self.loss_op == "CE":
    neg_log = \
        tf.nn.softmax_cross_entropy_with_logits_v2(
            logits=logits,
            labels=self.y_train)
    self.loss = tf.reduce_mean(neg_log)
```

6. 报酬

报酬的分配是强化学习的重要因素之一。假如实施报酬分配的系统，将 50% 预测准确度的模型确定为优于 90% 预测准确度的模型，那么智能体将根本不可能找到问题的最优解决方案。在所给出的示例代码中，提供了四个已实施的度量指标可供选择。

在介绍这四个指标之前，还需要评价语义分割模型的性能中通常使用的四个通用指标。

1）真阳性（True Positive，TP）：预测和标签均为真。
2）假阳性（False Positive，FP）：预测为假，标签为真。
3）假阴性（False Negative，FN）：预测为真，标签为假。
4）真阴性（True Negative，TN）：带有标签的预测为假。

在示例代码所给出的四个模型度量指标中，准确率被简单定义为进行准确预测的像素占所有像素的百分比，其计算公式如下：

$$\text{准确率} = \frac{\text{TP} + \text{TN}}{\text{TP} + \text{TN} + \text{FP} + \text{FN}}$$

交并比（Intersection of Union，IoU）也被称为 Jaccard 指数，被定义为阳性标签和阳性预测的交集与阳性标签和阳性预测并集的比值，其计算公式如下：

$$\text{IoU} = \frac{\text{预测} \cap \text{标签}}{\text{预测} \cup \text{标签}}$$

$$= \frac{\text{TP}}{\text{TP} + \text{FP} + \text{FN}}$$

在模型训练学习过程中，以上这两个用于模型准确度评价的指标被用作智能体的报酬。需要注意的是，作为智能体的报酬是通过验证数据集来计算的，以期望智能体生成更具泛化性能的通用模型，防止过度拟合的发生。

7. 算法总结

图 7.21 所示为 ENAS 方法的概括。

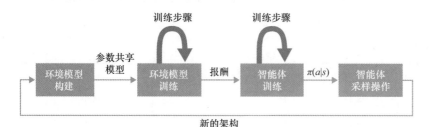

🔷 7.2.7 实现结果

　　ENAS 的实现结果如图 7.22 所示。在此，通过准确率和 IoU 两种报酬指标搜索神经网络架构。由所得到的曲线图可以明显地看到，在模型训练学习期间，损失函数呈现整体上减少的趋势，而报酬则在不断上升，表明环境模型正在得到学习和训练。期间所产生的报酬的急剧下降，是由于 warm restart 机制⊖ 所引起的热启动导致的。通过这种热启动机制能够动态地、周期性地改变学习率，目的是利用随机梯度下降法（SGD）来加速深度神经网络学习的进行。报酬和损失的曲线表明，在所获得的奖励明显增加的同时损失函数明显减少，表明算法正在进行成功的学习。

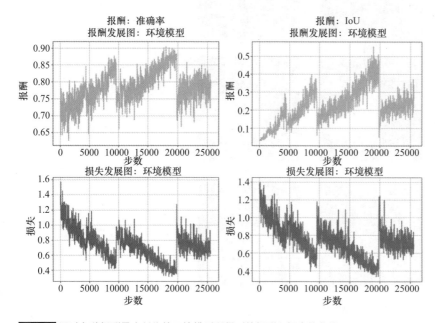

图 7.22 通过各种报酬量度制作的环境模型所得到的报酬和损失的曲线

⊖ Ilya Loshchilov, Frank Hutter. *SGDR: Stochastic Gradient Descent with Warm Restarts*. https://arxiv.org/abs/1608.03983.

通过 ENAS 高效神经体系结构搜索和 U-Net 生成的模型之间的对比，二者所得到的结果较为相似。前者使用的网络参数要比后者少得多，从而大大缩短了网络学习的时间，见表 7.6。此外，通过报酬指标进行比较时，通过准确率指标得到的模型似乎比通过 IoU 指标的模型更准确。

表 7.6　不同模型之间的性能比较

公制 / 模型	报酬：准确率	报酬：IoU	U-Net
准确率	74.42%	73.19%	74.93%
平均准确度	40.02%	38.20%	43.22%
平均回忆	34.04%	24.42%	33.88%
平均 IoU	23.70%	18.26%	23.96%
参数（百万）	0.27	0.18	1.95

特别地，使用准确率作为报酬而得到的模型具有与 U-Net 相当的性能。

最后，再给出一个在选择准确率指标作为报酬的情况下，通过初步的训练学习所得到的最优神经网络体系结构进行实际语义分割的可视化结果，如图 7.23 所示。

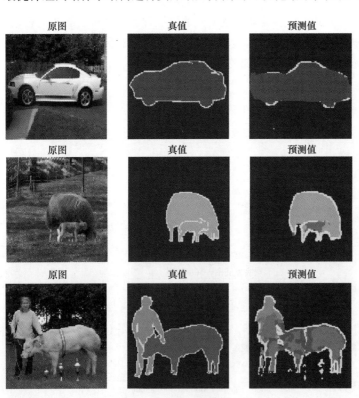

图 7.23　使用 ENAS 方法所得到的模型的分割结果

⬡ 7.2.8 总结

本节介绍了一种被称为 ENAS 的搜索方法，这是一种能够高效生成神经网络模型架构，并且能够获得目前最高水平预测结果的神经架构搜索算法。此外，为了将 ENAS 方法应用于图像的语义分割，还介绍了一种 ENAS 的改进算法，该算法生成了一种呈现 U-Net 结构的神经网络架构。对于 ENAS 高效神经体系结构搜索智能体的训练学习，在此通过 REINFORCE 算法的使用，对神经网络节点所对应的最佳行动进行了采样，并通过训练学习，使其能够最大限度地获得学习的报酬。

妨碍 ENAS 对潜在的良好神经网络架构探寻的因素之一是 ENAS 方法的搜索空间是预先确定的，并且智能体的行动选择也仅限于节点操作类型和神经网络层数的选择。即使是这样，如果能够简单地增加这些可选择的值，也可能会带来很具有吸引力的结果。但是由于这种可选择值的增加需要智能体的行动具有更大的灵活性，特别是在应用参数共享时需要更大的内存容量，因此这种想法也将受到严重的制约。

尽管如此，仍然可以将一些改进引入 ENAS 方法中，以进一步提高算法的性能。目前的环境模型是在未扩增的训练数据集上进行训练的，为了提高生成模型的预测准确度，如果能够通过图像的反转和平行移动等方法来对输入图像的数量进行扩增，这也将会是很有好处的。另一个想法是采用其他的强化学习算法。尽管 REINFORCE 是一种众所周知的强化学习方法，但是已经证明有几种算法，例如 A3C 和 PPO，其性能要优于 REINFORCE 学习算法。如果能够将良好的强化学习算法与参数共享的思想结合起来使用，不仅可以进行模型性能的改进，还可以减少算法搜索的时间。

附录 开发环境的构建

在附录中将介绍开发环境的构建方法，以实现本书所介绍实现示例的实际运行。

本书的第 3 章以及 7.2 节介绍的图像处理任务需要具有 GPU 的运行环境。附录 A 介绍了 Colaboratory 的应用方法，该平台是由 Google 公司提供的，并可作为免费使用的 GPU 环境。

在本书第 5 章介绍的类人机器人连续控制问题中，学习收敛的时间需要 12h 以上。由于 Colaboratory 平台可以连续使用的时间有限制，所以在学习时间较长的情况下，这将会很不方便。因此，在附录 B 中将详细介绍如何使用 Docker 在本地 PC 上进行强化学习 CPU 环境的构建，并以此作为本地强化学习的开发环境。

附录A Colaboratory的GPU环境构建

在这里，作为免费GPU环境的构建方法，将介绍Colaboratory的应用以及利用Colaboratory进行的GPU环境构建。

A.1 Colaboratory

为了轻松进行本书示例运行环境的构建，使用由Google公司提供的名为Colaboratory的服务平台。Colaboratory是由Google公司提供的用于机器学习教育和研究的服务平台，只要拥有Google账号的任何人都可以轻松使用该Python开发环境。作为云服务，Colaboratory可以提供免费的GPU和TPU环境，但是该免费环境具有12h的限制，超过该时间限制则需要进行付费使用（本书执笔时间点：2019年3月时的情况）。此外，Colaboratory是一个Jupyter Notebook环境，它完全在云上运行，不需要任何设置，只要有浏览器，它就可以在任何OS上使用，因此任何人都可以轻松使用它。

本书正是通过Colaboratory的应用，实现了深度强化学习环境的构建，并进行相关示例的开发和实际运行。

A.2 Colaboratory的使用方法

首先，当通过网址 https：//colab.research.google.com/notebook#create = true & language = python3 访问 Colaboratory 页面时，系统将要求用户登录 Google 账号，如图 A.1 所示。

图A.1 Google 登录的对话框

通过 Google 账号进行登录后，会转移到如图 A.2 所示的页面。

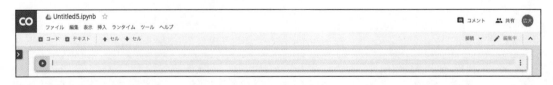

图A.2 Colaboratory 的主页面

由此可以看到，所出现的页面和 Jupter Notebook 非常相似，这就是 Colaboratory 的主页面。在此环境下，已经进行了 TensorFlow、NumPy、SciePy 等科学计算库的预先安装，可以立即进行相关的测试，如图 A.3 所示。

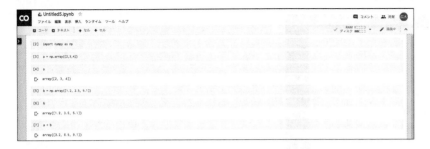

图A.3 NumPy的简单计算示例

　　在需要进行新文件的创建时，可以通过单击菜单中的"文件"选项，然后在下拉菜单中选择"Python 3 New Notebook"，以此创建一个新的 Notebook，如图 A.4 ①②所示。

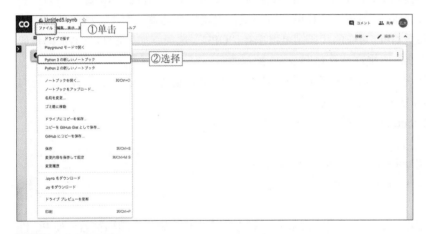

图A.4 文件菜单页面

　　另外，与通常的 Jupter Notebook 不同，Colaboratory 的 Jupter Notebook 引入了所谓的运行时间概念。简单地说，就是可以通过各种项目的指定来选择运行时的环境和组成结构。例如，可以选择 Python 2 系统或 Python 3 系统，也可以选择 CPU 环境、GPU 环境或者 TPU 环境等。通过运行时间选项的选择，由此来决定具体的运行环境，如图 A.5 所示。

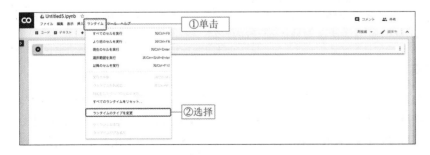

图A.5 运行时间菜单选项

在 A.5 所示的页面中，如果从"运行时间"中选择"变更运行时间的类型"，则会出现如图 A.6 所示的"笔记本设置"页面。

图A.6 "笔记本设置"页面

在如图 A.6 所示的页面上，单击"硬件加速器"按钮后，会出现"None""GPU"和"TPU"的选项。其中，"None"即为 CPU 的运行环境，无硬件加速器，对于一些简单的代码可以选择该选项。如果是 GPU 对应的代码则可以选择"GPU"选项，如果是 TPU 对应的代码则可以选择"TPU"选项，以提高计算速度。

在本书中，大多情况下均使用 GPU 来进行处理，以更快的速度执行代码，所以在运行时间选项中基本上均以 GPU 的选项来构建运行环境。

但是，在使用 Colaboratory 时有以下两点需要加以注意：

1）闲置状态持续 90min 后，服务将停止运行；
2）最多可连续使用的时间为 12h。

关于第一个注意事项，如果用户与 Colaboratory 的会话中断，例如关闭浏览器或使 PC 进入睡眠状态等，则实例将在 90min 后停止。因此，必须采取诸如不使 PC 进入睡眠模式的措施，以防止 Colaboratory 服务终止。

关于第二个注意事项，对于需要长时间来运行的程序，有必要考虑准备一个不同于 Colaboratory 的计算环境。如果确实要在 Colaboratory 上运行该程序，则需要将当前进度的权重学习文件保存在 Google 云端硬盘 GoogleDrive 中，以便在 Colaboratory 服务重新启动后通过加载该进度文件，实现从上一次服务停止的地方继续学习。

如果做好了以上两个注意事项的处理，则可以轻松构建一个非常方便的开发和学习环境，不仅是本书中的内容，还可以通过该环境继续实现其他任务。

本书示例的运行环境

通过以上介绍所建立的 Colaboratory 笔记本基本上能够满足本书中示例程序的运行需要，即具备了本书示例的运行环境要求⊖。在该运行环境下，可以按照以下步骤进行本书中示例代码的运行。首先，单击 Colaboratory 菜单上的"文件"按钮，并从相应的下拉菜单中选择"将

⊖ https://colab.research.google.com/github/drlbook-jp/drlbook/blob/master/drlbook_examples.ipynb.

副本保存到驱动器"，以将 Colaboratory 环境的副本保存在自己的 Google 驱动器上。在进行副本保存时，需要适当地为此副本进行重命名，以方便今后的加载执行⊖。

接下来，如图 A.7 ①②所示，在上述 Colaboratory 环境副本中，单击"运行时间"按钮，并从相应的下拉菜单中选择"运行所有单元"，以执行与环境构建有关的所有代码。

图A.7 单击"运行时间"并选择"运行所有单元"

在"运行"区域下，各章需要运行的代码均可通过"#"注释符来暂缓其执行，需要时可以通过该"#"注释符的删除来执行。

例如，若要执行以下 [代码单元] 所示的第 5 章代码时，可以通过删除命名为"5 章"的子部分下的"#"注释符，取消代码的注释状态，使得相应的代码得以执行，如图 A.8 所示。

[代码单元]

```
# %cd /content/RL_Book/contents/5_walker2d/
# !python3 src/train.py
```

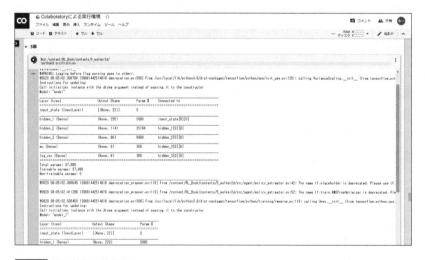

图A.8 第5章代码的执行

⊖ 您需要一个Google账户才能进行Colaboratory的运行，请提前进行准备。

附录 B 通过 Docker 进行 Windows 环境的构建

在这里将介绍通过 Docker 进行 Windows 环境构建的方法，并以此作为本地 PC 上的开发、学习环境。

B.1 介绍

在附录 A 中，介绍了如何通过 Colaboratory 构建强化学习的环境。Colaboratory 是一个方便的机器学习平台，并且可以构建免费的 GPU 运行环境。但是，Colaboratory 的连续运行时间具有 12h 的限制，也给机器学习的实际实现带来了不便。在本书中，唯一需要 GPU 环境的内容是第 3 章和第 7.2 节中相关的示例，其中涉及使用深度学习进行的图像处理。除此之外，在第 5 章的 Walker2D 中也需要超过 12h 的学习才能得到收敛的学习结果。因此，鉴于这样的情况，下文将介绍如何通过 Docker 机制的使用，在本地 PC 上构建一个可以使用 TensorFlow 和 Open AI Gym 等模拟器的 CPU 机器学习环境。在此介绍中，假设本地 PC 的操作系统是 Windows 10。

B.2 Docker 的安装

Docker 是一个通过容器类构件的配置和管理，从而实现虚拟化环境和服务提供的软件。通过 Docker，目标任务所需的最低应用程序执行环境可以作为一个独立的工作空间提供，将其称为容器，这也是用户在本地 PC 或服务器账户上使用的虚拟化环境和服务[一]。

为了轻松地在本地 PC 上配置 Docker 环境，避免不必要的任何麻烦，可以使用 Docker Toolbox，这会为你带来很多的方便。Docker Toolbox 允许 Docker 和外围工具一起进行安装。以下的内容将介绍使用 Docker Toolbox 的安装过程。本书中的介绍基于以下参考资料[二][三]。

作为 Docker 安装之前的准备工作，需要检查本地 PC 中 Windows 系统上的 CPU 虚拟化选项是否已经开启。为此，在图 B.1 所示的画面中，需要确保屏幕右下角的"虚拟化"选项被标记为"已启用"状态。如果是处于"禁用"状态，则可参考相关网站来进行启用[四][五]。

在完成了上述步骤并确认本地 PC Windows 系统上的 CPU 虚拟化选项已经开启的情况下，即可以通过下载前面提到的 Docker Toolbox（https://github.com/docker/toolbox/releases），进行 Docker 的安装，如图 B.2 所示。

〇 https://news.mynavi.jp/article/docker-1/.

〇 https://qiita.com/KIYS/items/8ac37f6757a6b7f84569.

〇 中井 悦司. 使用 TensorFlow 进行深度学习入门. Mynavi 出版，2016.

⑭ http://www.dwapp.top/environment/virtualization/817.

⑮ https://www.tekwind.co.jp/ASU/faq/entry_134.php.

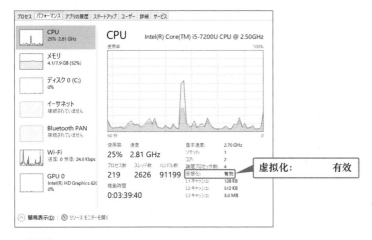

图B.1 通过任务管理器检查CPU虚拟化的设置

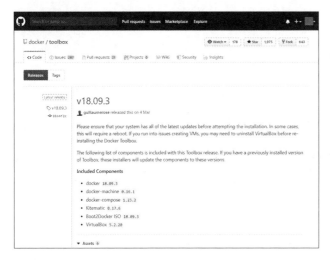

图B.2 Docker Toolbox网页

在图 B.2 所示的 Docker Toolbox 网页中，向下滚动页面，然后单击 "v18.03.0-ce" 进入下载页面，以下载安装程序（DockerToolbox-18.03.0-ce.exe），如图 B.3 所示。

在如图 B.3 所示的页面中，双击安装程序图标，运行安装程序。安装程序启动后，会提示进行各种相关的设置，此时只需要根据提示单击 "Next" 按钮即可进入下一步的操作，如图 B.4~图 B.6 所示。

在如图 B.7 所示的页面上单击 "Install" 按钮，开始进行 Docker Toolbox 的实际安装。

如果看到图 B.8 所示的对话框，并询问是否要安装 USB 控制器，则选择 "安装 (I)" 选项，以安装 USB 控制器。

出现如图 B.9 所示的页面时，表示安装已经完成。此时单击 "Finish" 按钮对确认安装完成。

此时在桌面上应该能够看到 Virtual Box 的图标 "Oracle VM VirtualBox"。双击该图标，以启动 Virtual Box，如图 B.10 所示。但在此时，Docker 还没有真正启动。

图B.3 Windows环境下Docker安装程序的链接

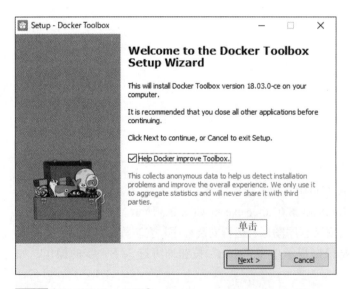

图B.4 Docker Toolbox设置①

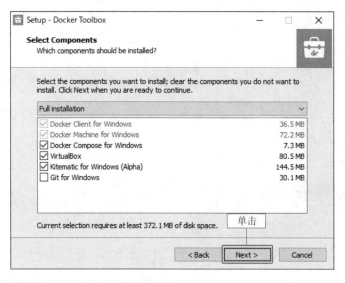

图B.5 Docker Toolbox设置②

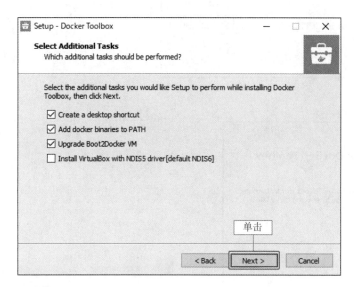

图B.6 Docker Toolbox设置③

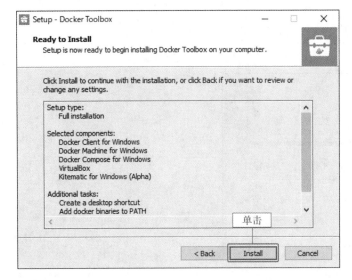

图B.7 Docker Toolbox 的实际安装

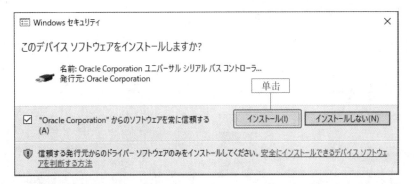

图B.8 询问是否进行 USB 控制器的安装

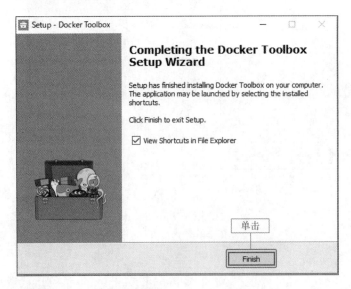

图B.9 Docker Toolbox 安装完成

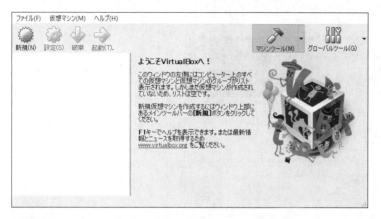

图 B.10 Virtual Box 的画面（Docker 启动前）

　　接下来，便可以通过双击 Docker 的图标"Docker Quickstart Terminal"来启动 Docker[⊖]。Docker 启动后将出现如图 B.11 所示的操作终端。需要说明的是，此时屏幕上显示的默认计算机 IP 地址为 192.168.99.100。在此后通过浏览器打开 Jupyter Notebook 时，需要以此 IP 地址来代替 localhost。

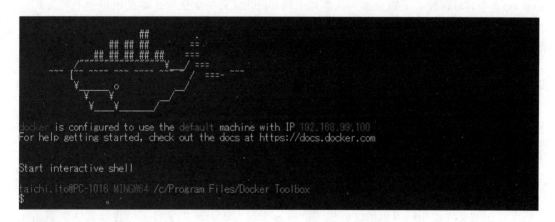

图 B.11 Docker 终端（双击"Docker Quickstart Terminal"直接开启该终端）

　　此时，如果再次返回到 Virtual Box 窗口并进行查看，则可以看到 Docker 正在 Virtual Box 上运行，如图 B.12 所示。在此，为了便于说明，在 Docker 启动之前特意先启动了 Virtual Box。实际上，在 Docker 启动时，Virtual Box 也将随之自动启动。

⊖　如果默认情况下在本地 PC 上启用了 Hyper-V，则将与 Virtual Box 冲突，并且安装将无法继续进行。因此，在执行安装之前，需要禁用 Hyper-V。有关详细信息请参阅 https://qiita.com/masoo/items/b73dadb0e99f9be528fe。

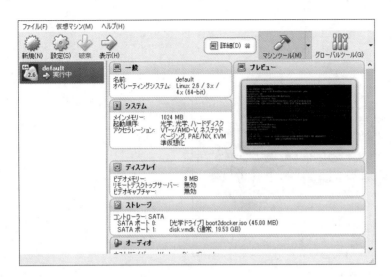

图 B.12 Virtual Box 的画面 （Docker 启动后）

B.3 Docker 映像的创建

至此，已经完成了 Docker 安装，可以创建一个 Docker 映像。在 Shoeisha 的下载站点[⊖]上，已经将本书中实现的代码以及用于运行环境构建的 Docker 文件均放在一个 zip 文件（RL_Book.zip）中，以供读者下载。如果在本地下载并进行文件的解压缩，则会出现一个名为 RL_Book 的文件夹。将该文件夹放在名为 HOME 的路径下。如果需要查看 HOME 路径下的文件列表，则可以在 Docker 终端上执行以下命令：

[Docker 终端]

```
$ echo ${HOME}
```

通过该命令可以显示 Windows 的 HOME 路径下的文件列表和目录结构。上述 zip 文件解压缩后的文件夹结构如图 B.13 所示。

1. Docker 文件的说明

在将压缩文件解压后得到的文件夹下，有一个名为 docker 的文件夹。在该文件夹下，有一个名为 DockerFile 的文件，该文件没有扩展名，这个文件即为 Docker 文件。Docker 文件可以通过记事本来进行打开，并查看其内容，见清单 B.1。

其中，DockerFile 文件的第一行表示从 Docker Hub[⊖]上获取一个已经安装了 TensorFlow、Python3 和 Jupyter Notebook 的映像。在继承这个映像的基础上，后面还增加了一些缺少文件以及安装包、库文件等的安装，除此之外还进行了语言设置等相关操作。

⊖ https://www.shoeisha.co.jp/book/download/9784798159928/.

⊖ https://hub.docker.com/.

```
${HOME}
└ RL_Book
    |- contents
    |     - 包含各章内容实现的src代码文件夹
    |- docker
    |   |- DockerFile
    |   |    - Docker映像文件的定义
    |   └ requirements.txt
    |        - 随Docker安装的Python库列表
    |- demo.ipynb
    |    - 演示各章内容的Jupyter笔记本
    |- README.md
    |    - 样例说明
    └ run_docker.sh
         - 通过指定Docker映像进行容器启动的脚本
```

图 B.13 zip 文件解压缩后的文件夹结构

　　接下来在第一层的安装中，首先安装 Linux 系统的各种软件包，以满足 Linux 系统运行的最低要求。其次，因为在本书中需要使用 OpenAI Gym 和 pybullect-gym 等模拟器来进行学习，因此，安装了虚拟显示制作所需要的 xvfb 和将视频信息记录保存到 mpeg 文件中的 ffmpeg，以便生成视频文件，满足预测控制演示的需要。

　　除此之外，在第三层的安装中，还统一安装了所需要的 Python 程序库。需要安装的程序库文件均列在 requirement.txt 文件中。在第四层的安装中，安装了第 5 章中用于连续控制的模拟器 pybullect-gym。

　　具体内容见清单 B.1。

清单 B.1 DockerFile

```
FROM tensorflow/tensorflow:1.13.1-py3-jupyter

# Linux软件包的安装
RUN apt-get update && apt-get install -y \
    git \
    autoconf \
    tmux \
    vim \
    wget \
    cmake \
    byobu \
    language-pack-ja \
    unzip \
    nscd \
    graphviz \
    libgtk2.0-dev \
```

```
        libjpeg-dev \
        libpng-dev \
        libtiff-dev \
        protobuf-compiler \
        python-tk \
        python-pil \
        python-lxml \
        python-opengl \
        xvfb \
        ffmpeg  \
        && apt-get -y clean all \
        && rm -rf /var/lib/apt/lists/*

# 语言设置
RUN locale-gen ja_JP.UTF-8
ENV LANGUAGE ja_JP:en
ENV LC_ALL ja_JP.UTF-8
ENV LANG ja_JP.UTF-8
RUN update-locale LANG=$LANG

# Python库安装
RUN pip3 install --upgrade pip
COPY requirements.txt /tmp/
RUN pip install -r /tmp/requirements.txt
COPY . /tmp/

# pybullet-gym的安装
RUN git clone https://github.com/benelot/pybullet-gym
RUN cd pybullet-gym \
&& git checkout 55eaa0defca7f4ae382963885a334c952133829 ➡
d \
&& pip install -e .

# Tensorboard的端口号
EXPOSE 6006

# Jupyter Notebook的端口号
EXPOSE 8888
```

2. Docker 映像的创建

如果在 Docker Quickstart Terminal（MINGW64）上执行以下命令，则将通过前面提到的 DockerFile 文件的引用来进行 Docker 映像的生成。如果有提示返回并且未显示错误信息，则表示一个 Docker 映像创建完成。这一过程大约需要 20min，具体的操作如下：

[Docker 终端]

```
$ cd ${HOME}/RL_Book
$ docker build -t rl_book_tensorflow docker
```

　　在 Docker 映像创建完成后，可以通过执行以下所示的命令来对已经创建的 Docker 映像进行查看，如图 B.14 所示。

[Docker 终端]

```
$ docker images
```

图 B.14 Docker 映像的检查

　　为了万无一失，还可以通过以下命令来获取已经安装了 Docker 映像的计算机 IP 地址。

[Docker 终端]

```
$ docker-machine ip
192.168.99.100
```

ⓘ **注意 B.1**

关于 Docker 映像构建中的警告信息

　　需要说明的是，如果在构建 Docker 映像的过程中看到一条红色文字的警告信息（以 "Note:check out ..." 开头的语句），如图 B.15 所示，那么可以忽略，因为这并不影响安装的正常进行。出现这个警告信息的原因是由于规范问题而必须指定提交编号以修复 pybullet-gym 的版本。

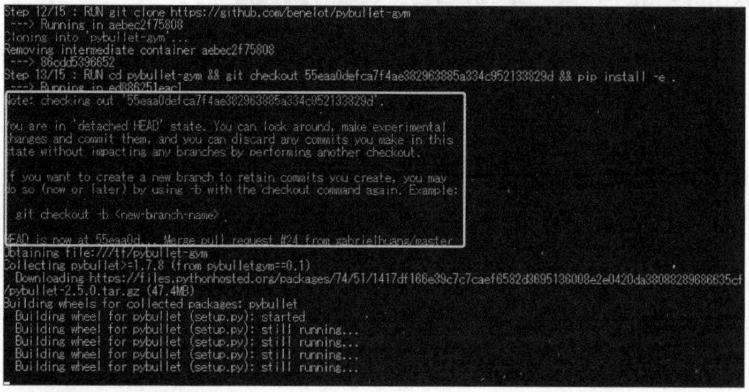

图 B.15 警告信息的显示

◉ B.4　容器的启动

　　清单 B.2 run_docker.sh 所示为一个 shell 脚本文件，可以通过刚刚创建的 Docker 映像以该脚本文件启动一个 Docker 映像容器。

清单B.2 run_docker.sh

```
#!/bin/bash
# GNU bash, version 4.3.48(1)-release(x86_64-pc-linux-gnu)
docker run -it \
-v ${HOME}/RL_Book/:/tf/rl_book \
-p 8888:8888 -p 6006:6006 rl_book_tensorflow /bin/bash
```

　　可以使用以下命令来运行该脚本文件：

[Docker 终端]

```
$ ./run_docker.sh
```

　　当容器启动时，Docker 终端中的提示符从 "$" 变成了 "#"，确认已经从 Docker 进入到了容器中，如图 B.16 所示。

图B.16 启动容器时的屏幕显示

　　启动容器后，可以通过以下命令来检查已安装的文件夹及其内容：

[Docker 终端]

```
# cd rl_book
# ls
README.md  contents  demo.ipynb  docker  run_docker.sh
```

Jupyter Notebook 的启动

Jupyter Notebook 是一个允许以交互的方式进行 Python 运行的笔记本环境。如果要启动

Jupyter Notebook，可运行以下的命令：

[Docker终端]

```
# jupyter notebook --allow-root --ip=0.0.0.0 &
```

当Jupyter Notebook启动时，屏幕上会显示该笔记本环境的token[⊖]。此时，应该将其复制，然后，按"Enter"键返回到容器的提示符状态。如果忘记进行 token 的复制，则可以使用以下命令再次显示 token。在"token="后面紧接着的英文字母和数字的组合代码即为该笔记本环境的 token。在本书中，以"x"作为隐藏字符的表示，请输入你自己的 token。

[Docker终端]

```
# jupyter notebook list
Currently running servers:
http://0.0.0.0:8888/?token=XXXXXXXXXXXXXXXXXXXXXXXXXXXXX ➡
XXXXXXXXXXXXXXXXXXXX :: /tf/rl_book
```

Jupyter Notebook启动后，可以在本地PC上通过浏览器打开该笔记本，笔记本打开时通过以下的网址进行（http://192.168.99.100:8888）。

笔记本打开后会出现图 B.17 所示的页面，在该页面下先删除最上面的输入对话框中的内容①，然后输入刚刚复制好的 token，再单击"Log in"按钮②，即会出现图 B.18 所示的 Jupyter Notebook 主页。

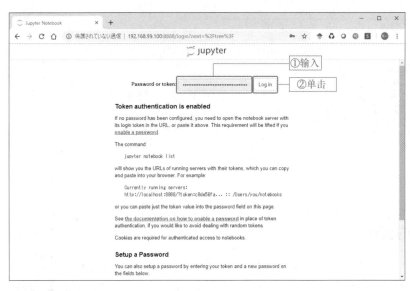

图 B.17 Jupyter Notebook服务器token输入页面

⊖　此时，画面会显示127.0.0.1，请不要在意。

图B.18 Jupyter Notebook 的主页

在图 B.18 所示的 Jupyter Notebook 主页上，单击文件列表中的 demo.ipynb，Jupter Notebook 则会在浏览器上以另一个新的选项卡打开该 demo 页面，如图 B.19 所示。

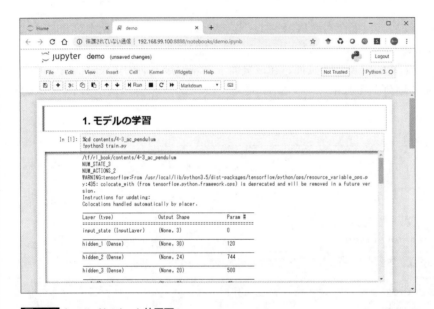

图B.19 Jupyter Notebook 的页面

B.5 运行情况的查看

此前刚刚打开的 demo.ipynb 是一个 Jupyter Notebook 的样例文件，可用于查看各章节内容的运行情况。在此，作为一个简单的示例，以 4.3 节中介绍的倒立摆 Actor-Critic 法控制为例，查看其实际运行情况。

首先，进行模型学习（In[1]）。将批量的大小设置为 50，批量学习的轮次设置为 40000。该学习的完成大约需要 30min，如图 B.19 所示。

[代码单元]

```
%cd contents/4-3_ac_pendulum
!python3 train.py
```

然后，为了做好视频输出的准备，定义一个视频播放函数（In[2]），并为学习结果的输出准备一个文件夹（In[3]），如图 B.20 所示。

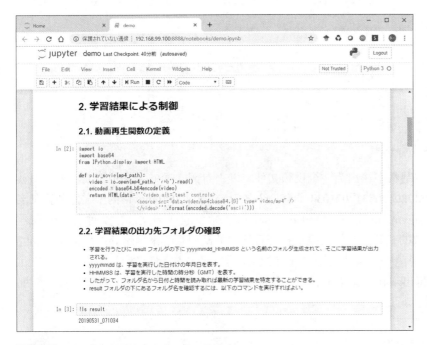

图 B.20 视频播放函数的定义和虚拟显示的构建

在代码单元 In[3] 中，可以看到生成了一个用于保存学习结果的文件夹 result，在该文件夹下，学习的结果以目标文件夹的形式进行保存。这些目标文件夹名称的命名格式为 yyy mm dd_HHMMDD。其中，训练执行时的日期、时、分、秒（GMT）依序进行排列。在输出单元中，可以看到一个名称为 20190531_071034 的目标文件夹。

接下来，利用训练所得到的结果进行预测控制（In[4]）。在这里，以下面的文件夹为例：

result/20190531_071034

在输出的权重系数中，加载了 40000 个批量学习后的权重系数 batch_40000.h5，并且试验批量的大小（一次试验中的对照数）为 50，进行试验的次数为 10 次。作为试验结果将显示每个试验的平均报酬值，如果该值为正，则表明倒立摆的倒立成功，如图 B.21 所示。

[代码单元]

```
!xvfb-run -s "-screen 0 1280x720x24" python3 predict.py ➡
result/20190531_071034/batch_40000.h5
```
　　　　　　　　└ 需要根据实际结果进行变更

图B.21 基于模型学习结果的预测控制

接下来将实际的控制状态输出为一个视频文件，以查看倒立摆的倒立是否成功（In[5]）。在上述示例文件夹 result/20190531_071034 下有一个名为 catch_40000/movie 的子文件夹。在该文件夹下，有以 openaigym.video.0.ZZZ.video000010.mp4 命名的视频文件，文件名中的编号 "ZZZ" 通常是一个几位的整数，具体需要根据查看软件的试用版本来确定。选择将要播放的视频文件，并将其文件名中的整数数字输入 In[5] 相关部分的输入文件名中。然后在执行单元中，视频文件播放器将出现在笔记本上，用户可以通过单击 "播放" 按钮来播放所选择的视频文件，如图 B.22 所示。

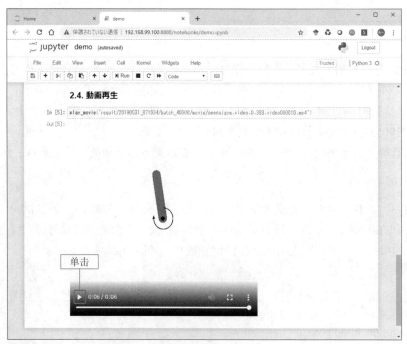

图B.22 倒立摆控制的视频输出

[代码单元]

```
play_movie('result/20190531_071034/batch_40000/movie/➡
              └─需要根据实际结果进行变更
openaigym.video.0.ZZZ⊖ . video000010.mp4')
```

Jupyter Notebook 的退出

如果要退出 Jupyter Notebook，则需要先使用 ps 命令来进行 Jupyter Notebook 任务 PID 的查看，然后通过执行 kill+PID 命令，退出 Jupyter Notebook。当执行 ps 命令时，Docker 终端将显示当前正在运行的所有任务的 PID。

[Docker终端]

```
# ps
 PID TTY        TIME CMD
   1 pts/0     00:00:00 bash
  33 pts/0     00:01:12 jupyter-noteboo
 472 pts/0     00:00:00 ps
```

其中，PID = 33 对应于 Jupyter Notebook，因此应使用 kill 33 的命令来进行 Jupyter Notebook 任务的终止。当按下"Enter"键时，系统将返回如下所示的终端提示信息：

[Docker终端]

```
# kill 33
# [C 10:48:00.985 NotebookApp] received signal 15, ➡
stopping
[I 10:48:00.986 NotebookApp] Shutting down 0 kernels

[1]+ 终了              jupyter notebook ➡
--allow-root --ip=0.0.0.0
```

再次执行 ps 命令，以确认 Jupyter Notebook 任务是否已经终止。此时，相应的终端信息如下：

[Docker终端]

```
# ps
 PID TTY        TIME CMD
   1 pts/0     00:00:00 bash
 473 pts/0     00:00:00 ps
```

⊖ 请将上述命令语句中的"ZZZ"改写为出现在视频文件名中的几位整数。

REFERENCES 参考文献

本书的参考文献均已经列在正文文本的脚注中，例如论文和书籍等。在这里，将主要介绍本书编写时所参考的教科书。

1. R.S. Sutton and A.G. Barto, "Reinforcement Learning: An Introduction", 2nd Edition, MIT Press, Cambridge, MA, 2018.

2. Csaba Szepesvari , "Algorithms for Reinforcement Learning", Morgan and Claypool Publishers, 2010.

3. David Silver, "UCL Course on RL"
   URL http://www0.cs.ucl.ac.uk/staff/d.silver/web/Teaching.html
   URL https://www.youtube.com/playlist?list=PL7-jPKtc4r78-wCZcQn5IqyuWhBZ8fOxT

其中，参考文献 3 是伦敦大学参与 AlphaGo 开发的 David Silver 演讲的幻灯片，读者可在网上观看其讲座视频。

作为日语的教科书，作者参考了以下文献。

4. 三上貞芳, 皆川雅章（訳）『強化学習』森北出版 2000.

5. 小山田創哲 他（訳）『速習 強化学習 ―基礎理論とアルゴリズム―』共立出版 2017.

6. 牧野貴樹 他（編著）『これからの強化学習』森北出版 2016.

参考文献 4 是参考文献 1 第一版的日语翻译，遗憾的是，没有关于策略梯度方法的介绍。参考文献 5 是参考文献 2 的日语翻译，作为附录，还包括对翻译者最新成就（例如 DQN 和 AlphaGo）的评论。此外，本书第 2 章对 TD 学习法的前向和后向观测的说明是基于参考文献 5 的附录 B。建议初学者使用参考文献 6 的第 1 章，因为它提供了强化学习基本算法的摘要。

另外，在最近出版的书籍中，以下文献包含大量示例代码，对于理解强化学习算法很有帮助。

7. 久保隆宏（著）『Python で学ぶ強化学習 入門から実践まで』講談社 2019.

对于本书中所涵盖的 AlphaGo 的相关内容，以下书籍进行了详细介绍。

8. 大槻知史（著），三宅 陽一郎（監修）『最強囲碁 AI アルファ碁 解体新書 増補改訂版』翔泳社 2018.

本书第 6 章介绍的内容基于作者的以下博客文章。

9. 「巡回セールスマン問題を深層強化学習で解いてみる」
   https://qiita.com/panchovie/items/86323946cceca6695e91
10. 「ルービックキューブを深層強化学習で解いてみる」
   https://qiita.com/panchovie/items/fc6fa6cac6fefe2a1b5a

本书 7.2 节介绍的内容基于包括作者在内的演示者在以下会议演讲中的内容。

11. 伊藤多一，魏崇哲，村里圭祐，齋藤彰儀，太田満久，若槻祐貴「効率的ニューラルアーキテクチャ自動探索のセマンティックセグメンテーションへの適用」情報処理学会 第81回全国大会 2019.

对于本书第 3 章中与深度学习有关的内容，参考了以下文献。

12. 太田満久 他（著）『現場で使える！TensorFlow開発入門』翔泳社 2018.
13. 巣籠悠輔（著）『詳解 ディープラーニング』マイナビ出版 2017.